"十四五"职业教育国家规划教材

猪 病 防 治

Zhubing Fangzhi

（第四版）

主编　曹礼静　段佐华

高等教育出版社·北京

内容提要

本书是"十四五"职业教育国家规划教材,是根据教育部颁布的中等职业学校猪病防治教学基本要求,并参照有关行业的职业技能鉴定规范,以及中级技术工人等级考核标准,在第三版的基础上修订而成的。

本书主要内容为猪场的日常防疫、猪常见传染病的防治、猪常见寄生虫病的防治、猪常见普通病的防治4个项目12个任务。 本书采用项目-任务体例,注重理论联系实际,注意反映国内外猪病防治的新技术、新知识,并适当增加了临床实践中的一些常见病,具有较强的针对性。 本书同时配套学习卡资源,按照本书最后一页的"学习卡账号使用说明"进行操作,可获取相关教学资源。

本书适用于中等职业学校畜禽生产技术等养殖类专业,也可作为乡镇干部、农民实用技术培训教材和农村成人文化学校教材,还可作为农村科普读物。

图书在版编目(CIP)数据

猪病防治 / 曹礼静,段佐华主编. --4 版. --北京:高等教育出版社,2021.11(2024.5 重印)
ISBN 978-7-04-057462-3

Ⅰ.①猪… Ⅱ.①曹… ②段… Ⅲ.①猪病-防治-中等专业学校-教材 Ⅳ.①S858.28

中国版本图书馆 CIP 数据核字(2021)第 261866 号

策划编辑	方朋飞	责任编辑	方朋飞	封面设计	张雨微	版式设计	李彩丽
插图绘制	于 博	责任校对	马鑫蕊	责任印制	耿 轩		

出版发行	高等教育出版社	网　址	http://www.hep.edu.cn
社　址	北京市西城区德外大街 4 号		http://www.hep.com.cn
邮政编码	100120	网上订购	http://www.hepmall.com.cn
印　刷	山东临沂新华印刷物流集团有限责任公司		http://www.hepmall.com
开　本	889mm×1194mm　1/16		http://www.hepmall.cn
印　张	12	版　次	2002 年 4 月第 1 版
			2021 年 11 月第 4 版
字　数	230 千字		
购书热线	010-58581118	印　次	2024 年 5 月第 3 次印刷
咨询电话	400-810-0598	定　价	29.00 元

物 料 号　57462-A0

第四版前言

本书是"十四五"职业教育国家规划教材。

《猪病防治》第一、二、三版是根据教育部颁布的中等职业学校养殖类专业猪病防治教学基本要求,为培养养殖类专业的劳动者及初级、中级兽医工作者而编写的。出版以来受到了广大师生和基层兽医、防疫人员的好评。本书在第三版的基础上,根据近几年高、中等职业学校学生的实际情况,落实立德树人根本任务,坚持"德技并修"和"工学结合"育人机制的办学指导思想进行修订。

随着我国畜牧业向现代化、规模化、专业化方向发展,养猪的方式也正在向现代化、集约化、标准化方向发展。同时也出现了不少问题和新的研究成果,如一方面抗生素的广泛使用,使一些病原毒力增强,加上自然的遗传变异,致使新病逐渐增多,而老病还在流行,病原多重感染和非典型性疾病持续增多;另一方面,一些重大疫病,如猪瘟、猪蓝耳病、圆环病毒2型病、猪气喘病等的研究又有了新的突破,适合基层养殖场快速、准确诊断某些传染病、寄生虫病的检测试剂盒陆续上市,一些传染病疫苗的研制有了新的进展,抗病毒、抗菌以及增强免疫作用的中草药制剂应用也显示出其优势。

本书修订着眼于面向规模化养猪场,兼顾养殖户或养殖小区,强化生物安全管理,利于可持续发展,贯彻"预防为主、防重于治"的方针,在诊断方法上既照顾到基层采用最基本的方法,又体现新技术快速准确的诊断手段,将猪病防治从学科体系转变为工作任务体系,立足于当前养猪业的岗位需要,着眼于未来发展趋势,充实新理念、新知识、新技术、新方法,便于学生对知识与技能的学习和掌握。本书内容分为养猪的日常防疫、猪常见传染病的防治、猪常见寄生虫病的防治、猪常见普通病的防治4个项目及附录,每个项目有2~4个任务。每个任务均基于猪病防治的工作过程,以临床诊断为主线,结合防治方法(含技能训练)贯穿整个任务,设有"任务目标""任务准备""任务实施""任务反思"等板块,有利于培养学生理论联系实际的能力。同时在每个项目后增加了项目小结、项目测试,有利于培养学生自主学习能力。建议教学中多媒体教学和现场教学两者结合,真正达到教、学、做一体化的效果。

本书建议教学时数为64,各项目参考学时如下:

	内容	学时分配
项目 1	猪场的日常防疫	10
项目 2	猪常见传染病的防治	24
项目 3	猪常见寄生虫病的防治	10
项目 4	猪常见普通病的防治	16
机动	—	4
总计	—	64

本书配有二维码资源,扫描即可获得猪病临床症状等彩色图片。本书同时配有学习卡资源,按照本书最后一页"郑重声明"下方的使用说明进行操作,登录http://abook.hep.com.cn/sve,进入"猪病防治"课程,可获取本书的电子教案、习题答案等相关教学资源。

本书由重庆市荣昌区职业教育中心特级教师、国务院特殊津贴专家、二级研究员、国家万人计划领军人才曹礼静,重庆市荣昌区职业教育中心高级讲师、重庆市学科教学名师段佐华担任主编;西南大学动物医学院副教授胥辉豪,重庆市教育科学研究院职业教育与成人教育研究所所长、高级讲师胡彦,重庆市荣昌初级中学生物教师廖开燕担任副主编;重庆市荣昌区职业教育中心高级讲师、重庆市骨干教师程依林,讲师袁丽花,西南大学动物医学院副教授江莎,重庆三杰众鑫生物工程有限公司总经理、兽医博士、重庆英才张立武担任编写工作。

鉴于编者水平有限,尚有诸多不完善之处,恳请读者提出宝贵意见。读者意见反馈信箱:zz_dzyj@ pub.hep.cn。

编 者

2023 年 6 月

第三版前言

《猪病防治》第一版及修订版是根据教育部颁布的中等职业学校畜牧兽医专业猪病防治教学基本要求,为培养畜牧兽医、养殖类专业的劳动者及初级、中级兽医工作者而编写的。出版以来受到了广大师生和基层兽医、防疫人员的好评。为满足广大读者的要求,现予第三次修订。

依据中等职业教育"行动导向、任务驱动、项目教学"的教学改革思路,我们对《猪病防治》的体例进行了改革,将学科体系下沿用多年的教材体例进行了重组、删除、充实和改造,形成了适应现代岗位需要,突出职业能力,便于教、学、做一体化的工作任务课程体系。

随着我国畜牧业向现代化、规模化、专业化方向发展,养猪的方式也正在向现代化、集约化、标准化方向发展。但同时也出现不少问题,如一方面抗生素的广泛使用,使一些病原毒力增强,加上自然的遗传变异,致使新病逐渐增多,而老病还在流行,病原多重感染和非典型性疾病持续增多;另一方面,一些重大疫病,如猪瘟、猪蓝耳病、圆环病毒2型病、猪气喘病等的研究又有了新的突破,适合基层养殖场快速、准确诊断某些传染病、寄生虫病的检测试剂盒陆续上市,一些传染病疫苗的研制有了新的进展,抗病毒、抗菌以及增强免疫作用的中草药制剂应用也显示出其优势。

本书修订着眼于面向规模化养猪场,兼顾养殖户或养殖小区,贯彻"预防为主、防重于治"的方针,在诊断方法上既照顾到基层采用最基本的方法,又体现新技术的快速准确的诊断手段,将猪病防治从学科体系转变为工作任务体系,立足于当前养猪业的岗位需要,着眼于未来发展趋势,充实新理念、新知识、新技术、新方法,便于学生对知识与技能的学习和掌握。本书内容分为养猪的日常防疫、猪常见传染病的防治、猪常见寄生虫病的防治、猪常见普通病的防治4个项目及附录,每个项目有2~4个任务。每个任务均基于猪病防治的工作过程,以临床诊断为主线,结合防治方法(含技能训练)贯穿整个任务,设有"学习目标""任务准备""任务实施""任务反思"等板块,有利于培养学生理论联系实际的能力。同时在每个项目后增加了项目小结、项目测试,有利于培养学生自主学习能力。建议教学中多媒体教学和现场教学两者结合,真正达到教、学、做一体化的效果。

本书建议教学时数为64,各项目参考学时如下:

	内容	学时分配
项目 1	猪场的日常防疫	10
项目 2	猪常见传染病的防治	24
项目 3	猪常见寄生虫病的防治	10
项目 4	猪常见普通病的防治	16
机动		4
总计		64

　　本书采用学习卡/防伪标系统,按照本书最后一页"郑重声明"下方的使用说明进行操作,登录 http://abook.hep.com.cn/sve,进入"猪病防治"课程,可获取本书的电子教案、习题答案等相关教学资源。

　　本次修订由重庆市荣昌区职业教育中心特级教师、中专研究员级教师曹礼静,盖州市职业教育中心曲雪静任主编,重庆市荣昌区职业教育中心高级讲师段佐华和重庆市教育科学研究院职业教育与成人教育研究所中专研究员级教师常献贞任副主编,廖开燕参加了编写工作。全书由西南大学荣昌校区动物医学院副教授赖勤农主审;本书在编写过程中参考和采用了不少优秀教材和著作的成果,在此一并表示衷心感谢!

　　鉴于编者水平有限,尚有诸多不完善之处,恳请读者提出宝贵意见。读者意见反馈信箱:zz_dzyj@ pub.hep.cn。

编　者

2016 年 3 月

第二版前言

本书自2002年出版以来,经多次印刷,受到了中等职业学校师生和基层兽医、防疫人员的好评。为了满足广大读者的要求,适应我国养猪业发展的需要,我们对本书进行了修订。

近年来,随着畜牧科技的进步,养猪业发展很快,规模化、集约化程度不断提高。但同时也出现不少问题,如抗生素的广泛使用,使一些病原毒力增强,加上自然的遗传变异,新病逐渐增多,而老病还在流行,病原多重感染和非典型性疾病持续增多,以上问题制约了养猪业的发展。另一方面,一些重大疫病,如猪瘟、猪蓝耳病、圆环病毒2型病、猪气喘病等的研究又有了新的进展;适合基层养殖场快速、准确诊断某些传染病、寄生虫病的检测试剂盒陆续上市;一些防治传染病的疫苗的研制有了新的进展,抗病毒、抗菌及具免疫增强作用的中草药制剂应用也显示出其优势。这些对基层防疫人员来说都是解决生产实际问题急需的知识,本书一一作了介绍。

本书共涉及猪的传染病,寄生虫病,内科、外科、产科等60多种常见病和多发病。从内容上看,既广采博纳,又高度浓缩;既系统全面,又重点突出;既注重基础理论,又强调实用技术;既总结了编者临床经验,又吸收了国内外最新成果。全书深入浅出,通俗易懂,适合初学者和基层防疫、生产人员学习参考。"猪病防治"课程建议学时为64学时,其中知识讲授36学时,技能训练24学时,机动4学时。第5章技能训练可根据学校具体情况灵活安排,既可穿插在各章后(如表中所列),也可在学完相关章节后统一安排。各章参考学时如下:

章	内容	知识讲授	技能训练
绪论		1	
第1章	猪病防疫程序	5	4
第2章	猪常见传染病	16	6
第3章	猪常见寄生虫病	4	4
第4章	猪常见普通病	10	10
总计		36	24

本书还采用了学习卡/防伪标系统,按照本书最后一页"郑重声明"下方的使用说明进行操作,登录http://sve.hep.com.cn,进入"农业与林业类"的"畜禽解剖生理"网络课程,可获取本书

的电子教案、习题答案等相关教学资源;通过防伪码,还可查询本书真伪。

本次修订工作由林义明、曹礼静任主编,廖开燕、刘晓梅参加编写。鉴于编者水平有限,尚有诸多不完善之处,恳请读者提出宝贵意见,不吝指正。读者意见反馈信箱为:zz_dzyj@pub.hep.cn。

编 者

2010 年 2 月

第一版前言

根据教育部 2001 年颁布的中等职业教育畜牧兽医专业猪病防治教学基本要求,我们编写了《猪病防治》。

本书由四川畜牧兽医学院林义明担任主编,重庆市荣昌县吴家职业中学曹礼静担任副主编,参加编写的人员有河北农业大学动物科技学院冯渭田。全书分为猪病防疫程序、猪常见传染病、猪常见寄生虫病、猪常见普通病及技能训练等 5 章,共涉及猪病 60 多种。本书绪论和第3、4、5 章由林义明编写;第 1、2 章由曹礼静编写;冯渭田参加了本书的部分编写工作,并提供了资料。在编写过程中结合我国兽医技术发展现状和畜牧业生产实际,广采博纳,吸收了近年来猪病发展趋势及防治上的新科技、新知识,增添了实践中遇到的一些新病,介绍了现代最新的生物制品及药物防治,同时结合作者个人的临床经验,理论联系实际,确保了本教材的科学性、系统性、实用性和可操作性。

全书文字简洁明了,内容深入浅出,通俗易懂,且附插图 70 多幅,图文并茂,既是中等职业学校的教学用书,又可供基层兽医人员培训及农村青年阅读。书中在猪病防治上增加了中兽医疗法,使中西兽医融会贯通。此外,力求体现畜牧兽医专业的特点,反映现代科学水平。为使学生掌握实际操作技能,书中增设了技能训练内容,使读者独立分析及解决猪病问题的能力进一步提高。

考虑到我国幅员辽阔,南北差异甚大,各校条件又不相同,各校可根据本地特点,因地制宜,有所取舍,并补充地方性内容。

本书在送交全国中等职业教育教材审定委员会审定之前,特邀请四川畜牧兽医学院具有45 年专业教学和临床实践经验的郑动才教授为本书审稿,谨此致以衷心的感谢!

本书已通过教育部全国中等职业教育教材审定委员会的审定,其责任主审为汤生玲,审稿人为史秋梅、汤生玲,在此,谨向专家们表示衷心的感谢!

由于编者水平有限,时间仓促,对书中的不妥之处,恳请广大读者指正。

编 者

2001 年 6 月

目　　录

项目3　猪常见寄生虫病的防治

项目 4　猪常见普通病的防治

附　录

走进"猪病防治"课程

一、猪病防治发展概况

我国兽医学有着悠久的历史,以及丰富的内容。早在原始社会,便有了畜牧业的雏形和兽医工具。例如,在河南仰韶遗址中(新石器时代),便发掘出许多猪和其他家畜(牛、马)的骨骼及石刀、骨针、陶器等;在陕西半坡村和姜寨遗址有养猪的圈栏遗址。到了奴隶社会,在商朝(公元前17—前11世纪)的甲骨文中已有"圂"(猪圈)等记载,并记载有人、畜通用的病名,如胃肠病、体内寄生虫病、牙病等。同时期已有了猪的阉割术。从西周到春秋时期(公元前11世纪—前476年)的考古文献中,已记载有猪(豶)等多种家畜的去势术,还记载了不少对家畜危害较大的疾病,如猪囊虫(米猪)、狂犬病(瘈)、猪疥螨(瘃蠡)、传染病(疫)及运动障碍(瘏)等;另外,还记载有一部分人、兽通用的药用动物、药用植物及药用矿物。

秦汉时期(公元前221—公元220年)兽医学有了进一步发展,例如,我国最早的一部人、畜通用的药学专著《神农本草经》记有药物365种,其中特别提到"桐叶治猪疮""雄黄治疥癣"等。

魏晋南北朝时期(公元220—581年),晋人葛洪所著《肘后备急方》,其中有治六畜"诸病方",有不少治猪病的内容,并指出了疥癣里有虫。同时该书中还记载有类似狂犬病疫苗的应用方法,以防治狂犬病,如"疗猘犬咬人方"(猘犬即狂犬),"仍杀所咬犬,取脑傅之,后不复发"(卷七)。北魏贾思勰所著《齐民要术》有畜牧兽医专卷,记有猪、羊的去势术,以及有关群发病的防治、隔离措施等。

在漫长的封建社会里,牛、马等大家畜疾病防治技术均有不同的发展,但涉及猪病的资料较少。直到清代,李南晖所著的《活兽慈舟》一书,记载了猪牧养、催肥和驱虫方法,以及治疗猪大便不通、避瘟疫等药方数十种。这一时期,猪病专辑《猪经大全》已问世,其中载有50余种猪病的治疗方法,书中图文并茂,病猪形象生动,可以说是对历代猪病防治的经验总结。

新中国成立以前,北洋军阀开办了北洋马医学堂,开始传播西方兽医科学。在国民党统治时期,不少院校设立了畜牧兽医系,但兽医特别是猪病防治方面的发展只是处于起步状态。新中国成立以后,猪病防治学科随着兽医学科得到了突飞猛进的发展。我国各省相继成立了畜牧兽医研究所,各级农业院校也相继建立了兽医临床教研室或研究所,在科研、生产及人才培养方面都取得了丰硕成果。特别是改革开放 40 多年来,猪病防治得到了很大发展,一些主要传染病,如猪瘟、猪丹毒、猪肺疫、猪口蹄疫及炭疽病等已得到基本控制;人猪共患的如布鲁菌病、结核病、囊虫病、钩端螺旋体病、旋毛虫病及血吸虫病等的防治也取得了很好的效果;用于猪病的变态反应诊断法、凝集试验、免疫琼脂扩散试验、荧光抗体技术和酶联免疫吸附试验等特异诊断法已广泛应用;单克隆抗体和核酸探针等诊断新技术的研究亦获得重大成果;猪营养代谢疾病的研究、中毒病的诊断均取得了很大成绩。

我国研制成功了具有世界先进水平的猪瘟兔化弱毒疫苗、猪口蹄疫弱毒疫苗等,并研制成功了针对不同种类畜禽的巴氏杆菌弱毒菌苗和灭活苗、猪丹毒弱毒菌苗、伪狂犬病弱毒疫苗、猪蓝耳病疫苗、猪圆环病毒疫苗等数十种免疫预防制剂,为畜牧业的健康发展作出了重要贡献。党的十一届三中全会之后,全国人大和国务院先后颁发了《家畜家禽防疫条例》《中华人民共和国动物防疫法》和《中华人民共和国进出境动植物检疫法》等有关法律法规,从此我国的动物疫病防治工作走上了法制轨道。

二、本课程的内容

"猪病防治"是临床兽医学的一部分,是专门研究猪病的病因、病原特性、流行病学、症状、诊断和防治的一门学科。通过本课程的学习,可掌握猪病基本知识和基本技能,特别是猪群发性疾病的防治技能,在畜牧生产实践中,能及时发现、正确诊断疾病,并对疾病采取有效的防治措施。

"猪病防治"是畜牧兽医类专业的一门综合性兽医临床课,包括养猪的日常防疫、猪常见传染病的防治、猪常见寄生虫病的防治及猪普通病的防治等,具体内容如下:

项目 1　猪场的日常防疫:有关猪病(主要是传染病)免疫接种、药物预防,以及消毒、隔离、杀虫及灭鼠等预防技术。

项目 2　猪常见传染病的防治:相关病毒及细菌性传染病的发生、流行特点、诊断及防治措施。

项目 3　猪常见寄生虫病的防治:有关寄生虫病的基本知识、流行特点,常见体内外寄生虫病的诊断和防治。

项目 4　猪常见普通病的防治:常见内科病、营养代谢疾病的发病原因、诊断及防治措施;常见外科疾病的诊断与防治措施;常见的产科疾病诊断与防治技术;中毒病的诊断及防治措施。

为了加强理论与实践的紧密联系,本书将猪病防治的学习过程从学科体系转变为工作任务体系,按任务准备、任务实施(技能训练)、任务反思等编排,对实践中常用的技术,如尸体剖检、猪主要传染病的实验室诊断、难产救助、疝气手术整复及免疫接种等专项技能在任务实施中作详细介绍,并要求动手操作,以求达到"吹糠见米"的效果。

三、本课程的学习方法

学习本课程必须以辩证唯物主义和历史唯物主义作为指导思想,贯彻党和政府对畜牧业生产和猪病防治的各项方针政策,用科学的态度正确认识猪病发生、发展的规律,以便更好地采取防治措施。树立良好的职业道德,掌握操作规范,刻苦钻研技术,充分发挥学习者的主观能动性,养成严谨科学、认真负责的工作作风,不断创新,积极向上。在教材有关内容中增加了《动物防疫条件审查办法》(农业部令 2010 年第 7 号)、《动物检疫管理办法》(农业部令 2010 年第 6 号)、《兽用处方药和非处方药管理办法》(农业部令 2013 年第 2 号)等法规。通过对相关法律法规的学习,掌握法律的相关知识,有利于依法施药、依法防疫、依法行政、依法养殖,有利于养猪生产、猪病防治过程中的规范性、科学性。

本课程具有较强的实践性。因此,除知识学习外,更重要的是加强"任务实施"中的技能训练,在实践中不断提高。

此外,在学习中应树立整体观念。对待猪病既要注意局部,更要强调整体,掌握病与病之间的相互联系,对症状类似的疾病要仔细鉴别,抓住疾病本质,克服主观片面的观点,逐步提高猪病防治的理论与技术水平。

项目 *1*

猪场的日常防疫

猪病防疫应贯彻"预防为主,防重于治"的方针。猪病的日常防疫是在实际养猪生产过程中,施行预防疾病的一系列措施,从环境、猪舍用具等的日常消毒,到猪养殖过程中的驱虫保健等常规工作,及至对传染病的适时免疫接种,进行特异性防疫,都是养猪生产过程中预防疾病的重要手段。随着科学技术的不断发展,集约化、高密度养猪方式发展迅速,猪的疾病在发生类别、防治等方面都出现了新的特点。特别是传染病,一些旧病未除,新病又出现,导致猪的传染病、并发病或继发性疾病种类增多,病情更加复杂,常给养猪业造成重大经济损失。猪病的日常防疫可以提高猪的健康水平和抗病能力,控制和杜绝猪传染病的传播蔓延,降低猪的发病率和死亡率,保障养猪的经济效益,所以,猪病的日常防疫在养猪生产中十分重要。

通过本项目的学习,可以了解猪场消毒、驱虫、灭鼠、杀蚊蝇的意义和作用,加深"防重于治"的流行病防疫理念,掌握常用的消毒、驱虫、灭鼠、杀蚊蝇的方法,以及免疫接种计划的制订与操作方法。通过猪场消毒、驱虫等实训,深入推进环境污染防治,树立爱护环境的意识,增强社会责任感。

任务 1.1 猪 场 消 毒

任务目标

知识目标 1. 了解消毒在猪病预防中的重要意义。

2. 掌握常用的消毒方法。

3. 掌握常用的消毒药物。

技能目标 1. 能根据不同的消毒方法,配制相应浓度的消毒药。

2. 能进行猪病防疫中的消毒工作。

3. 能根据猪病防疫工作实际情况选择和运用有效的消毒手段。

任务准备

一、消毒在猪病预防中的意义

消毒是贯彻"预防为主、防重于治"的畜禽疫病防治行业指导方针的有效体现,也是猪病综合防疫的重要措施之一。消毒的目的是消灭被传染源散播在外界环境中的病原体,切断猪病流行的传播途径,以预防、控制、阻止传染病或寄生虫病病原体对环境的污染,阻止病原体在猪群中继续传播流行,维持猪的正常生长发育,保持猪的经济价值和养猪的经济效益。

二、消毒的种类

(一)预防性消毒

预防病原微生物和寄生虫感染的消毒称为**预防性消毒**。结合平时的饲养管理,对猪场内的猪舍、场地、用具和饮水等进行定期消毒,以达到预防一般传染病或某些寄生虫病的目的。

(二)临时消毒

临时消毒又称随时消毒,是在发生传染病时,为了及时消灭病猪体内排出的病原体而采取的不定期消毒措施。消毒的对象,包括病猪所在的猪舍、隔离场地和病猪分泌物、排泄物,以及可能被污染的一切场所、用具和物品等。根据实际需要,一次或多次消毒;经常在解除疫区封锁前,进行多次彻底消毒。病猪隔离圈舍应每天或随时进行消毒。

(三)终末消毒

终末消毒是在病猪解除隔离、转移、痊愈或死亡后,或在疫区解除封锁之前,为了彻底消灭疫区可能残留的病原体而进行的全面消毒。临时消毒和终末消毒又合称疫源消毒,指对存在着或曾经存在过传染源的场所进行的消毒。疫源消毒进行得越快、越彻底,防疫效果越好。

三、常用的消毒方法

在进行消毒前,常用机械的方法清除灰尘杂物,以减少病原微生物。如畜舍地面的清扫和洗刷、猪体被毛的刷洗、畜舍的通风和空气过滤等,将猪舍内的粪便、垫草、饲料残渣清除干净,驱除异味,并将猪体的污物去掉。随着这些污物的清除,大量病原体也被清除。在清除之前,应根据清扫环境是否干燥及病原体危害大小,先用清水或消毒水喷洒,清除时防止尘土飞扬,以免造成病原微生物散播。清扫出来的污物,根据病原微生物的性质分别进行堆沤、发酵、掩埋、焚烧或药物处理。

常用消毒方法有物理消毒法、化学消毒法及生物热消毒法。

（一）物理消毒法

物理消毒法是指用物理方法杀死或抑制病原微生物或寄生虫。高温、阳光、紫外线对病原微生物和寄生虫的杀伤作用强，干燥、低温等对病原微生物和寄生虫有一定的抑制作用。**高温、干燥和阳光是天然的"消毒剂"**。

日光光谱中的紫外线有较强的杀菌能力（250~260 nm 波段的紫外线杀菌能力最强），对一般的非芽孢性病原微生物，在直射的阳光下数分钟至数小时可将其杀灭；有较强抵抗力的细菌、芽孢连续几天在强烈的阳光下反复暴晒，也可将其变弱或杀灭。阳光的消毒力大小取决于季节、时间、天气等，对猪栏、用具、物品的消毒有重要意义。实际生产中，常用人工紫外线来进行空气消毒。一般情况下，紫外线对病毒和革兰阴性细菌杀灭力最强，对革兰阳性细菌次之，对芽孢的作用最小或无效。对污染表面消毒时，紫外线灯管距表面不应超过 1 m，灯管周围 1.5~2 m 处为消毒有效范围。消毒时间为 1~2 小时。猪舍消毒每 10~15 m² 空间可设 30W 灯管 1 支，最好每照 2 小时后，间歇 1 小时再照，当空气相对湿度为 45%~60% 时，照射 3 小时可杀灭 80%~90% 的病原微生物。

高温消毒包括干热法（火焰、烘烤）和湿热法（煮沸、蒸汽）。

干热法是简单而有效的消毒方法，可迅速杀灭病原体，但其缺点是很多物品会由于烧灼而损坏，因此在实际生产中应用较少。对由抵抗力强的病原体引起的传染病（如炭疽）或寄生虫病，病猪的粪便、饲料残渣、垫草、污染的垃圾和其他价值不大的物品，以及死亡的病猪尸体，均可用火焰焚烧。不易燃的猪舍地面、墙壁可用喷火消毒。金属制品也可用火焰烧灼和烘烤进行消毒。使用火焰消毒时必须注意安全，以防发生事故。

煮沸消毒是常用而有效的消毒方法，大部分非芽孢病原微生物在 100 ℃ 的沸水中迅速死亡，大多数芽孢在煮沸后 15~30 分钟内能致死，煮沸 1~2 小时可以杀灭所有病原微生物，各种金属、木质、玻璃用具、手套等均可进行煮沸消毒。操作时将煮不坏的物品放入锅内，加水浸没物品，加碱少许，如 1%~2% 的碳酸氢钠（小苏打）、0.5% 的肥皂或氢氧化钠（烧碱）等，能防止金属生锈，提高沸点，增强灭菌作用。蒸汽消毒是利用蒸汽杀灭病原微生物，杀灭力较强，消毒效果好。

（二）化学消毒法

化学消毒法是指用化学药物杀灭病原微生物和寄生虫，是常用的消毒方法。化学消毒的效果决定于许多因素，如病原微生物抵抗力的特点、所处环境的情况和性质、消毒时的温度、药剂浓度、作用时间长短等。用于抑制或杀灭病原微生物的药物称为**消毒剂**，根据其抑制或杀灭病原微生物的能力不同，可分为抑菌剂或杀菌剂。凡能杀死繁殖期间病原微生物的药物称为**杀菌剂**。

（三）生物热消毒法

生物热消毒法是在粪便发酵过程中，利用粪便中微生物发酵产生的热，其温度可达 70 ℃ 以上，经一定时间，可杀死病毒、细菌、寄生虫卵等病原微生物，从而达到消毒的目的，同时，又保持了粪便的良好肥效，主要用于污染粪便的无害化处理，但对芽孢杀灭效果不好。

四、常用的消毒药物

（一）氢氧化钠

氢氧化钠即苛性钠（图 1-1-1），对细菌、病毒和体外寄生虫卵均有较强的杀灭力，常配成 1%～2% 的热水溶液消毒被细菌（巴氏杆菌、沙门杆菌等）、病毒（引起口蹄疫、猪瘟、水疱病等的病原物）及蛔虫污染的畜舍、地面和用具等。5% 热氢氧化钠溶液可增强对炭疽杆菌的杀菌力。氢氧化钠对金属物品有腐蚀性，对皮肤和黏膜有刺激性，消毒猪舍时，应将猪驱逐出圈，消毒后隔半天用清水冲洗干净饲槽、地面，方可让猪进圈。

（二）石灰乳

用于消毒的生石灰加水制成石灰乳（图 1-1-2），一般用水配成 10%～20% 的悬浮液用于消毒。石灰乳有相当强的消毒作用，但不能杀灭细菌的芽孢。一般用于粉刷墙壁、圈栏，消毒地面、沟渠和粪尿等，是目前农村应用较广的一类消毒药。

（三）漂白粉

漂白粉又称含氯石灰，是应用较广的一种消毒剂。漂白粉的强杀菌作用与其有效氯含量有关。漂白粉的有效氯含量一般为 25%～30%，但有效氯易散失，故应将漂白粉保存于密闭、干燥的容器中，放在阴凉通风处。在妥善保存的条件下，有效氯每月损失 1%～3%，当有效氯含量低于 16% 时，即不适用于消毒。5% 漂白粉溶液可杀死一般性病原微生物，10%～20% 漂白粉溶液可杀死芽孢。一般用于猪舍、地面、水沟、粪便、运输及污水等消毒。

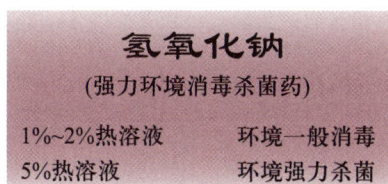

氢氧化钠	
（强力环境消毒杀菌药）	
1%～2% 热溶液	环境一般消毒
5% 热溶液	环境强力杀菌

图 1-1-1　氢氧化钠标签

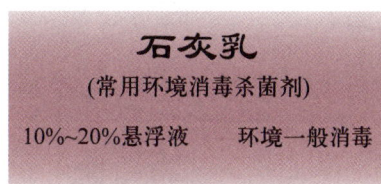

石灰乳	
（常用环境消毒杀菌剂）	
10%～20% 悬浮液	环境一般消毒

图 1-1-2　石灰乳标签

（四）氯胺 T 钠

氯胺 T 钠又称氯亚明，为结晶粉末，含有效氯 11% 以上，消毒作用缓慢而持久，0.0004% 可用于饮水消毒，0.5%～5% 可用于污染器具和猪舍的消毒。本品性质稳定，在密闭条件下可长期保存，携带方便，易溶于水。

（五）次氯酸钠

次氯酸钠为广谱消毒剂，因易于分解，不易保存，在生产中应用较少。用次氯酸钠消毒成本低、高效、无毒，对真菌、病毒均有较强的杀灭作用。

（六）二氯异氰尿酸钠

二氯异氰尿酸钠为新型广谱高效安全消毒剂，白色粉末状，易溶于水，性能稳定，易保存；以 1∶200 或 1∶100 水溶液喷洒。以二氯异氰尿酸钠为主要成分的商品有强力消毒灵、灭菌净、抗敌威等,对细菌、病毒均有较显著的杀灭效果,可用于消毒猪舍、地面、圈栏及用具等。

(七)乙醇

乙醇俗称酒精。**75%的乙醇(图1-1-3)能杀死繁殖期细菌**,对猪痘病毒等外层有脂包膜的病毒也有效。其有效浓度是75%,高于75%的乙醇能使细胞表面原生质凝固,反而阻止乙醇向菌体内渗透,因而影响消毒效果;低于75%浓度的乙醇杀菌力很低。75%乙醇对干或湿的皮肤都有良好的消毒作用。

(八)甲酚皂溶液

50%甲酚的皂溶液,正式名为甲酚皂溶液,又称来苏水,能杀灭繁殖型细菌,对结核杆菌、真菌有一定杀灭作用,对流行性乙型脑炎病毒也有杀灭作用,但对大多数病毒和细菌芽孢无效。其10%溶液用于细菌污染的排泄物及其他含菌废弃材料的消毒;3%~5%溶液浸泡、喷雾或洗刷,用于器具、畜舍及其他细菌污染物品消毒;1%~2%溶液用于体表、手、器械的消毒。

(九)苯扎溴铵

苯扎溴铵又称新洁尔灭(图1-1-4)。本品有杀菌和去污作用,能杀死多种革兰阳性菌、革兰阴性菌及真菌,对病毒效力差,不能杀死细菌芽孢、结核杆菌和铜绿甲单胞菌(又称绿脓杆菌)。0.1%苯扎溴铵溶液用于洗涤或浸泡皮肤、手和器械的消毒;0.01%~0.05%溶液用于冲洗眼、膀胱、尿道和阴道等;1%溶液用于皮肤化脓及真菌感染的湿敷治疗。

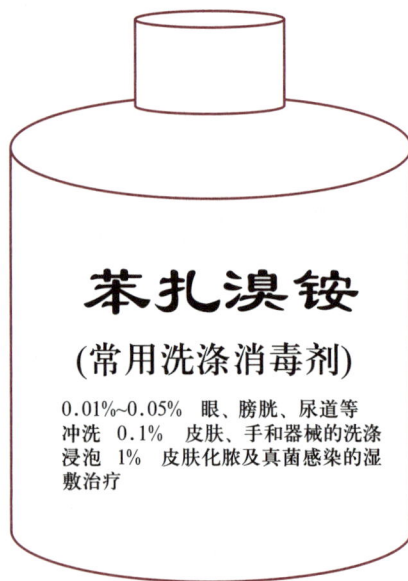

图1-1-3 乙醇标签   图1-1-4 苯扎溴铵标签

(十)福尔马林

福尔马林即37%~40%的甲醛溶液,为具刺激性气味的无色透明液体,有杀灭细菌及其芽孢、真菌、病毒的作用,但对猪痘病毒无效。可以2%~4%福尔马林溶液喷洒或浸泡消毒污染的场所和物品;熏蒸消毒时,按$1m^3$空间取福尔马林溶液25mL,加等量水直接加热蒸发,或再加高锰酸钾 25 g,密闭门窗,消毒 6 小时以上。该溶液对皮肤、眼、呼吸道有刺激性,可致损伤,消毒时应注意人畜安全。

(十一) 菌毒敌

菌毒敌即农乐,又名复合酚,抗菌谱广,对病毒、真菌、细菌、寄生虫卵、球虫卵囊、蚊蝇及昆虫卵、痒螨有较强杀灭作用。可以 1:300 水稀释液消毒细菌、虫卵污染的场所,以 1:100 水稀释液消毒口蹄疫、水疱病、猪瘟等病毒污染的场所。消毒时一般喷洒施药,**禁止与碱性消毒药、农药等混合**。一次施药维持药效约 7 天。同类产品还有农福、农富、菌毒灭等。目前市场上的化学消毒药品很多,可根据当地实际情况选用。

📖 任务实施

猪场消毒工作

◆ 任务描述

附近区县某猪场有大量猪只生病,并出现猪只死亡,据通报,怀疑是发生了猪链球菌病。因此,我县(区)猪场要做好消毒工作,防止疾病的传播流行,危害我县(区)养猪业。请对受威胁的猪场进行一次有效的预防性消毒:(1) 选择一种消毒药物,按有效消毒浓度,配制成消毒液;(2) 用背携式喷雾器,对猪场场地、圈舍进行消毒处理。

◆ 人员组织、材料准备

1. 人员组织　按照实际工作需要进行分组分工,责任到人。

2. 材料准备　工作记录笔、工作记录本(册),常用消毒药生石灰、漂白粉、氢氧化钠、甲酚皂溶液、福尔马林、高锰酸钾,量筒、量杯(图 1-1-5)、试管、漏斗、纯净水、消毒液配制桶等,背携式喷雾器(图 1-1-6)、火焰喷灯(图 1-1-7)、陶瓷钵、汽油或乙醇,口罩、防护服、水靴。

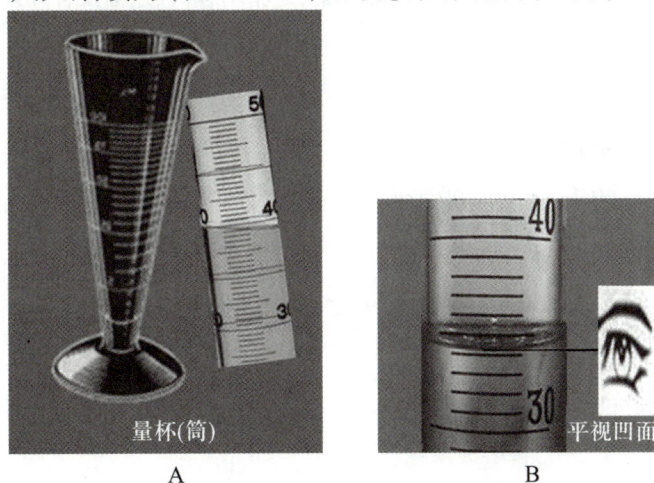

量杯(筒)

A

平视凹面

B

图 1-1-5　量筒、量杯及读数时的眼位

图 1-1-6　背携式喷雾器　　　　　　图 1-1-7　火焰喷灯

◆ **任务流程框图**

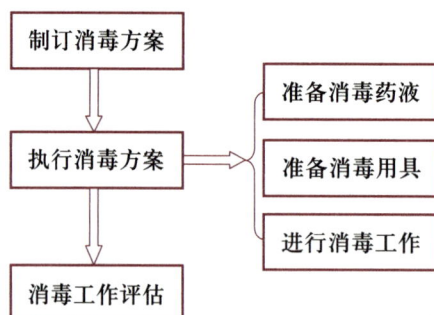

◆ **实施步骤**

如表 1-1-1。

表 1-1-1　猪场消毒工作任务分解实施指导表

序号	任务分解	工作内容
1	制订消毒方案	根据通报猪病信息,确定消毒类型,制订有效的消毒方法、消毒药物及相应配比浓度、消毒器具,以及工作人员防护注意事项
2	准备消毒药物	按照制订的消毒药及配比浓度,准备好需要的消毒药液
3	准备消毒用具设备	按照消毒方案,准备需要的消毒用具及人员防护用品
4	进行消毒工作	按照制订的消毒方案,对猪场舍区、地面及舍外环境、粪池进行消毒

◆ **注意事项**

（1）注意人员的安全防护。

（2）注意消毒对猪只的安全及应激影响。

（3）各小组间协调有序,组内团结互助。

（4）完成工作后各组资料整理上交,用具设备清理归库。

任务反思

1. 消毒方法分为哪几类?

2. 物理消毒法的具体内容有哪些？

3. 举出 5 种化学消毒药品的名称、剂量及使用方法。

任务 1.2　猪场驱虫、灭鼠、杀蚊蝇

任务目标

知识目标　能说出驱虫、灭鼠、杀蚊蝇在猪病预防中的意义。

技能目标　1. 能制订猪场驱虫、灭鼠、杀蚊蝇工作计划书。

　　　　　2. 能按工作计划书开展猪场驱虫、灭鼠、杀蚊蝇工作。

任务准备

一、驱虫、灭鼠、杀蚊蝇在猪病预防中的意义

对猪群有计划地进行体内外寄生虫的驱杀，每年定期对猪舍环境进行彻底的灭蚊蝇和灭鼠处理，可有效切断那些借助昆虫、老鼠等传播猪疾病的途径，减少疾病发生。

二、常用的驱虫、灭鼠、杀蚊蝇方法

（一）驱虫方法

仔猪在断奶后第 2 周、后备种猪转群前组织一次保健性驱虫，母猪产后组织一次驱虫，集约化肥育猪一般不组织驱虫，散养肥育猪一般组织 1~2 次驱虫。可在饲料中加入左旋咪唑或其他广谱驱虫药，连续服用 2~3 天。

（二）灭鼠、杀蚊蝇

1. 机械法　就是通过机械手段直接对老鼠和蚊蝇进行杀灭的方法。如利用捕鼠笼（图 1-2-1）、老鼠夹、电子灭鼠器、水淹、蚊蝇诱杀灯（图 1-2-2）等。

2. 化学法　通过化学药物对老鼠及蚊蝇进行有计划的驱杀措施。在鼠害集中区域或时间、蚊蝇猖獗的季节，选用速效、无残留的化学药物进行毒杀。

3. 生物法　通过饲养部分老鼠的天敌，如猫、无毒蛇等，或在饲料中添加一些益生菌改善粪便排泄物的生物菌群，抑制蚊蝇的附着或对粪便进行集中发酵处理，减少蚊蝇的滋生。

图 1-2-1 捕鼠笼

图 1-2-2 蚊蝇诱杀灯

三、常用的驱虫保健药物

常用的驱虫保健药物主要是指能驱除或杀灭动物体内蠕虫的药物。蠕虫包括线虫、绦虫和吸虫三类,则驱蠕虫药也分为三类,**即驱线虫药、抗绦虫药和抗吸虫药**。以下介绍几种猪场常用的驱虫保健药。

(一)阿维菌素类

阿维菌素类药物以其优异的驱虫活性和较高的安全性,被看作是目前临床驱虫效果最好、应用最广、价值最大的一类新型高效、广谱、安全和用量小的抗寄生虫药。阿维菌素类目前用于临床的有阿维菌素、伊维菌素等。

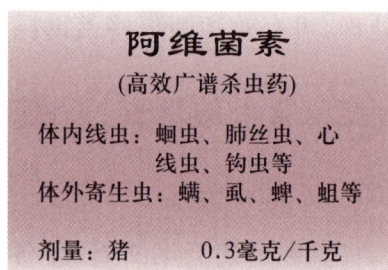

图 1-2-3 阿维菌素标签

1. 阿维菌素

[理化性质] 阿维菌素(图 1-2-3)是阿维链霉菌发酵的天然产物,主要成分为阿维菌素 B1a、阿维菌素 B1b。阿维菌素是我国首先研究开发的新型大环内酯类药物,白色或淡黄色结晶性粉末,无味;不溶于水,微溶于甲醇、乙醇,易溶于氯仿、丙二醇等。

[体内过程] 阿维菌素类药物具有高脂溶性,无论内服还是注射给药,吸收均快而良好,特别是皮下注射的生物利用度最高,体内维持时间较长;吸收后分布广泛,主要在肝代谢,大部分经粪便排出,小部分经尿液及乳汁排出。

[作用与应用] 阿维菌素的作用机制可能是促进虫体内抑制神经递质 γ-氨基丁酸(GA-BA)的释放,从而阻断虫体神经信号的传导,导致虫体麻痹、死亡。

阿维菌素是一种广谱、高效的驱肠道线虫和体表寄生虫的药物,对畜禽体内的蛔虫、蛲虫、肺丝虫、旋毛虫、钩虫、肾虫、心丝虫等均有极佳的驱除作用,对体外寄生虫如螨、虱、蜱、蝇、蛆等也有很好的杀灭效果。对吸虫与绦虫无效。

本品广泛用于治疗家畜、家禽及宠物的各种体内线虫及体表寄生虫感染。被认为是目前最好的驱线虫药。

[注意]　本品超剂量可引起中毒,无特效解毒药。英国种牧羊犬对本品敏感,应慎用。

[制剂与用法用量]　阿维菌素片。内服,1 次量,家畜每千克体重 0.3 mg;兔、禽每千克体重 0.2 mg;猫每千克体重 0.1 mg。

阿维菌素注射液,皮下注射,1 次量,牛、羊每千克体重 0.2 mg;猪每千克体重 0.3 mg。牛、羊泌乳期禁用。

休药期:猪宰前 28 天,牛宰前 35 天,羊宰前 21 天,乳牛产乳前 28 天。

2. 伊维菌素　伊维菌素是人工半合成的阿维菌素 B1a 的衍生物,其作用、应用等均与阿维菌素相同,其毒性比阿维菌素小。

[制剂与用法用量]　伊维菌素口服剂。混饲,猪 0.1 mg/d;牛、马、羊每千克体重 0.2 mg/d;犬 0.006~0.012 mg/d。连用 7 天。

伊维菌素注射液,皮下注射,1 次量:猪 0.3 mg;牛、羊每千克体重 0.2 mg。牛、羊泌乳期禁用。

休药期:猪宰前 28 天,牛宰前 35 天,羊宰前 21 天,乳牛产乳前 28 天。

（二）阿苯达唑

阿苯达唑又称丙硫苯咪唑、丙硫咪唑,属苯并咪唑类药物,是广谱、高效、低毒的抗蠕虫药。本类药物的作用机制主要是使虫体的消化和吸收功能受到抑制而起到杀虫作用。

[理化性质]　阿苯达唑为白色或米黄色粉末,无臭,无味。不溶于水,微溶于有机溶剂,溶于冰醋酸。

[体内过程]　阿苯达唑内服易吸收,主要在肝代谢为阿苯达唑亚砜和砜。亚砜具有药理活性。多数代谢产物随尿和粪便排泄。乳汁也有少量排出。

[作用与应用]　阿苯达唑为广谱抗虫药,对动物体内的线虫、吸虫、绦虫及囊虫、纤毛虫等均有驱除作用,广泛用于猪、牛、马、羊肠道线虫、肺线虫的成虫和幼虫,以及肝片吸虫、猪囊尾蚴的感染;对犬、猫蛔虫、钩虫、绦虫及旋毛虫有很好的杀灭作用;对禽类的鸡蛔虫、赖利绦虫、鹅裂口线虫、棘口吸虫等也有较好的疗效;还可用于野生动物的奥斯特线虫、毛圆线虫、细颈线虫、捻转血矛线虫等寄生虫病。

[注意]　马对本品敏感,应慎用;牛、羊妊娠前期（45 天内）禁用;休药期:牛 27 天,羊 7 天,乳牛产乳前 6 天。

[制剂与用法用量]　阿苯达唑片。内服,1 次量:每千克体重,马、猪 5~10 mg;牛、羊 10~15 mg;犬 25~50 mg;禽 10~20 mg。

（三）芬苯达唑

芬苯达唑又称苯硫苯咪唑或硫苯咪唑（图1-2-4）。

［理化性质］　芬苯达唑为白色或类白色粉末，无臭，无味。不溶于水，可溶于二甲亚砜和冰醋酸。

［体内过程］　芬苯达唑内服仅少量吸收。吸收后在体内代谢为活性产物芬苯达唑亚砜和砜。约50%以原形从粪便排出，少量（约1%）从尿中排出。

图1-2-4　芬苯达唑标签

［作用与应用］　芬苯达唑为广谱驱虫药，不仅对胃肠道线虫的成虫及蚴虫有极强的杀灭作用，对肺丝虫、肝片吸虫和绦虫也有很好的效果，还对虫卵有杀灭作用。

用于畜禽的消化道线虫，牛、羊的吸虫、绦虫及犬、猫的线虫和绦虫的驱除。

［制剂与用法用量］　芬苯达唑片。内服，1次量：每千克体重，猪、牛、马、羊5～7.5 mg；犬猫25～50 mg；禽10～50 mg。

（四）左旋咪唑

［理化性质］　左旋咪唑的盐酸盐或磷酸盐为白色结晶性粉末。易溶于水，在酸性溶液中稳定，在碱性溶液中易水解失效。

［体内过程］　左旋咪唑内服，肌内注射吸收快而完全，还可通过皮肤吸收。在体内维持时间短，在肝内代谢，代谢物主要随尿排出，小部分随粪便排出，极少部分随乳汁排出。

［药理作用］　左旋咪唑为广谱、高效、低毒的驱线虫药，对吸虫、绦虫、原虫等无效。本品还对动物机体具有免疫增强作用。

左旋咪唑主要作用于虫体的酶活性中心，使延胡索酸还原酶失去活性，影响虫体内无氧代谢，导致虫体肌肉麻痹而被排出体外。左旋咪唑在动物机体内，通过刺激淋巴组织的T细胞系，增加淋巴细胞数量，并增强巨噬细胞和中性粒细胞的吞噬作用，因而对动物有明显的免疫调节功能。

［临床应用］　对猪蛔虫、后圆线虫、食道口线虫、毛首线虫、红色舌圆线虫效果很好，对猪蛔虫和后圆线虫的幼虫也有效，但对猪肾虫效果不稳定。

［不良反应］　本品的安全范围较窄，猪、牛、羊超过治疗量的2～3倍，易引起中毒反应以致死亡；马较敏感，宜慎用；骆驼很敏感，治疗量与中毒量接近，禁用；中毒机制据研究认为是与抑制胆碱酯酶有关，中毒症状表现N-胆碱样和M-胆碱样作用，可用阿托品解毒。

猪宜选用内服给药法，泌乳期禁用。休药期：内服，猪、羊3天，牛2天。

［制剂与用法用量］　盐酸左旋咪唑片。内服，1次量：猪、牛、羊每千克体重7.5 mg；犬、猫10 mg；禽25 mg。

盐酸左旋咪唑注射液。皮下和肌内注射，1次量：猪、牛、羊每千克体重7.5 mg；犬、猫

10 mg;禽 25 mg。

（五）吡喹酮

吡喹酮又称环吡异喹酮(图 1-2-5)。

［理化性质］　本品为无色结晶性粉末,无臭,味微苦。难溶于水,易溶于乙醇、氯仿。

［体内过程］　本品内服吸收迅速。分布于体内各组织,其中以肝、肾中含量较高,能透过血脑屏障。首过效应强,在肝内迅速代谢,代谢物主要经尿液排出,少部分随粪便排出。

［作用与应用］　**吡喹酮为新型、高效、广谱的驱绦虫、驱吸虫的药物**。

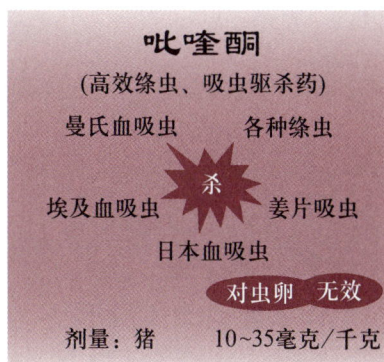

图 1-2-5　吡喹酮标签

吡喹酮能直接作用于虫体,引起虫体强直性收缩和表皮结构损伤,最终导致虫体崩解死亡。本品对曼氏血吸虫、埃及血吸虫和日本血吸虫的成虫及幼虫有效,对虫卵无效。对猪的姜片吸虫;对牛、羊的肝片吸虫、阔盘吸虫和畜禽的各种绦虫,以及多种囊尾蚴等均有极好的作用。

本品毒性极低,对各种动物都较安全。但个别牛会有体温升高、肌震颤、臌气等反应。

［制剂与用法用量］　吡喹酮片。内服,1 次量:猪、牛、羊每千克体重 10 ~ 35 mg;犬、猫 2.5 ~ 5 mg;禽 10 ~ 20 mg。

🗒 任务实施

猪场驱虫工作

◆ 任务描述

某猪场有 200 头已过断奶应激期的仔猪,请选用一种线虫驱虫药物,按照相应的药物使用要求,拌入饲料,拌匀,饲喂猪只,为该猪群进行一次驱虫保健。

◆ 人员组织、材料准备

1. 人员组织　按照实际工作需要进行分组分工,责任到人。

2. 材料准备　工作记录笔、工作记录本(册);常用驱虫药:左旋咪唑、苯硫丙咪唑、阿维菌素、伊维菌素等;口罩、工作服、水靴、搅拌设备等。

◆ **任务流程框图**

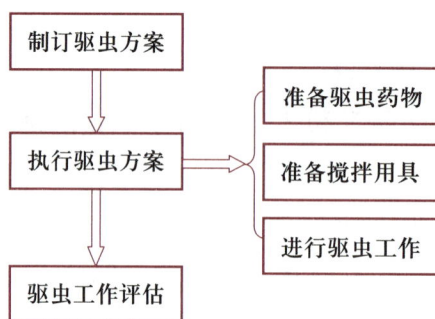

```
┌──────────────┐
│  制订驱虫方案  │
└──────┬───────┘
       │
       ▼                        ┌──────────────┐
┌──────────────┐         ┌─────▶│  准备驱虫药物  │
│  执行驱虫方案  │─────────┤      └──────────────┘
└──────┬───────┘         │      ┌──────────────┐
       │                 ├─────▶│  准备搅拌用具  │
       │                 │      └──────────────┘
       ▼                 │      ┌──────────────┐
┌──────────────┐         └─────▶│  进行驱虫工作  │
│  驱虫工作评估  │                └──────────────┘
└──────────────┘
```

◆ **实施步骤**

详见表 1-2-1 所示。

表 1-2-1　猪场驱虫工作任务实施指导表

序号	任务分解	工作内容
1	制订驱虫方案	根据提供的工作信息,确定驱虫对象,制订驱虫方法、驱虫药物及相应配比浓度、驱虫药物投放所需用具设备及工作人员防护注意事项等
2	准备驱虫药物	按照制订的驱虫药物及配比浓度,准备好需要的驱虫药物
2	准备搅拌用具及完成驱虫药物与饲料的搅拌	按照制订的驱虫方案和准备的驱虫药物,准备投饲的驱虫饲料
3	进行驱虫工作	按照制订的驱虫方案投喂驱虫药,对猪群进行驱虫

◆ **注意事项**

（1）注意人员的安全防护。

（2）注意驱虫对猪只的安全及应激影响。

（3）各小组间协调有序,组内团结互助。

（4）完成工作后各组资料整理上交,用具设备清理归库。

任务反思

1. 常用的体内驱虫药物有哪些?

2. 对猪群进行驱虫时应注意哪些问题?

任务 1.3　猪场免疫接种

任务目标

知识目标　1. 能说出免疫接种的概念和免疫接种的分类。

2. 能描述免疫接种后的反应及疫苗使用的注意事项。

技能目标　1. 能制订免疫接种工作计划书。

2. 会各种免疫接种方法,并能严格按照免疫计划程序开展免疫接种工作。

3. 会正确判断免疫接种后的正常反应与不良反应,并能及时对不良反应实施有效急救。

任务准备

一、免疫接种的概念

免疫接种是给动物(如猪)接种抗原(疫苗、类毒素),刺激动物(猪)机体产生特异性抵抗力的方法。免疫接种可使易感病猪(简称易感猪)转化为不易感病猪。有组织、有计划地进行免疫接种,是综合性防疫和控制猪传染病的重要措施之一。

二、免疫接种的分类

在猪传染病的防治措施中,免疫接种具有关键性作用。根据免疫接种进行的时机不同,可分为预防接种和紧急接种两类。

(一)预防接种

预防接种就是在经常发生某些传染病或某些传染病潜伏的地区、受邻近地区某些传染病威胁的地区,为预防传染病的发生和流行,在日常饲养中有计划、有组织地给健康猪群进行免疫接种,使猪群自身产生对某一传染病的免疫能力。预防接种通常使用疫苗、菌苗、类毒素等生物制剂激发动物机体的免疫机能。用于人工激发免疫机能的生物制剂统称为**疫苗**,包括用病毒制成的疫苗,用细菌、支原体、螺旋体制成的菌苗和用细菌外毒素制成的类毒素。根据所用生物制剂的品种不同,常采用皮下注射(图 1-3-1)、皮内注射、肌内注射(图 1-3-2)、皮肤刺(划)种、滴鼻、喷雾、口服和饮水等不同的接种方法。接种后经过一定时间(数天至 3 周)可获得数月至 1 年以上的免疫力。根据当地情况,每年进行 1~2 次猪免疫接种。免疫接种必须安排在相应的传染病流行前进行。免疫接种前,应查清被接种猪的数量、性别和健康情况;准备好接种所用疫苗及消毒药品、器械及其他用具,协调领导,组织人员,分工负责,做好宣传,确定接种时间、地点,明确接种方法,掌握接种技术。在实施过程中,应严格遵守无菌操作规程,做到一猪一针头,并注意严格消毒。接种部位和用药剂量要准确,并做好保定,注意安全,防止因接种而造成病原传播及伤害事故。

图1-3-1　猪皮下注射

图1-3-2　猪肌内注射

（二）紧急接种

紧急接种是在发生传染病时,为了迅速控制和扑灭疫病,对疫区受威胁尚未发病的猪进行的应急性免疫接种。**紧急接种时使用免疫血清较为安全有效。**使用免疫血清的特点是:免疫见效快,免疫期短,但是价格高,用量大,在临床中使用较少。实践证明,在疫区内使用某些疫(菌)苗进行紧急接种是切实可行的。如在发生猪瘟、口蹄疫时,用疫苗紧急接种,可取得良好的免疫效果。紧急预防时,对受到传染威胁的猪要逐头进行详细观察和检查,区分出正常猪、病猪及已感染、处于潜伏期的猪。**用疫苗进行紧急预防的只能是正常无病的猪。对已发病猪及可能已感染并处于潜伏期的病猪,必须严格消毒和隔离,不能再接种疫苗**。由于外表正常无病的猪中混有一部分处于潜伏期的猪,这一部分猪在接种疫苗后不能获得免疫保护,反而促使它更快发病,因此,在紧急接种后一段时间内猪群中发病的猪只有增加的可能。由于急性传染病潜伏期短,而疫苗接种后又能较快产生抵抗力,使猪群发病率下降,传染病很快会得到控制。紧急接种必须与疫区隔离、封锁、消毒等综合措施配合。紧急接种的目的是建立"免疫带",包围疫区,阻止病原向外扩大传播。

三、免疫接种后的反应

生物制品对机体来讲都是异物,接种后总有反应过程,根据反应的性质和强度不同,可分为正常反应和严重反应两类。有的严重反应(不良反应)会引起持久的或不可逆的组织器官损伤或功能障碍而致后遗症。免疫接种后发生反应是由多种因素造成的,原因较为复杂,因此,临床上应注意猪预防接种后的表现。

（一）正常反应

正常反应指由于生物制品本身的特性而引起的反应，其性质与反应强度随制品而异。有些活疫苗有一定的毒性，接种后实际上是一次轻度感染，会发生局部和全身反应。但这些反应是"一过性"的，如微热、减食、精神较差，经过几小时或 1~2 天，症状完全消失，不影响正常生长发育。

（二）严重反应

严重反应和正常反应在性质上区别不大，只是反应程度较重或发生反应的猪只数量超过正常比例，主要包括超敏感，如血清病、过敏休克、变态反应等。引起严重反应的一般是由于某一批生物制品质量差，或者是使用方法不当。如接种剂量过大、接种技术不正确和接种途径错误，或个别猪对某种生物制品过敏。免疫接种时应注意药品质量，严格按照使用说明书进行操作，尽可能避免发生严重反应。

四、免疫接种计划的制订

（一）免疫接种计划

为了做到免疫接种有的放矢，免疫接种应有周密的计划，拟订猪传染病的预防接种时间及生物制剂的采购计划和器械、药品分配方案，使整个防疫计划纳入当年日常工作中。没有传染病的威胁时，对体弱的、有习惯性疾病的猪和怀孕后期的母猪，最好暂时不接种，待上述状况改变后补打疫苗。如果从外地引进新品种猪，或仔猪阶段未预防接种的，必须补打疫苗，提高防疫密度。对那些饲养管理条件差的猪，除进行预防接种外，还需搞好环境卫生，改善饲养管理条件。为了杜绝疫病的流行和传播，应严格执行检疫制度，对健康猪群每年都要定期进行检疫诊断，及早发现传染来源（隐性带菌或带毒猪），防患于未然。对新购进的猪只，必须进行隔离检疫，观察一段时间，无病方可混群。

（二）免疫程序

一个地区、一个猪场，都可能发生多种传染病，而用来预防这些传染病的疫苗的性质不同，免疫期长短不一致。因此，该地区或猪场往往需要用多种疫苗来预防不同的传染病。**免疫程序**是根据各种疫苗的免疫特性来合理安排预防接种的次数和间隔时间。怀孕母猪免疫后，所产出的仔猪体内在一定时间内有母源抗体存在，可使仔猪在一定时间内建立自动免疫。以猪瘟为例，配种前后注射过猪瘟疫苗的母猪，其所产的仔猪能从初乳中获得母源抗体，在 20 日龄前对猪瘟有较强的免疫力，30 日龄以后母源抗体急剧减弱，至 40 日龄以后几乎完全丧失。哺乳仔猪如在 20 日龄左右首次免疫接种猪瘟弱毒疫苗，至 65 日龄左右进行第二次免疫接种，可获得较长久的猪瘟免疫能力。因此，仔猪的预防接种必须按合理的免疫程序进行。

五、使用疫苗的注意事项

在同一地区，猪在同一季节有可能感染两种以上的传染病，同时给猪接种两种以上疫苗时,这些疫苗可分别刺激机体产生多种抗体。接种多种疫苗,其效果可能是相互促进,有利于多种抗体的产生;也可能相互抑制,使抗体的产生受到阻碍。在使用联苗时,要充分考虑到猪对疫苗刺激的反应是有限的,同时注入种类过多的疫苗,机体不能忍受刺激时,不仅可能引起较严重的注射反应,而且还可能减弱机体产生抗体的机能,降低预防接种的效果。因此,**不能随意将几种疫苗相混或配合使用**,**只有经过充分试验**,**证明其是安全的与有效力的**,**才可采用。**我国已研制成功猪瘟-猪丹毒-猪肺疫三联冻干疫苗,口蹄疫、钩端螺旋体病和布鲁菌病联合疫苗。通过实践证明,这类制剂一针可防多病,大大提高防疫效率,使预防接种变得更加便利。现已研究成功的口服免疫苗、气雾免疫苗,如猪瘟兔化疫苗的气雾免疫苗、猪丹毒无毒菌株的饮水免疫苗等,均获得良好的免疫效果。

任务实施

一、猪的免疫接种技能操作

◆ **任务描述**

每一位同学都对提供的实验猪进行一次免疫注射操作,包括肌内注射、皮下注射、胸膜腔注射。时间有富余的同学,可进行猪前腔静脉抽血训练。

◆ **人员组织、材料准备**

1. 人员组织 按照实际工作需要进行分组分工,责任到人。

2. 材料准备 工作记录笔、工作记录本(册),一次性注射器、生理盐水、乙醇棉球、实验工作服,猪瘟兔化弱毒疫苗、猪副伤寒菌苗、猪瘟-猪丹毒-猪肺疫三联苗。

◆ **任务流程框图**

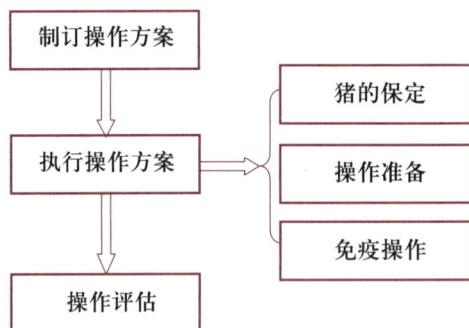

```
┌──────────┐
│ 制订操作方案 │
└──────────┘
      │
      ▼                    ┌──────────┐
                      ┌──→│  猪的保定  │
┌──────────┐          │   └──────────┘
│ 执行操作方案 │─────────┤   ┌──────────┐
└──────────┘          ├──→│  操作准备  │
      │               │   └──────────┘
      ▼               │   ┌──────────┐
┌──────────┐          └──→│  免疫操作  │
│  操作评估  │              └──────────┘
└──────────┘
```

◆ **实施步骤**

详见表 1-3-1。

表 1-3-1　猪的免疫接种技能操作指导表

序号	任务分解	工作内容
1	制订免疫接种操作方案	根据实际工作需要,对组内人员进行明确分工,有序参与各个环节的操作,明确各操作环节中人员防护注意事项,并做好记录
2	保定猪	各组员按照操作方案依次对猪进行徒手保定操作,完成猪保定的练习,为免疫接种操作做准备
3	进行免疫接种前的准备	按照预定方案进行免疫注射操作准备,如注射器的调试、疫苗的稀释、消毒棉球的准备等。在这个阶段,可对预定方案进行修正调整,对不同疫苗的接种方法进行完善
4	进行猪的免疫接种	按照制订的方案进行正确的免疫接种操作

◆ **注意事项**

(1) 注意操作人员的安全防护。

(2) 操作中注意猪只的安全,以及应激影响。

(3) 各小组成员间协调有序,团结互助。

(4) 完成工作后各组资料整理上交,用具设备清理归库。

二、免疫接种后正常反应和不良反应的判断

◆ **任务描述**

对免疫注射后的猪群进行生理指标检测,即在免疫接种前,免疫接种后 1 小时内、24 小时、48 小时,进行猪只行为表现观察、食欲饮欲观察、皮肤颜色观察,并测定体温。

◆ **人员组织、材料准备**

1. 人员组织　按照实际工作需要,进行分组分工,责任到人。

2. 材料准备　工作记录笔、工作记录本(册),口蹄疫疫苗,体温计、一次性注射器、实验工作服等。

◆ **任务流程框图**

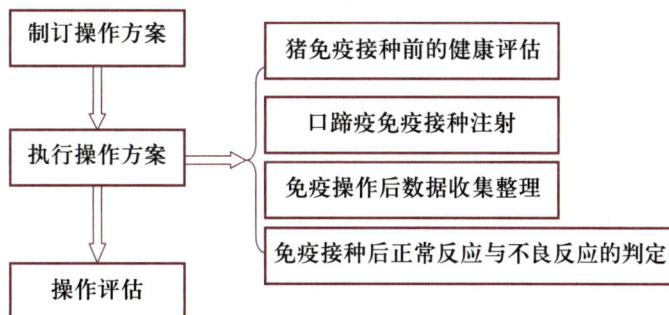

◆ **实施步骤**

见表1-3-2。

表1-3-2 免疫接种后判断接种反应任务实施指导表

序号	任务分解	工作内容
1	制订免疫接种后正常反应与不良反应判断操作方案	根据实际工作需要,对组内人员进行明确分工,有序参与各个环节的操作,明确各操作环节中的人员防护注意事项,并做好记录
2	进行免疫接种前的猪群健康评估	对猪群行为表现及相关生理指标进行观察和检测
3	进行免疫接种前的准备	按照预定方案进行免疫注射操作准备,如注射器的调试、疫苗的稀释、消毒棉球的准备等。在这个阶段,可对预定方案进行修正调整,对不同疫苗的接种方法途径进行完善
4	进行猪的免疫接种	按照制订的方案进行正确的免疫接种操作
5	进行免疫接种后的猪群健康评估	对猪群免疫接种后不同阶段的行为表现进行观察,检测体温变化情况等,并做好记录
6	对猪群免疫反应进行评估	根据各观察员收集的数据汇总,对猪群免疫接种后正常反应与不良反应进行判断

◆ **注意事项**

(1)注意操作人员的安全防护。

(2)操作中注意猪只的安全,以及应激影响。

(3)各小组成员间协调有序,团结互助。

(4)完成工作后各组资料整理上交,用具设备清理归库。

任务反思

1. 何谓免疫接种?

2. 免疫接种分几类?在什么情况下进行紧急接种?

3. 如何制订猪瘟的免疫程序?

项 目 小 结

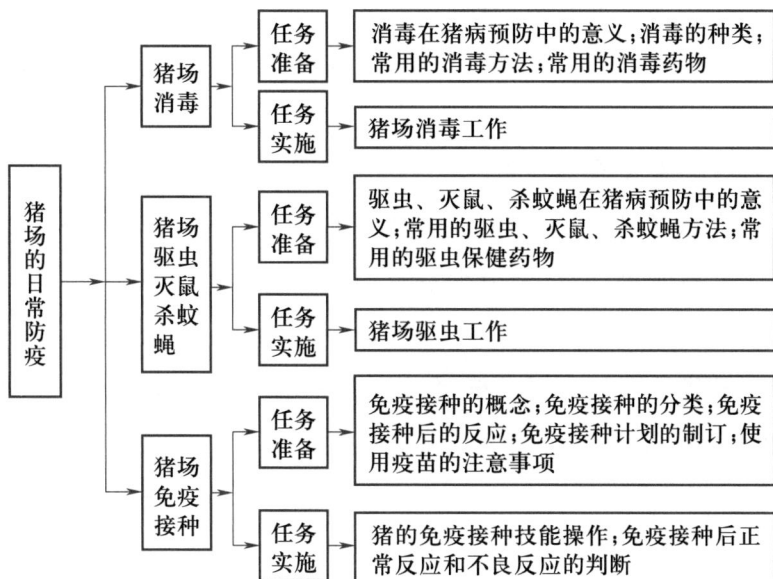

项 目 测 试

一、填空题

1. 消毒的种类一般分为_____、_____和_____三类。

2. 常用的消毒方法有_____、_____和_____三种。

3. 常用驱虫、灭鼠、杀蚊蝇的方法有_____、_____和_____三种。

4. 猪免疫接种是给猪接种_____,刺激猪机体产生_____的方法。

5. 根据免疫接种进行的时机不同,可分为_____和_____两类。

6. 猪接种疫苗后总有反应过程,根据反应的性质和强度不同,可分为_____和_____两类。

7. 免疫接种引起猪发生严重反应,一般是由于生物制品_____差,或者是_____不当造成的。

二、单项选择题

1. 在猪群发生传染病流行时的消毒处理属于(　　)。

A. 预防消毒　　　　　B. 临时消毒　　　　　C. 终末消毒　　　　　D. 免疫消毒

2. 下列属于物理消毒法的选项是(　　)。

A. 煮沸消毒　　　　　B. 泼洒石灰乳消毒　　C. 化粪池发酵消毒　　D. 酒精消毒

3. 下列属于绦虫驱虫药物的是(　　)。

A. 阿维菌素　　　　B. 盐酸左旋咪唑　　　C. 吡喹酮　　　　D. 伊维菌素

4. 下列属于免疫严重反应的是（　　）。

A. 微热　　　　B. 食欲下降　　　　C. 精神沉郁　　　　D. 过敏、休克

5. 配种前后进行猪瘟免疫的母猪，分娩（　　）天后，乳汁中的母源抗体将迅速下降。

A. 7　　　　B. 28　　　　C. 42　　　　D. 56

三、简答题

1. 消毒液配制的注意事项有哪些？

2. 给猪群进行驱虫保健时，需要注意哪些问题？

3. 给猪群进行免疫接种时，需要注意哪些问题？

四、综合分析题

小王计划租赁一旧猪场进行生猪养殖，但是，小王并未学习过养猪的专业知识。请你从小王的立场出发，设计一套旧猪场圈舍消毒准备，到猪只引入的免疫防疫方案，帮助小王成功实现养猪计划。

项目 2

猪常见传染病的防治

猪传染病是指由病原微生物引起的,具有一定的潜伏期和临床症状,并具有流行性和传染性的猪只疾病。在养猪生产中,猪常见传染病一般由病毒、细菌,以及衣原体、霉形体等其他病原微生物引起,由此可分为病毒性传染病、细菌性传染病和其他传染病三类。如猪瘟、口蹄疫,猪丹毒、猪肺疫,猪喘气病、猪传染性胸膜肺炎等病毒性传染病、细菌性传染病和其他传染病。

猪传染病是养猪生产中危害最严重的一类疾病,它可造成大批猪只在短时间内发病甚至成批死亡,给经济带来重大损失,直接影响养猪效益。另外,一些人猪共患传染病还可能给人类健康造成严重威胁。通过本项目的学习,可了解猪常见传染病的分布、病原、流行特点、症状、剖检病理变化、常用防治措施等,以便采取有效措施预防传染病的发生。

随着现代化养猪业的不断发展,饲养高度集中,市场流通频繁,猪只更易受到传染病的侵袭。因此,学习本项目对保障养猪生产有着十分重要的意义。

通过本项目的学习,可以了解猪常见传染病的一般发病机制及防治措施,了解猪病毒性、细菌性及其他传染病的病原、流行特点、临床症状、剖检病理变化和常见诊断方式,掌握上述常见传染病的预防措施和常见的治疗方法,明确健全生物安全监管预警防控体系在传染病预防控制中的重要性。通过病猪尸体剖检、猪肺疫实验诊断等实验操作,可以培养严谨的工作态度,以及透过表象追求本质的科学研究能力,树立实事求是的科学认识观。

任务 2.1 猪病毒性传染病

任务目标

知识目标 1.了解常见猪病毒性传染病的致病机制。

2. 了解猪病毒性传染病病原。

3. 理解猪病毒性传染病的流行特点。

4. 能辨别常见猪病毒性传染病的临床症状及剖检病理变化。

技能目标　1. 能严格按照病猪尸体解剖程序进行猪的尸体解剖,检查、记录组织器官的病理变化。

2. 能制订猪病毒性疾病防疫计划。

任务准备

一、猪病毒性传染病概述

(一)病毒的一般致病机制

病毒侵入动物体后是否发病,取决于病毒的毒力和宿主(被病毒侵入的动物)的抵抗力,包括特异性和非特异性免疫因素。病毒对猪的致病机制主要有以下三种:① 病毒影响猪体细胞,包括直接对猪体细胞损伤破坏;② 不损伤细胞,但对猪保持持续感染,不出现临床症状;③ 对猪感染细胞进行细胞转化(如肿瘤病毒)。

1. 直接对猪体细胞损伤破坏　受到病毒感染后,猪体细胞的损伤和死亡是猪体出现病理变化和临床症状的重要原因。例如呼吸道病毒引起呼吸道黏膜上皮的坏死脱落,导致炎症和咳嗽、流鼻液、体温升高等。口蹄疫病毒侵犯黏膜和皮肤上皮细胞,引起水疱和糜烂。猪传染性胃肠炎病毒破坏肠黏膜柱状上皮,引起肠绒毛萎缩,影响营养成分和水的吸收,引起剧烈腹泻。某些细胞受到病毒侵袭后,出现浑浊肿胀等非致死性病变,但会产生深度不良后果,如心肌细胞或神经细胞发生轻微的功能异常时,可能导致严重的后果。

细胞损伤并不都是由于病毒对细胞的直接作用,在许多慢性病毒血症中,病毒与免疫球蛋白形成复合物,积聚在肾小球和血管壁上,引起严重的肾小球肾炎和血管炎;也有些病毒吸附于细胞表面,进而结合相应的抗体和补体,使细胞溶解;也有些病毒使感染细胞的抗原成分,特别是表面抗原发生改变,从而刺激特异性免疫应答,发生抗原抗体反应。

病毒可以直接或间接损伤猪体的血管壁,导致循环机能的紊乱。血管病理性变化造成水肿、缺氧、出血或梗死,使周围组织也出现坏死,如猪瘟病毒。

2. 对猪体保持持续感染,但不出现临床症状　猪被一种病毒感染后,一般会产生免疫应答,借以消灭入侵的病毒,并保护自身免受再次感染。然而有时病毒长期存在于感染猪体内,但几个月甚至几年都不显示临床症状。持续性感染的检测比较困难,这种隐性感染的猪被引入易感猪群,便会引起疫病的暴发,对病毒的传播具有极为重要的意义。

动物的持续性感染可以分为三类,各类感染之间往往还存在交叉。**一是潜伏性感染**,就是在感染过程中间歇地急性发作,不发作时通常不能检出病毒,如猪流感病毒;**二是慢性感染**,病毒只感染一小部分细胞,也能使细胞死亡,但释放出来的病毒只感染另一小部分细胞,因此不表现病症,却可排出病毒并能被检出,有时伴随免疫病理学紊乱;**三是慢病毒感染**,这类病毒的潜伏期极长,疾病发展缓慢,但最后导致病畜死亡,引起这类传染病的病毒有反转录病毒和非常规病毒,如类病毒等。

3. 对猪体感染细胞进行细胞转化　有些 DNA(脱氧核糖核酸)病毒或者反转录病毒感染不太易感的细胞时,它们的 DNA 整合到宿主细胞的染色体中,但不能生产完整的病毒子,仅能转录一部分 mRNA(信使核糖核酸),后者又转译出一两种蛋白质,破坏细胞正常生长的控制机制,导致细胞的结构和功能发生巨大变化。此外,缺陷病毒侵入易感细胞也会导致类似情况。

(二)猪病毒性传染病的一般诊断方法

1. 临床诊断　就是通过"问诊、视诊、听诊、叩诊、触诊、嗅诊"等临床诊断技术,对疾病的流行特点、症状表现、剖检病理变化等进行信息收集整理,再与相关猪病毒性传染病进行比较分析,最后作出初步判断的过程。

临床诊断首先需要诊断者具有一定的信息收集、信息整理、信息分析能力,其次还需要诊断者熟悉猪病毒性传染病的流行特点、症状表现、剖检病理变化等知识。所以,临床诊断的结果具有较强的经验特征,存在不客观性,不能作为确诊依据。

2. 实验室诊断　是借助实验仪器设备对患病猪的生化指标、致病病毒等进行数字化定性定量分析,尽量减少人为因素的干扰,客观反映患病猪的致病微生物及生理代谢异常表现状况。所以,实验室诊断结果是目前确诊的主要依据。

(三)猪病毒性传染病的一般防治措施

1. 特异性防治　特异性防治(包括预防和治疗),是在查明引起发病病毒的前提下,实施的一种有针对性的防治方法。特异性预防是在发病前,根据以往病毒性传染病流行情况,有针对性地制订免疫接种方案,并实施免疫接种计划,增强猪的特异性抵抗力,防止相应病毒性传染病的发生与流行。特异性治疗是在发病后,对相应致病原进行实验室确诊,根据确诊的病原病毒,有针对性地使用抗体或抗毒血清对潜在染病猪进行预防和对有价值的猪只进行治疗。

2. 非特异性防治

(1)加强种猪的选育工作,选择遗传稳定、抗病力强的品种,提高猪群稳定的抗病能力。

(2)建立严格的年龄偏老、体质弱小猪只淘汰机制,提高猪群整体抗病能力。

(3)加强饲养管理,增强猪体体质,提高猪只的抗病能力。

(4)根据季节的变化,适时添加增强猪体综合抗病能力的药物(如复合维生素、中草药、驱虫剂等)。

二、猪常见病毒性传染病

（一）猪瘟

猪瘟是由猪瘟病毒引起的猪的一种急性、热性、高度接触性的传染病。其特征是发病急，高热稽留和细小血管变性，引起全身广泛性点状出血和脾的梗死；慢性经过病例，主要表现纤维素性坏死性肠炎。本病传染性较强，发病率和病死率较高，世界动物卫生组织（OIE）将猪瘟定为国际动物检疫对象中的 A 类 16 种法定传染病之一，我国将其列为 17 种一类动物疫病检疫对象之一。

1. 病原 猪瘟病毒属于黄病毒科瘟病毒属。病毒粒子直径 40～50 nm，呈球形，二十面体对称，有囊膜，核酸类型为核糖核酸（RNA）。本病毒主要存在于病猪的各种组织、器官和体液中，其中以血液、淋巴、脾最多，病猪的粪便及分泌物中也含有较多的病毒。猪瘟病毒对外界环境的抵抗力不强，在粪便中 20℃能存活 2 周，72～76℃下，1 小时能杀死；日光直射时，1～4 周能杀死。常用的消毒药有 2%氢氧化钠溶液、5%漂白粉溶液、5%～10%石灰乳溶液。

2. 流行特点 猪是本病唯一的易感动物，无年龄、性别、品种的差别。病猪和带毒猪是主要的传染源，传播的主要方式是病猪与健康猪的直接接触。感染猪在发病前即可从口、鼻及泪腺分泌物，尿和粪中排毒，直到死亡。侵入点是口腔、鼻腔、眼结膜、生殖道和损伤的皮肤黏膜。一年四季均可发病，一般以春、秋多发。近年来出现温和型猪瘟（非典型猪瘟），散发流行，虽然不表现典型的猪瘟症状，但能引起母猪繁殖障碍。

3. 临床症状 潜伏期为 5～7 天，最短的 2 天，最长的 21 天。根据临床症状和病程可分为最急性型、急性型、慢性型、温和型（非典型猪瘟）。

（1）最急性型 多见于流行初期和首次发生猪瘟的猪场，表现为猪只突然发病，高热稽留，体温达 42 ℃以上，四肢末梢、耳尖和黏膜发绀，全身多处有出血点或出血斑，全身痉挛，四肢抽搐，卧地不起而死亡。病程 5 天以内，病死率为 90%～100%。

（2）急性型 最常见。病猪体温升高 2℃左右，呈稽留热；精神高度沉郁，食欲废绝，喜饮，怕冷；先便秘，后腹泻（图 2-1-1），粪便中带有血液；结膜发炎，初期为黏性分泌物，后期为脓性分泌物，有时第二天早晨发现病猪的上下眼睑黏着在一起。初期可见皮肤潮红充血；后期呈点状出血，多见于耳、四肢、腹下等部位，公猪包皮积尿，挤压时流出浑浊、恶臭的尿液（图 2-1-2），呼吸急促，心跳加快。病程 1～2 周，病死率 50%～60%。

（3）慢性型 多见于曾发生本病的猪场或防疫卫生条件不好的猪场。病猪表现被毛粗乱，消瘦，精神沉郁，食欲减少；全身衰弱，行走摇摆不稳，常拱背呆立；便秘和腹泻交替出现；有的猪皮肤出现紫斑或坏死痂。病程 1 个月以上，病死率 10%～30%。

（4）温和型 母猪感染低毒力猪瘟病毒后，不表现典型的猪瘟症状，可导致流产、木乃伊胎、畸形胎、死胎，产出有颤抖症状的弱仔猪或外表健康的先天感染猪。产出的弱仔猪一般数天后死亡,不死者可终生带毒和排毒。

图 2-1-1　猪瘟先便秘后腹泻

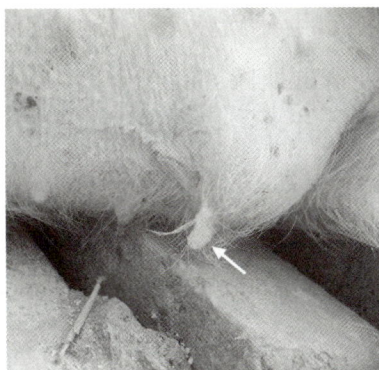

图 2-1-2　包皮内积尿浑浊、恶臭

猪瘟患猪临床症状
及剖检病变图

4. 剖检病理变化

(1) 最急性型　多无特征性病变,仅见喉头黏膜、会厌软骨、浆膜、黏膜、淋巴结和肾等处有少量的出血斑点。

(2) 急性型　皮肤上有大小不等的出血点。全身淋巴结肿大、出血,表面呈暗红色或黑红色,切面边缘呈黑红色,中间有红白相间的大理石样花纹,这种病变有诊断意义,多见于颌下淋巴结和腹腔淋巴结。胃黏膜、肠黏膜出血,心肌出血,心内膜出血。肾表面有出血点,严重时有出血斑;肾实质有出血点。膀胱黏膜有出血点。脾不肿大,但边缘出现大小不一、数量不等、紫黑色、突出于脾表面的出血性梗死灶。

(3) 慢性型　出血和梗死不明显,主要是在回盲瓣周围、盲肠和结肠黏膜上发生坏死性肠炎,形成轮层状纽扣状溃疡,突出于黏膜表面,呈褐色或黑色,中央凹陷。

(4) 温和型　母猪感染后表现为繁殖障碍,主要发生木乃伊胎、畸形胎、死胎,或产出先天性感染仔猪。

5. 诊断
典型的急性猪瘟根据流行特点、临床症状和剖检变化可做出准确的诊断,但注意与非洲猪瘟、急性猪丹毒、急性猪肺疫、急性仔猪副伤寒、猪链球菌病、猪弓形体病的区别。必要时可进行实验室诊断。

慢性和温和型猪瘟与急性型猪瘟不同,因临床症状和病变不典型,做出临床诊断比较困难,必须进行实验室诊断,才能确诊。

实验室诊断的主要方法是兔体交互免疫试验、荧光抗体技术或酶标抗体技术。

6. 防治

(1) 预防措施　加强饲养管理,做好猪舍及周边环境卫生,定期消毒。坚持自繁自养的原则。对从外地购入的种猪要隔离观察数周,认为健康,并经预防注射 1 周后才能混群。制定合理的免疫程序,种猪每年春秋两季采用猪瘟-猪丹毒-猪肺疫三联苗进行免疫注射,按瓶签标明的头份,每头份加入 20%氢氧化铝生理盐水 1 mL 稀释,大、小猪一律注射 1 mL。仔猪可用猪瘟兔化弱毒冻干疫苗按下列程序进行免疫注射:有猪瘟疫情的地区和猪场,于 3—4 周龄注射 1 次,8—10 周龄再注射 1 次;刚出生仔猪在未吃初乳前注射 1 次,2 小时后再自由哺乳,到 8—9 周龄再注射 1 次;对无猪瘟疫情的地区和猪场,仔猪可在 8—9 周龄注射 1 次。

另外,应用中药黄芪多糖及其复方预混料,对病猪进行预防,可较好地提高猪的抵抗力,减少易感猪群的发病。

(2)扑灭措施　当发生猪瘟时,要立即隔离,封锁疫区,对全场猪只进行临床检查,病健分离。对患病猪进行隔离观察或急宰,病死猪或宰后的尸体、血液、内脏及污染物进行深埋;污染的场地、猪舍、用具,可用 2%～3% 的氢氧化钠溶液或 5%～10% 的漂白粉悬液、5%～10% 生石灰水、百毒杀等消毒剂进行彻底消毒;垫草、粪便、吃剩的饲料等,进行焚烧或深埋;工作人员也应严格消毒,防止病毒扩散。

对受威胁区的猪,用猪瘟兔化弱毒冻干疫苗 2～4 倍剂量进行紧急预防接种。

(3)猪瘟的其他防疫免疫手段

● **猪瘟活疫苗(细胞源)防疫免疫**是近几年来研制出的高效、稳定、过敏反应率大大降低的一代产品。方法是大小猪均肌内或皮下注射 1 mL(1 头份)。在没有猪瘟流行的地区,断奶仔猪注射 1 次即可。有疫情威胁时,仔猪生后 21—30 日龄和 65 日龄各注射 1 次。

● **猪瘟脾淋苗(脾淋源)防疫免疫**。在无猪瘟流行地区,仔猪于 60 日龄免疫接种 1 次,维持至出栏;在猪瘟病情少、污染程度小的地区,仔猪免疫以 2 次为宜,即 21—25 日龄首免,60—65 日龄二免,1 年内不再重复注射。目前已确定猪瘟的母源抗体主要是经初乳传递,为此在初乳前对仔猪进行"超前免疫",可避免母源抗体对疫苗的干扰,保证防疫效果。在猪瘟常发地区,用超前免疫的办法,即在仔猪出生后哺乳前(或经剖腹取胎)注射 1 头份剂量猪瘟疫苗,注射后 2～3 小时,再自由哺乳;60—65 日龄时再接种 1 次,1 年内不再重复注射。但现在也有人对仔猪超前免疫提出质疑。据报道,超前免疫会引发仔猪不良反应或应激,若发生可用地塞米松脱敏。免疫监视表明,母源抗体水平高的猪瘟非流行区,没有必要超前免疫。可用猪瘟-猪丹毒-猪肺疫三联冻干苗。

疫苗稀释后限 4 小时内用完。初生仔猪、体弱或有病的猪不能注射。抗生素中的诺氟沙星、氟苯尼考、卡那霉素和磺胺类药对机体 B 淋巴细胞的增殖有一定抑制作用,能影响病毒疫苗的免疫效果。有的养猪户为预防猪生病,在猪只免疫接种前、后使用氟苯尼考、卡那霉素、磺胺类药或含有这些药物的饲料添加剂,导致机体白细胞减少,从而影响机体的免疫应答。因此,为确保免疫接种效果,应向用户做好宣传工作,在猪只免疫接种前、后 10 天,不得使用上述药物及含有上述药物的饲料添加剂,以免影响机体的免疫应答。据一些养猪场的经验,猪瘟脾淋苗剂量越大,其保护性越好,小猪用 2 头份、大猪用 4 头份,免疫效果比 1 头份好。建议疫区用单苗,而不用联苗。联苗由于剂量不够,虽然接种过疫苗,但仍易造成非典型猪瘟,甚至典型猪瘟流行。当前,猪瘟流行难以彻底控制,与下列因素有关:由于疫苗免疫不当,仔猪抗体水平不整齐,在一些新建猪场,因猪只来源于不同地区,混养后常发生严重的典型猪瘟,导致经济损失严重。

(二)猪口蹄疫

猪口蹄疫是由口蹄疫病毒引起的猪的急性、热性、高度接触性传染病。感染猪在蹄冠、蹄踵、趾间等皮肤上,以及口腔黏膜、鼻盘或乳房上发生水疱和烂斑,俗称"口疮""蹄癀"。此病传播迅速,流行快,发病率高,对猪的危害较严重。本病广泛发生于世界各地,是世界性传染病,传染性极强,不易控制和消灭,世界动物卫生组织把此病列为 A 类 16 种烈性传染病之一,我国将其列为 17 种一类动物疫病检疫对象之一。

1. 病原　口蹄疫病毒属于小核糖核酸病毒科、口蹄疫病毒属。已知的病毒有 7 个血清型:A、O、C、SAT Ⅰ 型、SAT Ⅱ 型、SAT Ⅲ 型、亚洲 Ⅰ 型。最近报道其亚型已增加到 70 个以上。各主型之间无交叉免疫性,同一主型各亚型之间有一定的交叉免疫性。

本病毒对外界环境抵抗力很强,在污染物中能存活数周至数月。但对紫外线、热、酸、碱敏感。常用的消毒剂有 1%~2% 氢氧化钠溶液、3%~5% 福尔马林、0.2%~0.5% 过氧乙酸、30% 草木灰水。食盐、乙醇对病毒无作用。肉品在 10~12℃ 经 24 小时,8~10℃ 经 24~48 小时产酸处理可杀死病毒。

2. 流行特点

(1)偶蹄兽中,奶牛、黄牛最易染病,牦牛、水牛、猪次之,绵羊、山羊、骆驼再次之。幼龄动物比成年动物易感,人也可以感染。实验动物中,豚鼠、乳鼠易感。

(2)传染源来自患病动物和带毒动物。

(3)传播途径为呼吸道、消化道、眼结膜及损伤的皮肤黏膜。

(4)传播季节　秋末开始,冬季加剧,春季减少,夏季平息;每隔 1~5 年流行一次。

(5)流行方式　蔓延式、跳跃式。传播迅速,流行猛烈;成年猪发病率高,病死率低,哺乳仔猪病死率高。

3. 临床症状　猪潜伏期一般为 1~2 天,以蹄部水疱为主。病初体温升高达 40~41℃,精神沉郁,食欲减少或废绝,不久口腔黏膜、舌黏膜形成小水疱或糜烂;口唇、蹄冠、蹄踵、蹄叉局部发红,不久形成米粒大、蚕豆大的水疱(图 2-1-3),水疱破裂后表面出血,形成糜烂。如继发感染,则蹄壳脱落,患肢不能着地,鼻镜、乳房也有糜烂。哺乳仔猪多呈急性胃肠炎、心肌炎突然死亡。病死率可达 60%~80%。

口蹄疫患猪
临床症状图

4. 剖检病理变化　除口腔、蹄部的水疱(图 2-1-4)和烂斑外,在咽喉、气管、支气管可见圆形烂斑,真胃和大小肠黏膜呈出血性炎症;心包膜有弥散性或点状出血;心肌松软似煮肉样,切面有灰白色或淡黄色斑点或条纹,称为"虎斑心"。

5. 诊断　口蹄疫蹄部水疱病变典型,而且发病迅速,疫区的猪只几乎 100% 感染,容易辨认。一旦发现猪、牛、羊的口蹄部出现水疱及烂斑时,应立即采集新鲜水疱皮 5~10 g,放入 50%

甘油生理盐水内,置于冷藏瓶中向上级业务部门送检。

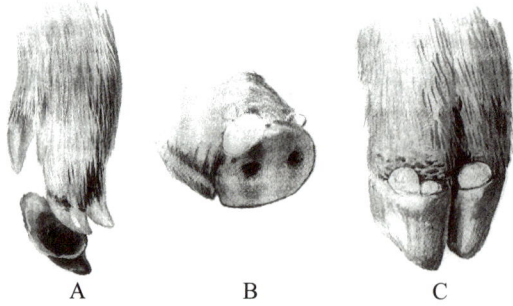

图 2-1-3 猪口蹄疫病变

A. 蹄壳脱落 B. 鼻端水疱 C. 蹄冠水疱

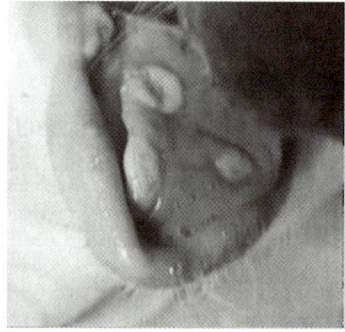

图 2-1-4 口蹄疫患猪舌面
的糜烂水疱

6. 防治 疫区和受威胁疫区分别严格封锁疫点,扑杀病猪及同群猪,及时清除疫源;再对受威胁猪(可疑病猪)及同群猪做无害化处理。对剩余饲料、饮水、饲舍、病猪走过的路、猪舍用具进行全面严格消毒,工作人员进出也要进行全面消毒。经常发病地区,每年定期使用口蹄疫疫苗进行预防注射。当口蹄疫发生时必须立即上报疫情,诊断确定,划定疫点。日常饲养工作中坚持严格消毒,粪便堆积发酵处理,猪舍、场地和用具以 1%~2%氢氧化钠溶液、10%石灰乳或 1%~2%福尔马林喷洒消毒。轻症病猪一般经过 10~40 天自愈。为了促进病畜早日痊愈,缩短病程,猪舍要保持清洁、通风、暖和、干燥及多垫软草,给予一些易消化食物,多给饮水。在严格隔离条件下及时对病猪进行治疗,方法如下:

(1)口腔用食醋或 0.1%高锰酸钾洗涤后,糜烂面可涂 1%~2%的明矾或碘甘油,或用冰硼散涂擦患部。

(2)蹄部、乳房用肥皂水或 2%~3%硼酸或甲酚皂溶液洗涤,然后涂擦甲紫(龙胆紫,紫药水),或涂敷冰硼散粉。

(3)严重者除局部治疗外,可采用强心剂与抗生素结合治疗,在防止细菌继发感染的同时,改善心肌血液循环。另外,补充体液、调节体内电解质平衡有一定疗效。仔猪并发心肌炎者,可肌注肌苷 30~50 mg、辅酶 A 40 万~60 万单位,每日 1~2 次。

根据国家规定,为防疫病传播范围扩大,对病猪多采取扑杀封锁。故上述治疗方法仅用于良种猪或珍稀品种。

(三)猪繁殖与呼吸综合征

猪繁殖与呼吸综合征俗称"猪蓝耳病",是由病毒引起的一种接触性传染病,以流产,产死胎、木乃伊胎、弱胎,厌食、发热和呼吸困难为特征,主要危害种猪、繁殖母猪及其他猪。本病 1987 年后已在世界上多个国家和地区发生,近年来在我国猪群中普遍发生。开始时,由于病原未确定,曾先后命名为"猪神秘病""猪神秘繁殖综合征",又因患猪的耳郭变蓝,故又名"猪蓝耳病"。随着从外地或国外引进种猪的品种和数量增多,猪蓝耳病和圆环病毒 2 型病不断增加,特别是 2006 年全国暴发的猪高热病,其主要病原就与此有关。此后该病在很多地区暴发或散发,一直未断。

1. 病原　猪繁殖与呼吸综合征病毒为冠状病毒科,动脉炎病毒属。对酸碱较敏感,当 pH 低于 5 或高于 7 时,感染力可减至 10% 以下。加热至 56℃ 经 30~90 分钟,病毒完全丧失感染力。在发病猪场,感染猪放出后,圈舍、垫草、用具中的病毒仍可保持 2~3 周的感染力,因此需及时焚烧或处理。

2. 流行特点　本病为接触性传染病,传播迅速。传染途径可通过空气经消化道感染,各种猪龄均可感染,怀孕中、后期母猪和胎儿对此病毒易感,症状明显。除猪对本病有易感性外,其他动物尚未发现有易感性。猪场(舍)卫生条件差,空气恶劣,饲养密度大,可促进本病的流行。此外,气温低、湿度大、风速大和紫外线照射强度下降等皆可加剧该病的传播。生长猪和肥育猪感染后症状比较温和,是主要的储存畜主。母猪和仔猪的症状则较为严重,仔猪的病死率可达 80%~100%。

3. 临床症状　该病潜伏期不定,人工感染怀孕母猪潜伏期为 4~7 天,病猪的年龄、性别不同,其临床特征也有较大差异。母猪表现症状明显,缺乏食欲或废食、嗜睡、发热,体温升高至 40~42℃;流产、早产、产死胎、胎儿木乃伊化,产弱仔和呼吸困难(图 2-1-5),死产胎儿常出现自溶,水肿,皮肤呈棕褐色。染病后期四肢外展成"八"字形(图 2-1-6),后躯瘫痪,共济失调;部分病猪口鼻、两耳、外阴、尾部及腹下等皮肤发紫。母猪奶汁减少,重复发情。公猪表现食欲缺乏,发热,嗜睡,精神差,时有咳嗽、喷嚏等呼吸道症状,性欲减退,精子质量严重下降。新生仔猪眼结膜潮红,眼睛肿胀突出;呼吸困难,张口伸舌,流鼻液;排黑色粪便,有出血倾向;约在产后 48 小时死亡,病死率达 100%。较大日龄的仔猪、架子猪症状较轻,常见呼吸困难、咳嗽、肺炎等呼吸道症状,病死率较高。

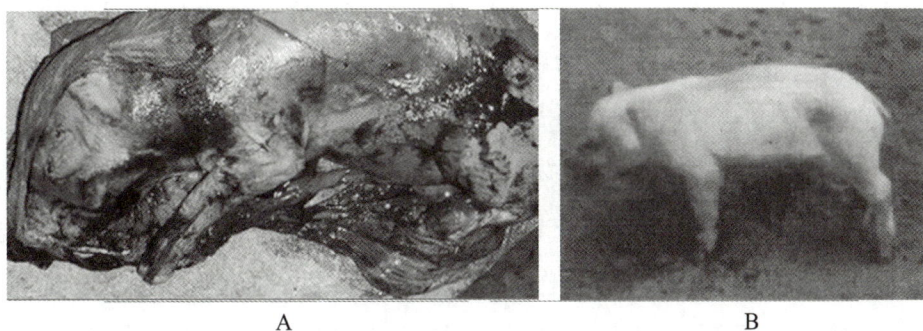

图 2-1-5　猪繁殖与呼吸综合征胎儿及仔猪患病症状

A. 死胎　B. 仔猪呼吸困难

猪繁殖与呼吸
综合征患猪
临床症状及
剖检病变图

4. 剖检病理变化　单一感染主要病变见肺有弥漫性间质性肺炎(图 2-1-7),并伴有细胞浸润和卡他性肺炎区,感染病毒后 48~72 小时剖检的猪,在腹膜、肾周围脂肪、肠系膜淋巴结、肺胸内淋巴结、皮下脂肪和肌肉见水肿;若见有其他脏器充血、出血,多属混合感染。

5. 诊断 以流行特点、临床症状及剖检变化,可对本病作初步诊断。要确诊必须采集病猪的肺、脾、死胎肠管和腹水、母猪血液和粪便,送主管业务部门实验室作最后诊断。本病应注意与猪细小病毒病、猪伪狂犬病和猪乙型脑炎区别。应用猪繁殖与呼吸综合征 ELISA(酶联免疫吸附测定)抗体检测试剂盒(市场上有售)检测本病,具有操作简便、检测快速和结果准确的特点,应用较为广泛。有关专家提出一种简易的临床诊断方法,这种诊断方法有三项指征:① 20%以上的胎儿死产;② 8%以上的母猪流产或早产;③ 仔猪出生后 1 周内有 25%以上死亡。猪场在 14 天内如果这三项指标中有两项成立的话,则临床诊断成立,可供参考。

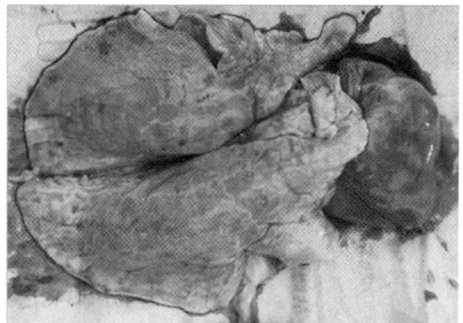

图 2-1-6 患猪四肢外展成"八"字形,
后躯瘫痪,皮肤发紫

图 2-1-7 病猪肺间质性肺炎及水肿

6. 防治 对发生本病的猪场、猪舍要严格消毒,注意保持猪舍干燥、通风。猪出售后,圈舍用甲醛、过氧乙酸等彻底消毒,空置 2 周,再放猪进入。对不同猪定期注射猪繁殖与呼吸综合征灭活苗或弱毒苗。本病目前无特效疗法,预防可用中药:生石膏 50 g、生地 18 g、牡丹皮 10 g、赤芍 10 g、玄参 15 g、黄芩 15 g、连翘 10 g、银花藤 20 g、板蓝根 15 g,如有高热加水牛角 30 g、麦冬 15 g、丹参 10 g,加水 2 000 mL,浸泡 10 分钟,煎沸 30 分钟,连煎 3 次,将 3 次煎液混匀,自然放凉。大猪每次 200 mL,3~4 次/日;小猪每次 20~40 mL,3~4 次/日。也可将上述方剂药共为末,按 1%~1.5%添加到饲料中喂服;或用黄芪多糖及其复方粉剂添加剂,按规定混料饲喂,可降低猪群阳性感染率和发病率。当症状明显并大面积流行时,在饲喂上述药剂的同时,应及时消毒,隔离病猪,降低饲养密度,保持良好的饲养环境,增加营养。用黄芪多糖或含黄芪多糖复方针剂(按标签说明用量),加头孢霉素进行治疗,可收到一定治疗效果。此外,禁止从病猪场引进猪只,若必须引进时,应隔离观察 1 个月,并作血清检查,呈阴性反应后方可放入猪群。感染猪繁殖与呼吸综合征的猪群常见混合感染,常见与猪链球菌、猪肺疫、猪嗜血杆菌病等混合感染。另外,如果继发感染气喘病、卡氏肺孢子虫及胸膜肺炎、放线杆菌等,可引起呼吸系统症状加重,使病死率增高。本病与猪口蹄疫混合感染,会导致猪口蹄疫病情加重。

猪场对猪繁殖与呼吸综合征进行免疫防疫时,常用国内研制的油乳剂灭活苗对后备母猪、初产母猪配种前免疫 1 次,间隔 21 天再接种弱毒疫苗 1 次(避开围产期);种公猪每半年接种弱毒疫苗 1 次。近些年,用引进的美洲毒株制成的弱毒疫苗对仔猪及育肥猪 3 周龄初免,双月龄二免。已发病猪群可用弱毒疫苗紧急接种,可减少死亡,促进健康。一般 7~14 天可产生免疫力。根据该病高度变异的特点及弱毒疫苗的特点,弱毒疫苗多用于已染病的猪场,一般不建议用于没有发现病毒的猪场。

(四)猪细小病毒病

猪细小病毒是引起猪繁殖障碍的主要病原之一,主要危害繁殖母猪。患猪细小病毒病的母猪,特别是初产母猪产出死胎、畸形胎、木乃伊胎或流产,产出仔猪即使成活也体弱,母猪本身缺乏明显症状。本病发生于世界各国,我国部分地方也有发生。根据血清学调查,我国大多数省、市检出猪呈阳性反应,证明本病分布很广。

1. 病原　猪细小病毒属细小病毒科、细小病毒属,广泛存在于世界各地猪群。病毒对热、酸、碱及消毒药抵抗力较强,对 pH 适应范围很广,pH 3~9 时,经 90 分钟后仍稳定,当 pH 为 2 时,90 分钟才失去活性。56℃加温 8 小时或 72℃加热 2 小时仍保持感染力,在自然环境中可持续存在 20 周。5%漂白粉、2%氢氧化钠溶液 5 分钟可杀死该病毒。

2. 流行特点　本病既可同场水平传染,又可上、下代垂直传染。不同年龄、性别的猪和野猪都可感染,但初产小母猪更易感染,传染源主要是带病毒的母猪和公猪。病毒可通过胎盘传给胎儿,病公猪精液中常含有大量病毒,可通过交配传播。此外,消化道也是常见的传染途径。污染物、老鼠是重要的传播媒介。本病无明显季节性,大型猪场主要发生在产仔季节,一般呈地方性散发流行。发生本病后,猪场可连续几年不断出现母猪繁殖失败现象。

3. 临床症状　本病的主要临床表现为母源性繁殖障碍。当怀孕早期母猪腹内胎儿死亡时,死胎连同胎液均被吸收,唯一可见的表象是母猪的腹围缩小。感染母猪可表现重复发情、屡配不孕。不同孕期怀孕母猪可分别造成死胎、木乃伊胎(图 2-1-8)、流产(图 2-1-9)、产后虚弱等症状。在怀孕 30~50 天感染,主要是产木乃伊胎;怀孕 50~60 天感染时出现死胎较多;母猪怀孕 70 天感染,则出现流产症状;怀孕 70 天后感染,则大多数胎儿能存活下来,并且外观正常,但存活下来的仔猪长期排毒,不能作为种用;公猪感染后外表正常,胎儿可存活,并产生抗体,但仔猪长期排毒,也不能作为种用。有的仔猪生后不能站立,体质虚弱,或见轻微神经症状。

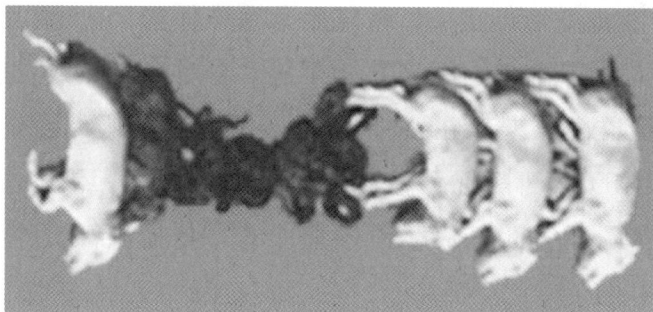

图 2-1-8　不同发育阶段的死胎及木乃伊胎

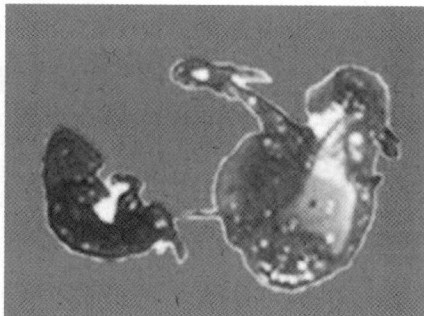

图 2-1-9　流产胎儿及胎盘

猪细小病毒病患猪临床症状及剖检病变图

4. 剖检病理变化　母猪子宫内膜有轻微炎症,胎盘有部分钙化,胎儿在子宫内有被溶解吸收的现象。感染的胎儿可见充血,出现水肿、体腔积液、脱水(木乃伊)及坏死等病变。产出的死仔猪大脑灰质、白质和软脑膜有以增生外膜细胞、组织细胞和浆细胞形成的血管套为特征的脑膜炎症,可见多种组织和器官有广泛的细胞坏死、炎症和核内包涵体。

5. 诊断　如果发生母猪流产、死胎、胎儿发育异常等情况,剖检死胎有本病感染症状,则可考虑猪细小病毒感染的可能。确诊可用猪细小病毒 ELISA 试剂盒检测。

6. 防治　对本病尚无有效的治疗方法,主要在于预防。

(1)隔离传染源　防止带毒猪进入猪场,引进种猪时应隔离14天,对猪进行两次细小病毒的血凝抑制试验,滴度在 1∶256 以下或阴性时方可引进,或用猪细小病毒 ELISA 试剂盒检测,阴性者方可引进。

(2)接种疫苗　使用猪细小病毒氢氧化铝灭活疫苗有较好的免疫效果。母猪在配种前2~4周注射,可预防本病。仔猪母源抗体的持续期为14~24周,如 HI 抗体(血凝抑制抗体)效价达1∶80以上,可抵抗猪细小病毒感染。因此,仔猪断奶后移到无本病流行的地区饲养,可培育出阴性母猪。公猪于 8 月龄时颈部肌内注射该疫苗 2 mL,免疫期可达 1 年。

(3)药物防治　可选用黄芪多糖及其复方制剂。

(五)猪圆环病毒病

猪圆环病毒病是由猪圆环病毒引起的传染病,是近年来发现的一种新的传染病。该病主要感染仔猪,其特征为先天性震颤和断奶后多系统衰竭综合征,病死率10%~30%不等。由圆环病毒引发的各种混合感染疾病对养猪业的影响越来越大,已经成为阻碍当今养猪业发展的重要病原之一。

1. 病原　猪圆环病毒属圆环病毒科,分为 1 型和 2 型,圆环病毒 2 型才具有致病性。该病毒对外界环境抵抗力较强,70℃时可存活 15 分钟,56℃不能将其灭活,在氯仿及酸性环境(pH3)中可存活较长时间。

2. 流行特点　本病主要感染仔猪,一般集中在 2—12 周龄的仔猪。已知该病毒不仅能水平传播,而且能垂直传播,病猪和带毒猪是本病的主要传染源。病毒通过粪便、鼻分泌物等排出体外,主要通过消化道感染,也可经公猪精液传染给母猪。母猪经胎盘感染仔猪,可造成死胎及新生仔猪先天性震颤。本病严重损害机体免疫器官,导致抵抗力下降和各种免疫失败,继而暴发其他传染病。感染本病后,病毒可在猪群中长期存在,特别是与猪繁殖与呼吸综合征(蓝耳病)病毒、猪细小病毒、猪口蹄疫病毒、伪狂犬病毒等混合感染,促进本病的流行。该病已广泛存在于世界各国的养猪地区,近几年来,猪圆环病毒病在我国 10 多个省市传播流行,且流行速度加快,造成的经济损失不可低估。

3. 临床症状　根据临床的不同表现,可分为传染性先天性震颤和断奶后多系统衰竭综合征。

(1)传染性先天性震颤　主要感染 2—5 周龄的仔猪,为双侧性震颤,影响骨骼肌肉的机能。当躺卧或睡沉时,不表现震颤;突发的噪声及低温等外界刺激可引发或加重震颤。震颤严重的会影响仔猪吮乳,从而导致饥饿死亡。

（2）断奶后多系统衰竭综合征　主要感染5—12周龄的断奶仔猪,很少影响仔猪吮乳。患病猪表现体温升高,精神委顿,被毛杂乱无光,生长发育不良,渐进性消瘦;皮肤、可视黏膜苍白,有的发生黄染;呼吸困难,腹泻;体表淋巴结肿大,特别是腹股沟淋巴结更为明显;有的耳部、腹下、后腿等部位发红,部分猪还在这些部位上出现圆形或不规则的红色隆起（图 2-1-10）,隆起中心为黑色病灶;有的猪还出现神经症状。此外,该病毒还能造成子宫内感染,产出木乃伊胎、死胎、弱胎。

4. 剖检病理变化　传染性先天性震颤无明显肉眼可见病变。断奶后多系统衰竭综合征病猪剖检显示营养状况差,表现出不同程度的肌肉消耗,皮肤苍白,部分黄染。剖检中可见最显著的变化是全身淋巴结,特别是腹股沟淋巴结、肠系膜淋巴结肿大明显（图 2-1-11）,外观为灰白色或深浅不一的暗红色,切面呈灰白色,如发生继发感染,则切面可见出血、化脓病灶。肾肿大,被膜紧张易剥离,表面灰白与暗红色相兼,呈花斑状,切面外翻,肾盂有出血点（图 2-1-12）。肺多呈弥漫间质性肺炎或呈纤维素性胸膜肺炎的病变,胸腔内有淡黄色的积液。纤维素性心包炎,心包内有淡黄色积液。脾大,边缘有丘状突起或出血性梗死灶（图 2-1-13）,切面呈肉状。肝变性,质地变脆,表面有灰白色病灶,胆汁浓稠,呈灰绿色,内有颗粒残渣。胃肠道内有浅黄色积液,呈卡他性炎,有的胃底部、贲门、盲肠等部位充血、出血。

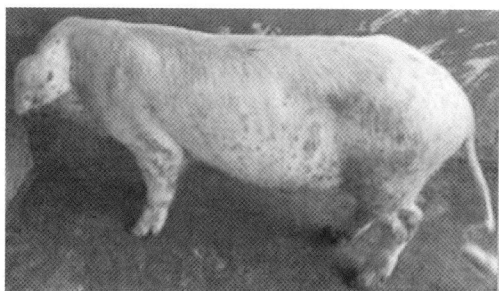

图 2-1-10　耳、腿部等皮肤紫红色隆起斑块

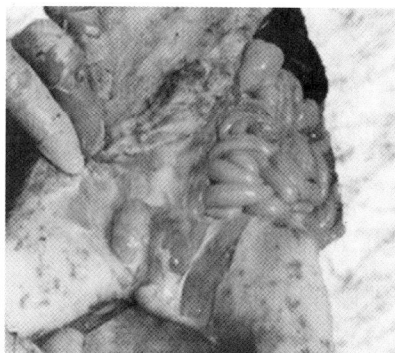

图 2-1-11　腹股沟淋巴结肿胀

猪圆环病毒病患猪临床症状及剖检病变图

图 2-1-12　肾大,皮质出血

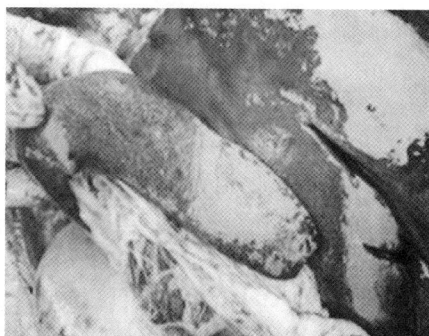

图 2-1-13　脾肿大,边缘有出血性梗死灶

5. 诊断 根据流行病学特点、症状、病理剖检变化可疑似此病,要最后确认需结合实验室诊断。可用 ELISA 检测试剂盒检测本病,此法重复性、特异性、敏感性均较好。

6. 防治 目前本病灭活疫苗在美国、法国等已有销售,我国进口了一部分。母猪产仔前注射一次;仔猪在 2—3 周龄首免,以后再加强免疫一次,每次 2 mL/只。

本病尚无有效的治疗措施,仅提出以下建议:

(1)加强卫生管理,仔猪注意保温,降低饲养密度,搞好圈舍通风,定期做好猪圈及环境的消毒工作;尽量阻止老鼠、飞鸟及其他动物接近猪场;应有计划地做好相关疫病的免疫接种。

(2)对有临床症状的猪,用广谱抗生素可防治继发感染,采用中药黄芪、金丝桃素、板蓝根、金银花或参照猪繁殖与呼吸综合征的防治,不仅直接抑杀病毒,还能增强机体的免疫力,降低本病的发生和病死率。

(六)猪流行性感冒

猪流行性感冒(简称流感)是由猪 A 型流行性感冒病毒(简称流感病毒)引起的一种急性、热性、高度接触性传染病,常突然发病,传播迅速,发病率高,但病死率低,以发热、咳嗽、肌肉或关节疼痛以及呈现不同程度的呼吸道症状为特征。如无并发症则迅速痊愈,有的继发支气管肺炎,使病情加重。

1. 病原 猪 A 型流行性感冒病毒属正黏病毒属 RNA(核糖核酸)病毒,可分甲、乙、丙三型。因甲型血清亚型较多,如 H_1N_1 型、H_3N_2 型、H_9N_2 型已在 20 世纪出现,近些年也有发生,特别是 2009 年流行的甲型 H_1N_1 流感,说明该流感病毒已可在猪与人之间相互传播。病毒主要存在于病猪的呼吸道及所属淋巴,血液、肝、脾常无病毒。流感病毒对干燥和低温有较强抵抗力,在 $-7 \sim 0\,℃$ 冻干,可保存数年,$-20\,℃$ 可保存数月,对高温和一般消毒药敏感,加热 5 分钟病毒可丧失感染力,$60\,℃$ 20 分钟、$56\,℃$ 30 分钟可将其灭活。对紫外线、甲醛、乙醚敏感,对碘蒸气和碘溶液特别敏感。

2. 流行特点 不同年龄、品种、性别的猪均可感染发病,其他家畜有的也可感染发病,亦可能感染人或犬、猫等动物。据报道猪肺丝虫卵可带本病毒,并可隐藏在蚯蚓体内,伺机感染。病猪、康复猪和隐性感染的猪,是本病的主要传染源。康复猪有的带毒长达 3~6 个月,或体内长期保存病毒。猪流感病毒主要通过咳嗽、喷嚏随呼吸道分泌物大量排出。健康猪与病猪直接接触或经污染的空气、尘埃,由呼吸道间接感染发病。本病多发生于天气骤变的初春、晚秋及寒冷的冬季。常突然发病,传播迅速,流行很快,往往在 2~3 天内全群猪发病,呈地方流行性或大流行性,发病率高,病死率低,一般为 1%~4%,如有并发症或继发感染,死亡可能会增加。

3. 临床症状 潜伏期短,数小时至数天,平均 4 天,最长可达 7 天。发病突然,几乎全群同时发生,体温升高到 $40.3 \sim 41.5\,℃$,有时可高达 $42\,℃$;肌肉和关节疼痛,常卧地不起,或钻卧垫草中。捕捉时似有疼痛而发出惨叫声;流泪,眼内角下皮毛有泪痕(图 2-1-14);食欲减少或不食,精神高度沉郁,呼吸急促,呈腹式呼吸,伴有阵发性咳嗽,眼鼻流出黏液性分泌物,有时鼻分泌物带有血色(图 2-1-15)。病程不长,如无继发症,多数病猪可在 2~6 天后康复。如并发支气管炎、支气管肺炎和肺水肿,则病势加重,病程延长。慢性病例表现持续咳嗽,消化不良,消瘦,经久不愈,病程可达 1 月以上,大多数死亡。

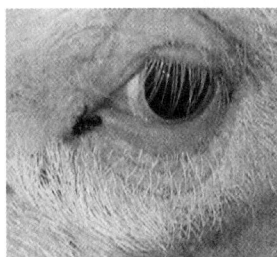

图 2-1-14　眼结膜及巩膜潮红、流泪

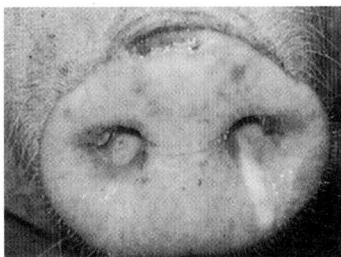

图 2-1-15　鼻流脓性分泌物

流行性感冒
患猪临床症状
和剖检病变图

4. 剖检病理变化　猪单纯流感的病理资料不多,若有并发感染,病变主要在呼吸道、鼻、咽喉、气管和支气管黏膜充血或出血,表面有大量泡沫样黏液,有时混有血液。肺呈深紫红色,色如鲜牛肉样,病区肺塌陷或膨胀不全,周围组织气肿,色苍白,界限明显,病变通常局限于尖叶,心叶和中间叶呈现不规则对称,如单侧发生时,多见于右侧肺(图 2-1-16)。严重肺炎时,在气管内可能出现大量脓性分泌物。颈淋巴结和纵隔淋巴结可明显肿大,充血、水肿,切面多汁。脾有轻度脓肿,胃肠有卡他性炎症。

图 2-1-16　肺充血、水肿,局灶性暗红色化脓病灶

5. 诊断　根据该病流行特点,突然高热,全群迅速感染;患猪呼吸急促、咳嗽,肌肉、关节疼痛,喜卧等做出临床诊断。

6. 防治　预防本病尚无有效疫苗。平时应严格执行兽医卫生防疫制度,加强饲养管理。在阴雨潮湿和气候多变天气及寒冷季节,要保持猪舍的清洁、干燥、温暖,勤换垫草及防止贼风袭击。饲料营养要丰富,多喂清洁水,定期驱除肺丝虫。发现本病时应立即隔离病猪,用 10% 石灰水、5% 漂白粉或 3% 氢氧化钠溶液等消毒圈舍、食槽及用具等,防止病情扩大蔓延。

本病尚无特效药物,一般采用对症治疗和抗生素,或磺胺类药物控制继发感染。

(1)口服达菲胶囊,是目前公认的猪场抗流感病毒药物。

(2)可口服感冒冲剂、速效感冒胶囊,或板蓝根冲剂,每次 2 包,每天 2 次。

(3)肌内注射 30% 安乃近 10~20 mL/头,或复方奎宁 5~10 mL/头,或复方氨基比林 10~20 mL/头,并配合青霉素、链霉素等抗生素治疗,每天 2 次,肌内注射,可防止继发性肺炎的发生。

(4)用柴胡注射液 10~20 mL/头、地塞米松磷酸钠 5~10 mg/头,肌内注射,每天 2 次。

（5）中药预防或治疗

- 贯众、野菊花、桉叶、金银花、板蓝根、甘草各 10~15 g,煎水口服。
- 柴胡 20 g、茯苓 15 g、陈皮 20 g、薄荷 20 g、野菊花 20 g、紫苏 20 g,生姜、葱头为引,煎水一次内服。
- 金银花、连翘、黄芩、柴胡、牛蒡子、陈皮、甘草各 10~20 g,煎水内服;或银翘解毒丸 1~3 包冲服。上述中药方亦可防治人的甲型流感。

（七）猪伪狂犬病

猪伪狂犬病又称阿氏病,是由伪狂犬病毒引起猪及其他家畜和野生动物的一种热性、急性传染病,以发热、神经症状及奇痒为特征。病猪年龄不同,临床症状也不一样。仔猪以神经症状及消化道症状为主,妊娠母猪常发生流产、死胎及呼吸道症状。仔猪和母猪发病较多,其他成年猪为隐性感染,不表现临床症状。国内已有多省报道,而且传染区域仍扩大蔓延。

1. 病原　伪狂犬病毒属于疱疹病毒,常存在于病猪的脑髓组织中。发热期的病猪,在其鼻液、唾液、乳汁、血液、阴道分泌物及实质脏器中均含有病毒。病毒对外界环境抵抗力较强,能耐干燥、寒冷,耐酸,但怕碱。8℃存活 46 日,24℃存活 30 日,胃蛋白酶 pH 7.6 时,需 90 分钟将病毒破坏,在 0.5% 苯酚（石炭酸）中可存活 10 日,在 0.5% 盐酸或硫酸中 3 分钟才将其破坏。

2. 流行特点　易感动物种类极多,包括各种家畜,如牛、羊、犬、猫、兔、鹿、鼠类及多种野生动物,猪和鼠是该病毒的主要宿主,保毒排毒。值得注意的是,病毒在猪场中可通过猪体传代,使毒力增强。患病母猪可经乳汁传给仔猪,引起本病暴发。健康猪与病猪、带毒猪直接接触感染。一般通过呼吸道或消化道感染,也可通过交配、皮肤伤口及胎盘等途径感染。本病一年四季都可发生,多发于冬春两季,常呈散发性或地方性流行。一般 1 月龄仔猪发病率较高。据资料报道,发病仔猪最小年龄为 9 天,最大为 65 天。

3. 临床症状　潜伏期一般为 3~6 天,临床表现随着年龄不同而差异较大。仔猪病情急剧,病死率高。1 月龄左右的仔猪以神经症状为主,初期体温在 38.5~41℃ 之间,有的体温下降,有的高热;吃奶量降低或不吃奶。呼吸加快,精神差,独居一隅不动。随病情加剧,眼结膜发炎,流泪,有脓性分泌物,视力减退或失明;呼吸促迫,流清鼻液,咳嗽喷嚏;呈阵发性痉挛,绕圈运动,前肢或四肢叉开站立,角弓反张,卧地不起,四肢呈游泳状划动,病情反复发作。有的猪表现兴奋,攀登圈栏,无目的地乱撞乱碰,时进时退,时而行动不稳,斜走,卧地呈犬坐姿势（游泳状）（图 2-1-17）;呼吸困难,口吐白沫,粪便干燥;后期麻痹,叫声嘶哑或叫不出声,最后昏迷死亡。成年猪一般为隐性感染,若有症状也很轻微,易恢复。有的仅表现微热,减食或停食,呼吸快,精神沉郁,有的呕吐、咳嗽,一般经过 4~8 天恢复正常。怀孕母猪呈现流产,产木乃伊胎或死胎。妊娠期感染的母猪,常产出活力较弱的仔猪,这些弱仔通常在产后 2~3 天死亡。

4. 剖检病理变化　症状明显的病猪死后剖检可见到脑膜充血、出血及脑脊髓液增多。心肌或心外膜有出血点（图 2-1-18）。鼻、咽、喉和扁桃体有不同程度出血、水肿及坏死。气管、

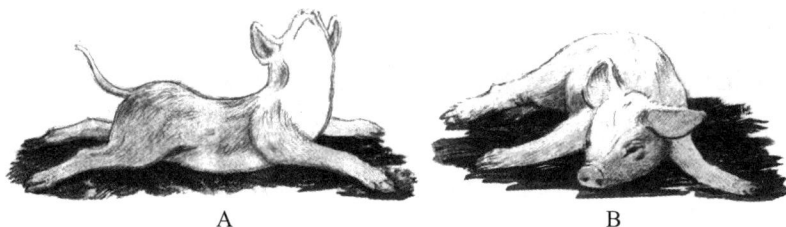

图 2-1-17　猪伪狂犬病

A. 卧地抽搐　B. 步态不稳,四肢呈游泳状

支气管内有白色泡沫液体,肺水肿,胸腔积液(图 2-1-19)。部分猪只还可能出现消化道黏膜出血。

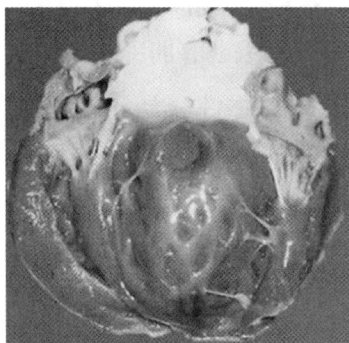

图 2-1-18　心肌出血

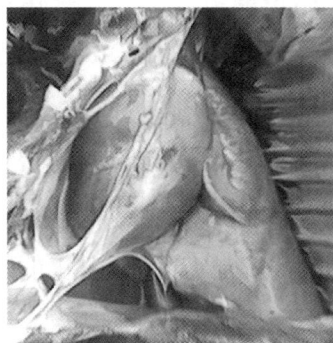

图 2-1-19　肺水肿,胸腔积液

伪狂犬病患猪临床症状及剖检病变图

5. 诊断　确诊本病,传统的方法是动物接种试验。取可疑病例的脑组织磨碎,加生理盐水,制成 10% 悬液,同时每毫升加青霉素 1 000 单位,链霉素 0.5~1 mg(目的是杀灭脑碎液中的杂菌,对伪狂犬病病毒不起杀灭作用),接种家兔腿外侧皮下。若是此病,48 小时后即可见兔表现不安,接种处发痒,不时用嘴啃咬,体温升至 41℃ 以上,持续 2~3 天,神经症状更加明显,接种部奇痒,最后衰竭死亡。也可用猪伪狂犬病 ELISA 检测试剂盒诊断,耗时短,灵敏度高。

6. 防治　搞好综合性防疫工作,严格消毒。定期注射伪狂犬病油乳剂灭活疫苗。此疫苗仔猪在 28—30 日龄采取肌内注射 2 mL,30~35 天后重复注射 1 次,以后每隔半年注射 1 次。怀孕母猪于产前 45~15 天免疫 1 次。种用公母猪每 6 个月肌内注射油乳剂灭活疫苗 1 次,每次 5 mL,通常可获得良好免疫效果。育肥仔猪在 30 日龄左右肌内注射 2 mL 油乳剂灭活疫苗 1 次,直至屠宰时可不必再注射。

由于伪狂犬病病毒常与其他一些引起母猪繁殖障碍综合征的病混合感染,已有二联苗、三联苗及四联苗(细小病毒、钩端螺旋体、衣原体及伪狂犬病)用于生产。中药黄芪多糖、党参多糖、金丝桃素等及其复方免疫增强剂,可使机体细胞免疫机能活化,增强猪只抵抗病原能力,可降低本病的发病率和病死率。

本病尚无其他药物治疗方法。紧急情况下,用高免血清治疗,可降低病死率。

（八）猪传染性胃肠炎

猪传染性胃肠炎是由猪传染性胃肠炎病毒引起的一种急性、高度接触性肠道传染病。以呕吐、严重腹泻、脱水和 10 日龄以内的仔猪大量死亡为特征。

1. 病原　猪传染性胃肠炎病毒属冠状病毒属。发病初期，本病毒存在于病猪全部脏器内，当腹泻症状出现后，病毒较多存在于病猪的小肠黏膜、肠内容物、排泄物及肠系膜淋巴结中，对乙醚、氯仿敏感，3% 福尔马林、1%～3% 来苏水易杀灭。病毒不耐热，56℃ 45 分钟、65℃ 10 分钟就能灭活；日光下 6 小时可灭活，紫外线能使病毒迅速失效，病毒在 pH 4～8 稳定，pH 2.5 则被灭活。该病毒在寒冷时稳定，冰冻可长期保存。

2. 流行特点　各种年龄猪均易感，但 10 日龄以内仔猪的发病率和病死率很高，10 日龄以内的仔猪病死率高达 100%，但断乳猪、育肥猪和种猪的症状较轻，大多能自然康复，并获得免疫，50% 的康复猪带毒，排毒期为 2～8 周，最长可达 104 天。仔猪随日龄的增加，发病率和病死率降低，育肥猪、种猪症状较轻，大多能自然康复，其他动物对本病无易感性。病猪和带毒猪是主要的传染源，可通过粪便、分泌物、呕吐物等排出病毒，污染饲料、饮水和用具等，经消化道或呼吸道传染给易感猪。

本病的发生有季节性，从每年 12 月至次年的 3 月发病最多，夏季发病最少。新疫区呈流行性发生，老疫区呈地方性流行或间歇性的地方性流行。

3. 临床症状　潜伏期短，一般 15～18 小时，长的 2～3 天；传播迅速，2～3 天内可蔓延全群；仔猪突然发生短暂呕吐，接着发生剧烈腹泻（图 2-1-20），粪便水样、恶臭、淡黄色、绿色或灰白色，常含有未消化的凝乳块和泡沫；病初有体温升高现象，腹泻后体温下降。病猪精神沉郁、被毛粗乱、脱水消瘦、极度口渴，一般 2～7 天死亡。日龄越小，病程越短，病死率越高，最高达 100%，个别仔猪病愈后成为僵猪；断乳猪、育肥猪和种猪感染后发病较轻，稍有精神沉郁，缺乏食欲，呕吐、水样腹泻，粪便灰色或褐色，泌乳母猪可出现停乳现象；一般经 3～7 天康复，极少死亡。

4. 剖检病理变化　眼观病变为尸体脱水，胃和小肠内充满乳白色凝乳块，胃底部黏膜潮红充血，有的病例有出血点、出血斑及溃疡灶。小肠肠壁充血、膨胀，变薄呈半透明状（图 2-1-21），肠内充满黄绿色或灰白色泡沫状液体。组织学变化为病猪的回肠、空肠绒毛萎缩变短，有的脱落变平，绒毛长度和深度比为 1∶1（正常猪为 7∶1）。

传染性胃肠炎患猪临床症状及剖检病变图

5. 诊断　根据该病流行特点、临床症状和剖检变化等可以做出初步诊断，但注意与仔猪黄痢、仔猪白痢、猪流行性腹泻、猪轮状病毒病等的区别。确诊需进行实验室诊断。取病猪的空肠、空肠内容物、肠系膜淋巴结及发病猪急性期和康复期的血清样品进行病原学和血清学诊断。血清学诊断有直接免疫荧光法、双抗体夹心 ELISA、血清中和试验和间接 ELISA。

图 2-1-20　病猪剧烈呕吐和腹泻

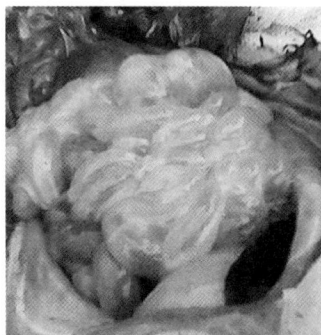

图 2-1-21　病猪小肠壁充血,变薄

6. 防治

（1）预防措施　加强饲养管理,制定完善的兽医防疫制度,并严格执行。禁止外来人员进入猪舍,以杜绝本病传入。同时应注意猪舍的消毒和冬季保暖工作。可用猪传染性胃肠炎弱毒疫苗对母猪进行免疫接种,方法是于母猪产前 45 天和 15 天时,肌内和鼻内接种疫苗 1 mL,可使新生仔猪在出生后通过乳汁获得被动免疫,保护率达 95% 以上;也可用弱毒疫苗给刚出生的仔猪口服 1 mL/只进行免疫。

发病时应隔离病猪,用 2% 氢氧化钠溶液对猪舍、环境、用具等进行彻底消毒。对假定健康猪群进行紧急免疫接种。另外也可有计划地进行人工感染,用典型发病猪的小肠磨碎,加少量的水,喂给分娩前 3~6 周的母猪,母猪一般出现轻微的症状而产生自动免疫,分娩期母猪的乳中含有高浓度的抗体,从而使新生仔猪获得被动免疫。

（2）治疗措施　本病无特效药物治疗,发病后只能采取对症疗法,以减轻脱水,防止酸中毒和继发感染。新生仔猪可用康复猪的全血或高免血清,每天口服 10 mL,连用 3 天。

另外,可以通过以下对症治疗措施进行处理。

● 静脉或腹腔注射葡萄糖盐水,同时选用抗生素(大蒜素)、抗病毒药物(黄芪多糖)等,以减轻脱水,纠正酸中毒和防止继发感染。

● 用老姜 150 g、陈皮 100 g、艾叶 60 g、车前草 150 g 煎水,加白胡椒粉 50 g,让猪自由饮用,可收到良好效果。

● 做好防寒保暖工作,在饮水中加入少许红糖、食盐或口服补液盐,对此病的康复有良好的效果。

（九）猪乙型脑炎

猪乙型脑炎又称日本脑炎,是由流行性乙型脑炎病毒引起的发热性传染病,仔猪以中枢神经系统病变为主要特征,怀孕母猪感染后表现流产和死胎,公猪发生睾丸炎,肥育猪持续高热。此病毒可感染其他动物和人。

1. 病原　乙型脑炎病毒属于黄病毒科黄病毒属,主要存在于病猪的脑、脊髓、血液、脾、睾丸和死胎以及仔猪的脑组织内。病毒对外界抵抗力不强,56℃ 30 分钟可将其灭活,但对低温耐受力强,-70℃可存活数年,-20℃下可保存 1 年,但毒价低。对消毒药敏感,常用浓度的来苏水、苯酚、福尔马林等均可在数分钟内将其杀死。

2. 流行特点 乙型脑炎主要通过蚊子(如库蚊、伊蚊、按蚊等)的叮咬传染,蚊子感染乙脑病毒后可终身带毒,病毒能在蚊子体内增殖和越冬,成为翌年传染源。因此,本病有明显的季节性,主要在夏季至初秋 7—9 月蚊子滋生季节流行。本病可感染多种动物和人,多数呈隐性感染。不论是隐性还是显性,感染初期均出现短暂(3~5 天)病毒血症,成为传染源,猪尤其明显。

3. 临床症状 染毒猪常突然发病,体温高达 40~41℃,呈稽留热型,持续几天或十几天以上。病猪眼结膜潮红,精神沉郁,喜卧,嗜睡,吃食减少或不食,粪便干结,表面附有灰白色黏液,尿呈深黄色。6 月龄以下的猪可发生坏死性脑炎,呈现发热、运动失调、步履蹒跚、颤抖、昏迷或突然死亡。公猪发生睾丸炎,多呈一侧睾丸急性肿大,触之有热痛感,有的两侧同时肿胀,但肿胀程度不等,病猪精神食欲变化不大;睾丸炎症经 2~3 天后开始消散,并逐渐萎缩变硬(图2-1-22),交配能力下降,精子数量减少,畸形率上升,因为携带病毒,所以,患病公猪不能作为种用。妊娠母猪流产或早产,产死胎、弱胎或木乃伊胎(图 2-1-23);流产后母猪症状很快减轻,体温和食欲逐渐恢复正常。部分临近预产期的母猪不见腹围及乳房膨大。

A   B

图 2-1-22 正常猪和病猪睾丸比较

A. 正常公猪睾丸 B. 病猪睾丸左侧明显萎缩

乙型脑炎患猪临床症状及剖检病变图

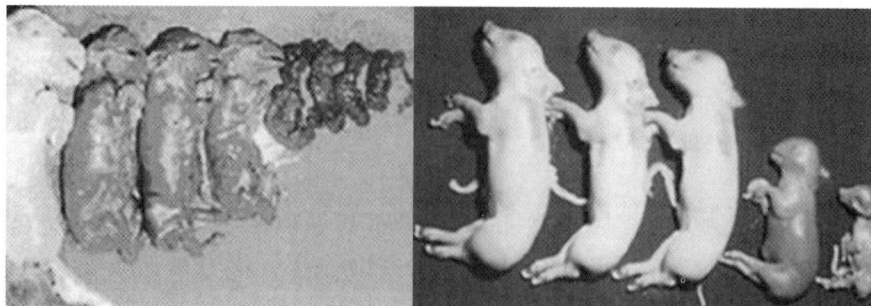

图 2-1-23 不同发育阶段的木乃伊死胎

4. 剖检病理变化 脑和脊髓有充血,脑室和脊髓脑液增多。肌肉褪色似被煮熟样。睾丸不同程度肿大,睾丸实质充血、出血和坏死(图 2-1-24)。子宫内膜显著充血,黏膜上覆有黏稠的分泌物及出血小点。在高热或流产病例中,常见黏膜下组织水肿,胎盘呈炎性浸润。流产或早产胎常见脑水肿、腹水增多及皮下血样浸润,胎儿木乃伊化,呈拇指大小到正常大小不等。

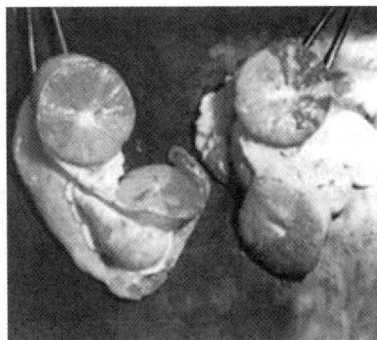

图 2-1-24 睾丸切面淤血、出血和黄白色坏死灶

5. 诊断 本病的发生有明显的季节性,母猪发病较公猪多,且后备母猪、第 1 年的猪发病较多,以后逐渐减轻。根据母猪的后期流产、死胎木乃伊化,以及公猪睾丸炎等症状,结合剖检病变,可作出初步诊断。若要确诊,可用市场上销售的快速乳胶凝集试验检测试剂检测。

6. 防治 流行前一个月用乙型脑炎弱毒疫苗对 4 月龄以上至 2 岁的后备公母猪进行免疫。免疫后 1 个月产生较强的免疫力,可防止妊娠后的流产或公猪患睾丸炎而造成的生精机能障碍。蚊子是本病的重要传播媒介,因此,猪场(舍)的灭蚊是消灭或控制本病的一项根本措施。要注意猪场(舍)周围的环境卫生,疏通沟渠,排除积水,消除蚊子的滋生场所。同时用驱蚊药在场(舍)周围喷洒灭蚊。对已发生的病猪予以淘汰或隔离治疗,禁作种用。用黄芪多糖,并加上清热解毒中药,能起到预防作用。

本病尚无其他有效疗法,主要是采取降低颅内压、调整大脑机能、解毒等综合治疗措施。

(1)采用静脉注射溴化钙或安溴合剂,以减轻兴奋。

(2)为降低颅内压,可静脉注射 20%甘露醇或 25%的山梨醇及 25%~50%的葡萄糖溶液。

(3)维护心机能可注射樟脑磺酸钠,同时静脉注射 40%乌洛托品。为防止并发症,可肌内注射青霉素、链霉素或磺胺类药等。配合人工盐每日 2 次增强胃肠蠕动,促进胃肠功能恢复。

(十)猪水疱病

猪水疱病是由猪水疱病病毒引起的猪的一种急性传染病,流行性强,发病率高,症状表现为蹄部、鼻端、口唇皮肤黏膜、舌面黏膜、腹部及乳头等部位皮肤发生水疱和烂斑。本病在临床上与口蹄疫极为相似,但本病仅发生于猪,牛、羊等家畜一般不发病。本病一年四季均可发生,在猪只集中和频繁调运的场所,发病率可高达 70%~80%,但转归良好。

1. 病原 猪水疱病病毒属小核糖核酸病毒科、肠道病毒属。本病毒耐热,60℃ 30 分钟、80℃ 1 分钟可灭活。低温中可长期存活。病毒在污染的猪舍内可存活 8 周以上。病猪的皮肤、肌肉、粪便在 12~27℃积存 138 天,病猪肉腌制后 3 个月仍可检出病毒。本病毒对消毒药的抵抗力很强,常规浓度要较长时间才能灭活,低温条件下效果更差。消毒药中以氨水效果较好。5%氨水在 2~3℃、经 6 小时,2%氨水在 15℃、经 24 小时可完全灭活水疱皮中的病毒;1%过氧乙酸作用 60 分钟可使病毒灭活,5%漂白粉溶液在 10~25℃时,经 30 分钟可灭活病毒。

2. 流行特点 本病对各种年龄、性别、品种的猪都具易感性,人也有一定的易感性。潜伏期病猪和病愈带毒猪是本病的主要传染源。病猪全身脏器均有病毒分布,可经过粪便、尿液、水疱液、水疱皮及奶等分泌物排毒。排出的病毒通过直接接触、泔水饲喂、生猪市场交易中使用的运输工具、饲料及垫草等进行传播扩散,也可以通过受伤的蹄部、鼻端皮肤、消化道黏膜而感染进入体内。本病一年四季都能发生,主要发生在猪只高密度集中或频繁调动的单位和地区,且容易造成流行。猪的数量和密度越大,发病率就越高,散养的猪很少流行本病。

3. 临床症状 在自然感染情况下,潜伏期一般为 2~5 天,有的 7~8 天或更长。临床上可分为典型型、温和型和隐型。

(1)典型型 猪水疱病的病初体温可达 40~42℃,在蹄冠、趾间、蹄踵和副蹄等处可见多个黄豆或蚕豆大的苍白肿胀水疱,水疱明显凸突,里面充满水疱液。水疱维持 1~2 天,破裂后形成溃疡,溃疡面呈鲜红色(图 2-1-25)。猪只由于蹄部受到损害,疼痛剧烈,故运步艰难,跛行明显。个别严重的病例,由于继发感染,局部化脓或坏死,引起蹄壳脱落,病猪呈犬坐姿势或卧于地,严重者用肘和膝部爬行;食欲减退,精神忧郁,明显掉膘。有的病猪在鼻盘、口唇、舌和母猪乳头周围发生水疱。通常情况下,病症较轻,无继发感染,不易引起死亡,病猪康复较快,最快 2 周可痊愈,蹄匣脱落的病猪则需要较长时间才能恢复。

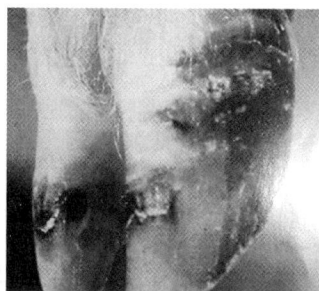

图 2-1-25 患猪蹄匣病变

(2)温和型 只有少数猪只蹄部出现一两个水疱,病的传播速度缓慢,症状较轻,恢复较快,不易发现。

(3)隐型 猪不表现临床症状,血清中可产生高滴度的中和抗体,并产生较强的免疫力。

4. 剖检病理变化 病变在猪的蹄部、鼻盘、唇、舌面及乳房,出现水疱。有的病猪心内膜有条状出血斑,水疱破裂、疱皮脱落后,露出出血和溃疡创面,其他内脏器官无可见病理变化。

猪水疱病
患猪临床
症状图

5. 诊断 根据流行特点及症状即可作出诊断,但注意与口蹄疫、水疱性口炎、水疱性皮疹加以区别,因此,必须依靠实验室诊断加以区别。如用病猪的水疱液或经处理过的水疱皮液,取上清液接种于牛、羊、猪、豚鼠和 1—2 日龄小鼠,若仅猪和 1—2 日龄小鼠发病,则是猪水疱性口炎;若接种的动物都发病,则是口蹄疫;若仅猪发病而其他动物不发病,则是猪水疱病。也可采取病毒样品,用 ELISA 快速检测试剂盒检测。

6. 防治

(1)平时严格防止传染病的传入,不从疫区调入猪种及其肉制品,不用泔水和屠宰下脚料喂猪。加强检疫、隔离、封锁措施,在收购和调运猪时,应逐头进行检疫,一旦发现疫情立即向主管部门报告,按早、快、严、小的原则,实行隔离封锁。

(2)对受威胁的猪可用猪水疱病血清和康复猪血清每千克体重 0.1~0.3 mL 进行被动免疫,免疫期为 1 个月。或用疫苗进行免疫接种,猪水疱病细胞弱毒疫苗每头股深部肌内注射 2 mL,以后定期免疫接种。接种后 4~8 天产生免疫力,保护率达 80%,免疫期 6 个月以上。

(3)对环境及猪舍要严格消毒,用 0.1%~0.5% 过氧乙酸,或 0.5%~1% 菌毒敌(农乐),或 5% 氨水,或 2% 氢氧化钠及 10% 漂白粉进行消毒。大部分水疱病患猪可自愈。为了缩短病程和防止并发感染,可用 5%~10% 甲紫或碘甘油涂擦局部溃疡面。较严重病例可用抗生素结合强心输液对症治疗。

任务实施

一、病猪尸体剖检

◆ **任务描述**

现有一猪场发生传染病流行,出现猪只死亡,但死因还不明确,需做进一步临床检查,要对其进行尸体剖检,请在教师的指导下,对该猪只进行剖检,收集整理相关信息,为进一步诊断提供证据。

◆ **人员组织、材料准备**

1. 人员组织　按照实际工作需要进行分组分工,责任到人。

2. 材料准备

(1)刀、剪、大方盘、镊子、隔离工作服、胶鞋、橡胶手套、乙醇、碘附、来苏水或苯酚等。

(2)病猪或猪尸体 1~2 只。

(3)工作记录笔、工作记录本(册)。

◆ **任务流程框图**

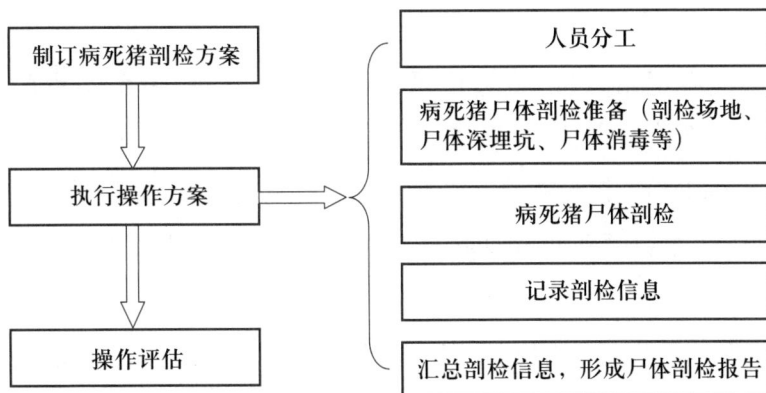

◆ **实施步骤**

猪尸体剖检实施步骤详见表 2-1-1。

表 2-1-1 猪尸体剖检任务实施指导表

序号	任务分解	工作内容
1	熟悉猪尸体剖检方法及注意事项	组内各成员共同研讨猪尸体剖检方法及注意事项
2	制订猪尸体剖检方案	根据诊断工作需要,对组内人员进行明确分工,有序参与各个环节的操作,明确各操作环节的人员防护注意事项,并做好记录
3	准备猪尸体剖检场地	选择对周边环境无污染、可防止病原扩散的地点,作为尸体剖检场地
4	实施猪尸体剖检	按照尸体剖检方案,对病死猪的尸体进行有序剖检,必要时可对局部器官组织进行取样,送实验室进一步进行实验室诊断
5	记录尸体剖检各器官组织的病理变化信息	剖检前需详细记录病猪生前情况,如年龄、性别、饲养管理状况、预防注射状况、临床症状及治疗措施等,再根据尸体剖检顺序,对各器官组织的位置、形态、质地、颜色等信息进行详细记录
6	尸体无害化处理	尸体剖检完毕,用无缝塑料袋将尸体及尸体剖检现场残余物一并装袋封严,深埋处理,防止尸体及剖检残余物对环境的污染和病原扩散
7	汇总尸体剖检信息	依据尸体剖检信息的详细记录,按要求填报尸体剖检报告单(表 2-1-2)

◆ **猪尸体剖检方法**

(1)对病死猪的病理剖检越早越好,死后超过 24 小时的尸体易腐败分解(尤其是夏季),一般失去剖检意义。

(2)剖检前首先检查剖检尸体的外表,如外形特点、营养状况、毛色、皮肤和天然孔(口、眼、鼻、耳、肛门及生殖器)有何变化。

(3)尸体剖检场地应光线充足、地面平坦,且要远离畜舍、村庄、河流及公路。

(4)如需要微生物学检验,需准备酒精灯、培养基、接种环及载玻片等,供现场取样及接种。

(5)对尸体剖检应有记录,边剖检边记录。记录力求客观,避免主观臆断,如实反映病理变化本质。同时要符合剖检顺序,重要病变要详细记载。

(6)剖检时使尸体仰卧,由下颌骨联合处开始,沿胸腹正中线直到尾根切开皮肤,进行剥离,由剑状软骨向前切开左右两侧肋软骨联合,将胸骨与肋软骨取下,暴露胸腹腔(图 2-1-26,图 2-1-27)。

(7)胸腹腔切开后,应先检查内脏器官的位置、形状,胸膜、腹膜的色泽、光滑程度,以及胸腔、腹腔内所含液体的数量、颜色、透明程度、气味等,并详细记录。

(8)剥离喉颈部组织,将舌、喉、气管、食管连同胸腔脏器一齐取出,再按以下顺序对器官进行逐一观察检查。

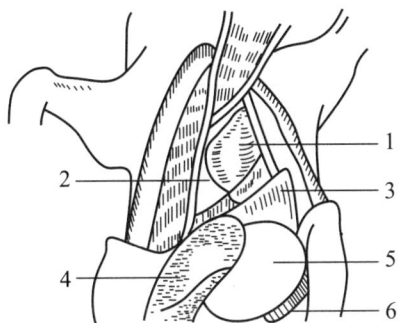

图 2-1-26 切开胸腔
1. 心 2. 肺 3. 膈肌 4. 肝 5. 胃 6. 脾

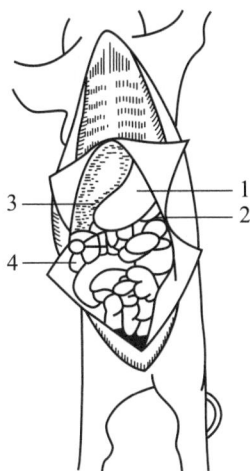

图 2-1-27 切开腹腔
1. 胃 2. 脾 3. 肝 4. 肠

- 检查喉、气管和食管内容物的性质,有无黏液、泡沫、血液,再检查黏膜有无充血、出血。

- 心检查时应先检查心包膜的色泽,有无附着物;再切开心包膜检查心包内液体的数量、颜色、透明度;然后剥去心包膜检查心外膜,注意有无出血点;再沿纵沟切开心,检查心腔内有何变化。

- 肺检查时先观察肺的大小、形状、色泽,以及表面有无附着物;用手检查肺的弹性、有无硬结;再用刀作纵向切口,检查切面的颜色、结构,流出黏液的数量及性状;同时要检查胸腔淋巴结的状况。

- 肝检查时先观察肝的大小、颜色、表面及边缘的情况;再作纵向切口检查切面的颜色、硬度等性状;然后再检查胆囊的大小,并切开胆囊检查胆汁的性状和胆囊黏膜的情况。

- 脾检查时先观察脾的大小、形状、色泽、边缘和被膜紧张度;再作切口观察切面脾髓的颜色、硬度等性状。

- 胃肠检查时先观察胃肠浆膜、肠系膜和肠系膜淋巴结的情况,然后用剪刀沿胃的大弯剪开胃壁,并分段剪开肠检查其中内容物的质量、颜色、软硬度、气味,以及有无寄生虫和异物,检查黏膜和附着黏膜,注意有无出血、溃疡等变化。

- 肾检查时先观察肾的大小和包膜情况;然后用刀沿凸面将肾纵切成两半,剥离包膜,先观察肾表面的颜色,是否有出血,是否光滑;再检查肾切面的色泽和结构;注意皮质和髓质的界线是否明显,以及肾盂黏膜的情况。

- 将膀胱、输尿管、子宫、输卵管剪开后,检查内容物的性质和黏膜的状况;对于卵巢应注意其大小、形状、硬度,并切开检查切面情况。

- 头颅剖开,对于脑的检查,先观察脑膜的外形、厚度、光泽,注意有无充血或出血,然后将脑切开观察脑各部分的情况。

（9）剖检后，装运尸体必须注意防止散布病原，所用器具、车辆事后必须消毒。尸体应掩埋于深度最少为 2 m 的深坑，并撒入石灰，同时应将剖检时污染的表层泥土也铲入坑内，再用净土掩盖压实，避免狼、犬、猫等动物的扒食。剖检结束后，所有用具必须消毒，洗净，擦干，妥善保存。

表 2-1-2　尸体剖检报告单

剖检号						
畜主		畜种		畜别		畜龄	
死亡日期			剖检地点		剖检时间	
临床特征及临床诊断摘要						
剖检器官组织表现						
初步诊断						
剖检者签字						

◆ **注意事项**

（1）注意操作人员的安全防护。

（2）注意防止环境污染和病原的扩散。

（3）完成工作后各组资料整理上交，用具设备清理归库。

二、疑似猪瘟的判断及处理

◆ **任务描述**

某猪场新引进一批仔猪，入场后不到 1 周就出现猪只高烧，用抗生素处理无效，并有猪只死亡。通过猪场技术人员临床检查，初步诊断结果可能是发生了猪瘟。为了对该猪群发病原因进行确诊，请用一种简单易行的方法，帮助该猪场技术人员做实验室诊断，以便尽早采取有效措施扑灭疫病,减少经济损失。

◆ **人员组织、材料准备**

1. 人员组织　按照实际工作需要进行分组分工,责任到人。

2. 材料准备

(1)提前准备 1.5 kg 重的健康家兔 4~6 只,测体温 3 天,并做好记录。

(2)猪瘟兔化弱毒疫苗及疑似猪瘟的血液或脾。

(3)工作服、体温表、注射器(含针头)、无菌研钵、无菌纱布、无菌操作台、乙醇及碘附等。

(4)工作记录笔、工作记录本(册)。

◆ **任务流程框图**

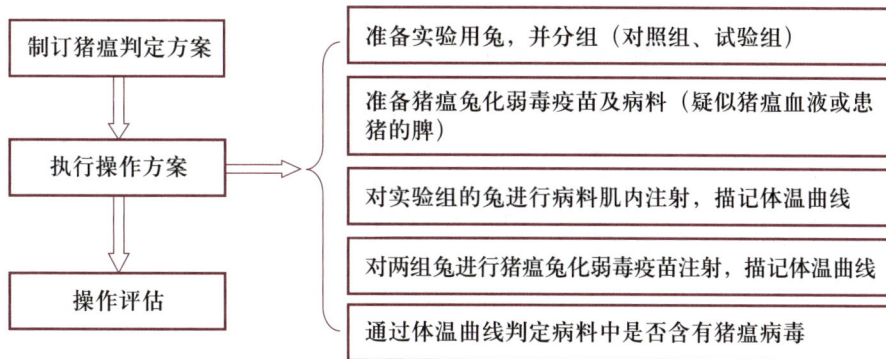

```
制订猪瘟判定方案 ──→ 准备实验用兔,并分组(对照组、试验组)
       │
       ↓           准备猪瘟兔化弱毒疫苗及病料(疑似猪瘟血液或患
执行操作方案 ──→      猪的脾)
       │
       ↓           对实验组的兔进行病料肌内注射,描记体温曲线
操作评估
                   对两组兔进行猪瘟兔化弱毒疫苗注射,描记体温曲线

                   通过体温曲线判定病料中是否含有猪瘟病毒
```

◆ **实施步骤**

详见表 2-1-3。

表 2-1-3　疑似猪瘟判断任务实施指导表

序号	任务分解	工作内容
1	熟悉猪瘟实验室诊断原理与方法	组内各成员共同学习、研讨猪瘟实验室诊断原理及方法
2	制订猪瘟诊断方案	根据诊断工作需要,对组内人员进行明确分工,有序参与各个环节的操作,明确各操作环节中的人员防护注意事项,并做好记录
3	准备标定健康兔	提前 1 周购进实验兔饲养,并在实验前 3 天对实验兔进行体温检测,做好记录
4	准备猪瘟兔化弱毒疫苗及病料(疑似猪瘟的血液或脾)	通过正规渠道获取猪瘟兔化弱毒疫苗;到猪场采集疑似猪瘟病患猪的前腔静脉血 1~2 mL 或疑似猪瘟病死猪的脾适量;取病料(血液或脾),加入 1：10 生理盐水,在无菌研钵中研磨后,用三层无菌纱布过滤,每毫升加青霉素 10 000 单位、链霉素 2 mg 备用
5	对标定健康兔进行病料肌内注射,并描记体温曲线	取 2~3 只标定健康家兔,作为试验组,每只肌内注射 5 mL 上述病料(图 2-1-28)。注射后,每隔 8 小时测温 1 次,并描记在体温曲线表上

序号	任务分解	工作内容
6	对标定健康兔进行猪瘟兔化弱毒疫苗注射,并描记体温曲线	注射病料 5 天后,用 1∶20 生理盐水稀释猪瘟兔化弱毒疫苗,对上述每只家兔静脉注射 1 mL,同时取 2~3 只未注射病液的兔作为对照组,用同样的方法处理;两组接种兔毒的家兔分笼饲养,注射后 24 小时开始测体温,每隔 6 小时测定 1 次,连续测定 3 天,并分别描记在体温曲线表上
7	通过体温曲线判定病料中是否含有猪瘟病毒	实验结果判定可参考表 2-1-4

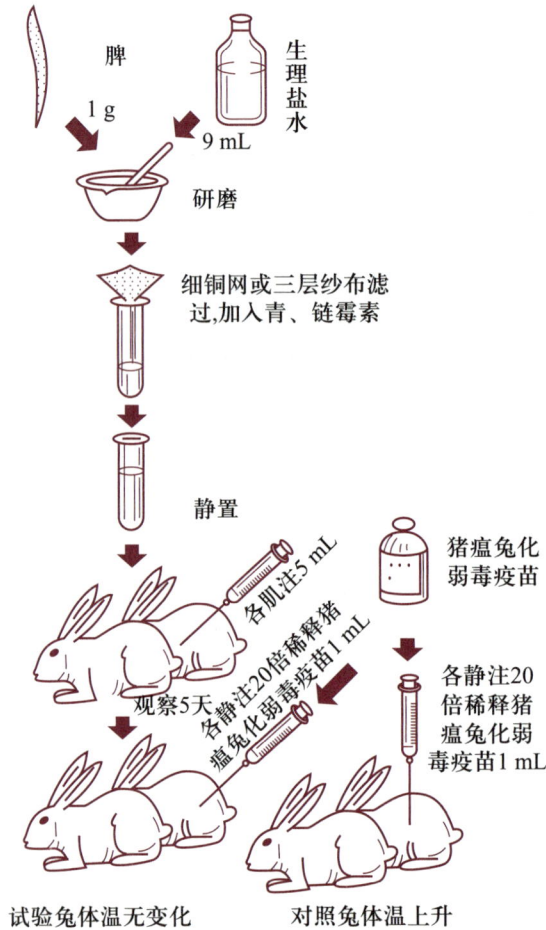

图 2-1-28　兔体交互试验诊断猪瘟模式图

表 2-1-4　猪瘟诊断实验结果判定表

组别	试验组的体温反应	对照组的体温反应	诊断结果
1	-	+	病料中含有猪瘟病毒
2	+	+	病料中含兔化弱毒
3	-	-	兔化弱毒苗失效,诊断无效
4	+	-	兔化弱毒苗失效,病料中含有其他致热源

注:1. 兔正常体温 38.5~39.5℃。

　　2. 表中"-"表示体温正常;"+"表示体温升高。将实验得出的体温变化结果与表 2-1-4 对照,判断实验结果。

◆ **注意事项**

（1）注意操作人员的安全防护。

（2）注意对猪只的安全及应激影响。

（3）兔子本性温顺，捕捉要轻柔、细心，切忌粗鲁行事，且要人工保定。

（4）测定体温时要缓慢、细心，体温表上最好涂上凡士林以润滑之。体温表插入肛门，每只兔的深度均应一致。

（5）当兔嘶叫、挣扎时，本身温度也会升高，此时需休息安静片刻再测温，否则测温不准确。

（6）各小组成员间协调有序，团结互助。

（7）完成工作后各组资料整理上交，用具设备清理归库。

三、猪口蹄疫病料采集送检

◆ **任务描述**

某猪场发生大批猪只跛行，个别猪只在口唇部、蹄部有水疱样肿胀物，驻场兽医怀疑发生了猪口蹄疫，为及时对其进行确诊，请为该猪群进行病样采集，向兽医行政主管部门送检，减轻疫情可能带来的危害。

◆ **人员组织、材料准备**

1. 人员组织 按照实际工作需要进行分组分工，责任到人。

2. 材料准备

（1）工作服、镊子、手术剪、50%甘油生理盐水、标签等。

（2）工作记录笔、工作记录本（册）。

◆ **任务流程框图**

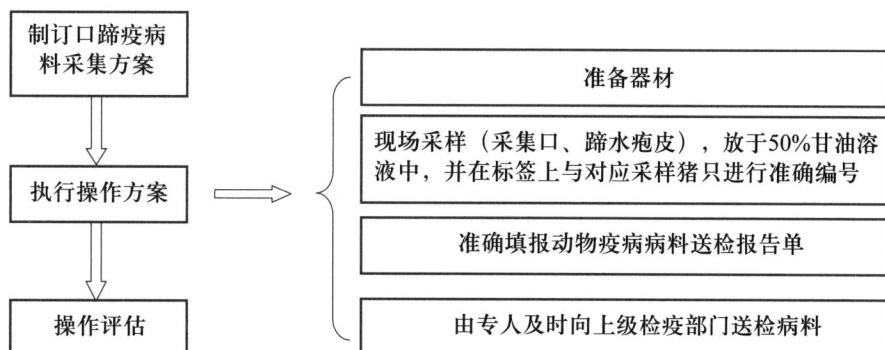

制订口蹄疫病料采集方案
↓
执行操作方案	⇒	准备器材
		现场采样（采集口、蹄水疱皮），放于50%甘油溶液中，并在标签上与对应采样猪只进行准确编号
↓		准确填报动物疫病病料送检报告单
操作评估		由专人及时向上级检疫部门送检病料

◆ **实施步骤**

详见表 2-1-5。

表 2-1-5   猪口蹄疫病料采集送检任务实施指导表

序号	任务分解	工作内容
1	熟悉猪口蹄疫病料采集及病料送检程序	组内各成员共同学习、研讨猪口蹄疫病料采集及病料送检程序
2	制订猪口蹄疫病料采集及病料送检方案	根据工作需要,组内人员进行明确分工,有序参与各个环节的操作,明确各操作环节中的人员防护注意事项,并做好记录
3	准备采样器材	一个工作组准备一套消毒灭菌的采样器材、工作防护服、手套等用具,以及病料送检单
4	按照计划规范地采集病料	按照动物病料采集要求规范地进行猪口蹄疫病料(水疱皮)的采集,保存于 50% 甘油溶液中;按照动物病料送检要求,填写动物病料送检单(表 2-1-6)
5	送检病料	模拟按动物病料送检要求,由专人负责,及时将病料向动物疫病检疫行政部门送检

表 2-1-6   动物病理材料送检单

送检材料		病料大小		色泽	
采集时间		采集单位		检验单位	
采集地点		采集人		动物死亡时间	
动物种类		邮政编码		送检日期	
耳标号		联系电话		病料收到日期	
疫病流行情况					
临床表现情况					
病理剖检变化					
已采取的治疗措施					
送检目的					
备注					

任务反思

1. 常见猪病毒性疾病有哪些？

2. 简述病毒引起猪只发病的一般致病机制。

3. 猪病毒性疾病的一般诊断和防治方法有哪些？

4. 根据猪尸体剖检的操作规范要求进行猪尸体剖检和采样实训，完成尸体剖检报告的撰写。

任务 2.2　猪细菌性传染病

任务目标

知识目标　1. 了解猪细菌性传染病病原。

　　　　　2. 理解猪细菌性传染病的流行特点。

　　　　　3. 掌握常见猪细菌性传染病的临床症状及剖检病理变化。

技能目标　1. 会运用临床诊断方法对常见猪细菌性传染病病例实施诊断。

　　　　　2. 会进行一般的细菌学实验室检查。

任务准备

一、猪细菌性传染病概述

（一）细菌的致病机制

细菌常见的致病机制如下：

1. 细菌侵入猪体　这是细菌致病的第一个阶段。细菌侵入猪体需具备两个条件：一是细菌具有侵入猪体的能力；二是猪体防御能力减弱，使细菌有机可乘，突破猪体的天然防御屏障进入猪体，并可在猪体内蔓延扩散。

2. 细菌在猪体内生长繁殖　这是细菌致病的第二个阶段。细菌侵入猪体后,会利用猪体提供的条件生长和繁衍,在这一过程中会产生大量毒素(外毒素或内毒素)。

当然,细菌要完成这两个致病过程,必须是在猪体无法抵御细菌侵害的情况下。否则,在猪体的抵抗力超越细菌时,细菌将被消灭;在猪体抵抗力与细菌相当时,细菌将被限制,不能发生致病过程。

(二)猪细菌性传染病的诊断方法

1. 临床诊断　临床诊断,是通过"问诊、视诊、听诊、触诊、叩诊、嗅诊"的临床诊断方法,对疾病的流行特点、症状表现、剖检病理变化等信息进行收集整理,然后与相关猪病毒性传染病的症状与病理特点进行比较分析,再对所发生的疾病作出初步判断的过程。

临床诊断首先需要诊断者具有一定的信息收集、信息整理、信息分析能力;其次还需要诊断者对疾病的流行特点、症状表现、剖检病理变化都有相当的熟知程度。所以,临床诊断结果的准确性,在很大程度上依赖于诊断者的临床经验,具有很强的经验特征,存在不客观性,只能作为初步诊断。

2. 实验室诊断　是借助实验仪器设备,对患猪的生化指标、致病细菌等进行定性定量分析,减少人为因素的干扰,客观反映患猪的致病微生物及生理代谢异常表现状况。所以,实验室诊断结果是相对客观的,是目前确诊疾病的主要手段。

(三)猪细菌性传染病的一般防治措施

1. 对因防治法　就是通过确诊找到致病因素后,选择相应措施进行防治的方法。在临床处理猪病的过程中,在诊断设备不足、人的即时主观诊病能力受限时,较难确诊。所以,对因防治方法只适于有足够时间做出确诊的疾病或病案(如慢性疾病、传染病流行的中后期)。

2. 对症防治法　就是在临床处理猪病过程中,针对发病猪只表现的突出症状、危及猪只生命的突出问题进行及时处理,以防止传染病蔓延,为后续确诊和防治提供时间保障的防治方法。

二、猪常见细菌性传染病

(一)猪丹毒

猪丹毒是由猪丹毒杆菌引起的一种急性、热性、败血性传染病。急性病例呈败血症病状;亚急性病例出现皮肤疹块,俗称"打火印",慢性病例发生心内膜炎和关节炎。本病广泛流行于世界各地,对养猪业危害很大。

1. 病原　猪丹毒杆菌是一种纤细的革兰阳性杆菌,对外界环境的抵抗力很强,在死猪的肝、脾中 4℃ 存活 159 天后仍有很强毒力;露天放置 77 天的肝、深埋 1.5 m 达 231 天的尸体,以及 4℃、148 天,经 12.5% 食盐处理的猪肉,仍有活的猪丹毒杆菌。用漂白粉和碱性消毒药液,如 2% 福尔马林、1% 漂白粉、1% 氢氧化钠或 5% 石灰乳处理,则很快死亡。但对 0.1% 氯化汞(升汞)水、5%苯酚及 70%乙醇抵抗力较强,对热的抵抗力较弱。本菌对青霉素、四环素等敏感。

2. 流行特点 本病主要发生于猪,各种年龄猪都可发生,但 4—6 月龄的架子猪和后备猪发病最多,哺乳仔猪和老猪很少发生。其他家畜如牛、羊、犬、马和禽类,包括鸡、鸭、火鸡、鸽、麻雀及孔雀等也有发病的报道。人也可以感染本病,称为类丹毒。30%~50%健康猪群或猪场带菌猪的扁桃体和其他淋巴组织中存在此菌。猪丹毒杆菌在弱碱性土壤中存活可达 90 天,最长可达 14 个月。病猪和带菌猪是本病的传染源,另外,多种家畜、野生哺乳动物及野鸟、吸血昆虫(如蚊、蜱等)可成为本病的传播媒介。病猪的粪尿和口、鼻、眼分泌物及局部病变均会有猪丹毒杆菌,细菌通过排泄物污染用具、饲料,经消化道传染,也可通过皮肤损伤传播。本病一年四季都有发生,夏季炎热多雨时流行最盛,冬春季节呈散发性流行。但也有较冷的地区 6—9 月份发病最多,特别是雨后发生更多,其他月份呈零星散发。

3. 临床症状 根据临床表现分为急性败血型、亚急性疹块型和慢性型三类。

(1)急性败血型 发病快,有的猪不表现任何症状而突然死亡;病程稍长的猪,体温可达 42.5℃ 以上,稽留不退;虚弱,食欲废绝,有时呕吐,寒战,喜卧;行走摇摆不稳;眼结膜潮红,两眼特别清亮有神,很少有分泌物;大便干燥,呈栗状,附有黏液;耳、胸、腹、腋下等处皮肤发红,按压褪色;严重时呼吸困难,病程较短,发病后 2~4 天死亡。

(2)亚急性疹块型 病猪体温升高至 41℃ 以上,精神不振,食欲不佳,发病后 1~2 天在胸侧、背部、颈部、腹部和四肢外侧的皮肤上发生界限明显的圆形、方形或菱形疹块,疹块呈暗红色或紫红色,扁平隆起状,触诊硬,形如烙印,故称"打火印"。数天后疹块逐渐消退,隆起部分下陷,最后形成干痂;若病情较重,则有部分或大部分皮肤坏死,久而变成革样痂皮,脱落而自愈。也有不少病猪在发病过程中,症状恶化而转为败血症死亡,病程为 1~2 周。

(3)慢性型 主要表现为心内膜炎或关节炎,病腿僵硬、疼痛。急性症状消失后,以关节变形为主,呈现一肢或两肢的跛行或卧地不起,生长缓慢,体质虚弱,消瘦,病程数月。心内膜炎表现消瘦,贫血,全身衰弱,呈伏卧状,不愿走动,若强迫行走,则举步缓慢,全身摇晃。听诊心有杂音,心跳加速,心音亢进,心律不齐,呼吸急促,通常由于心停搏而突然倒地死亡。有的猪只发生皮肤坏死,局部皮肤变黑,干燥,硬如皮革,最后脱落,不长毛,耐过猪生长发育受阻。

4. 剖检病理变化 急性死亡的病猪,主要呈现败血症变化和全身皮肤发红,全身淋巴结急性肿大,切面多汁,有出血点;脾大,呈紫红色,质地柔软,俗称"樱桃脾";肝充血,肺充血,水肿(图2-2-1);心内膜炎病例,心内膜及外膜出血(图2-2-2),心包积液,左心房室瓣上有典型的菜花样赘生物(图2-2-3);肾肿大,呈不均匀的紫色,俗称"大红肾"(图2-2-4);十二指肠及空肠前部发生出血性炎症;慢性关节炎时,关节肿大,关节液增多,表面有绒毛样增生物。

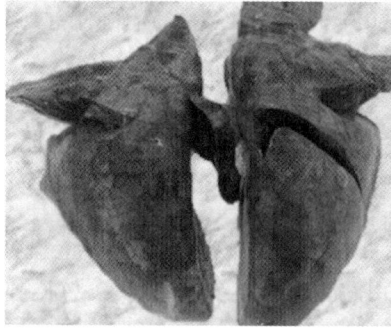

图 2-2-1　肺充血,水肿,间质增宽　　　　图 2-2-2　心外膜出血

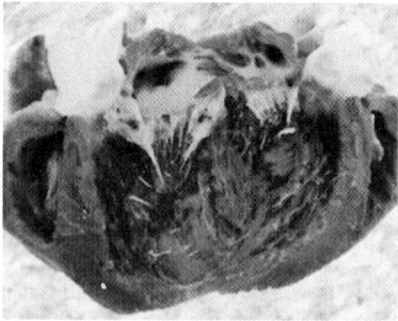

图 2-2-3　二尖瓣疣状病变,形如菜花　　　图 2-2-4　"大红肾"

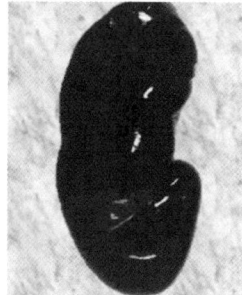

猪丹毒患猪临床症状及剖检病变图

5. 诊断

（1）根据该病的流行病学、临床症状、剖检变化等可做出初步诊断,但急性败血型猪丹毒应注意与猪肺疫和猪链球菌病等的区别。必要时可作病原学或血清学诊断。

（2）病原学诊断　急性败血型病例生前耳静脉采血,死后取肾、肝、脾、心血;亚急性疹块型取疹块边缘皮肤处血液;慢性型取心内赘生物、关节液、坏死与健康交界处的血液,直接涂片,染色镜检。

6. 防治　加强饲养管理,注意猪舍卫生,圈舍定期消毒。同时加强市场、交通、屠宰检疫,发现病猪应立即隔离治疗。

每年按计划进行预防接种,是防疫本病最有效的办法。目前,我国常用的是猪丹毒 G4T(10)弱毒菌苗和 GC42 弱毒菌苗,此两种苗按瓶签注明的头份,每头份注入 20%氢氧化铝生理盐水 1 mL,充分振摇,每头猪皮下或肌内注射 1 mL。断奶仔猪免疫后,2 个月后再补免 1 次。注射菌苗后 7 天即产生免疫力,免疫期 9 个月。GC42 菌苗还可口服,其剂量比注射量增加 1倍,拌料或直接口服均可,但不能偏酸、偏热。使用本菌苗前后不得使用抗生素。仔猪免疫因可能受到母源抗体干扰,应于断奶后进行,如在哺乳期防疫,则应于断奶后补免,以后每隔 6 个月免疫 1 次。

发现患病猪只应立即隔离治疗,猪丹毒杆菌对青霉素高度敏感,对金霉素、土霉素、四环素较敏感。临床中常采用的治疗方法如下:

（1）青霉素 4 万~5 万 IU/kg、安痛定（阿尼利定）10~20 mL，稀释后一次肌内注射，每天 2次，连用 2~3 天。半合成青霉素如苯唑西林、氨苄西林（氨苄青霉素）、阿莫西林（羟氨苄青霉素）等均可选用。

（2）土霉素 40 mg/kg，分点肌内注射，或氧氟沙星 3~5 mg/kg，肌内注射，每天 2 次。

（3）对症疗法 心肌炎型心律不齐时，在使用上述抗生素的基础上，用生脉针剂 4~10 mL/头、肌苷针剂 20~40 mg/头，肌内注射。关节炎病例用青霉素 80 万~240 万 IU/头、泼尼松龙 20~40 mg/头，混合于关节腔内注射。

（二）猪肺疫

猪肺疫又称猪巴氏杆菌病，是由多杀性巴氏杆菌引起的一种急性、热性传染病。临床上急性病例呈败血症变化，慢性病例表现为慢性肺炎或慢性胃肠炎。本病分布广泛，世界各地均有发生，多散发，常与其他猪病混合感染。

1. 病原 多杀性巴氏杆菌是一种细小的球杆菌，革兰染色阴性，该菌对各种畜禽都具有较强的致病性，在干燥空气中 2~3 天死亡，在血液、排泄物和分泌物中存活 6~10 天，腐败尸体内存活 1~3 个月，阳光直射数分钟或高温下立即死亡。一般用消毒药数分钟可将其杀死。

2. 流行特点 巴氏杆菌是一种条件性致病菌，在正常家畜上呼吸道中常存在，但数量少，毒力弱，当畜群拥挤、圈舍潮湿、长途运输或气候突变时畜体抵抗力下降，各种应激因素作用能促使巴氏杆菌繁殖，毒力增强，引起发病。本病的发生一般无明显的季节性，但以冷热交替、气候剧变、通风不良、拥挤、营养缺乏、长途运输、闷热、潮湿、多雨时期发生较多。此外，吸血昆虫叮咬皮肤及黏膜损伤都可能传染。本病一般为散发性，在畜群中只有少数几头先后发病，有时可呈地方性流行。

3. 临床症状 根据临床表现分为最急性、急性和慢性三型。

（1）最急性型 俗称"锁喉风"，突然发病，有时未见症状就突然死亡。病程稍长者，体温升高到 40~42 ℃，食欲废绝，全身衰弱，卧地不起；喉头部出现高热、坚硬红肿（图 2-2-5），可蔓延至耳根甚至前胸，呼吸困难，呈犬坐式呼吸。后期口、鼻流出白色或红色泡沫，心跳急速，耳根、腹侧、四肢内侧皮肤出现红斑，最后窒息死亡。病程 1~2 日，病死率 100%，自然康复者很少。

（2）急性型 体温升高达 40℃ 以上，咳嗽，初期痉挛性干咳，后变湿性痛咳，严重时张口吐舌，呈犬坐状，鼻流铁锈色脓性鼻液（有时混有血液）；结膜发绀；初期便秘，以后腹泻；皮肤有小出血点。病猪消瘦，衰弱，卧地不起，几天后死亡，病程 5~8 天，未死亡的病猪转为慢性。

（3）慢性型 主要表现为慢性肺炎或慢性胃肠炎，病猪呼吸困难，持续性咳嗽，鼻流脓性分泌物（图 2-2-6），食欲缺乏，下痢；有时出现痂样湿疹，关节肿胀，体温时高时低，逐渐消瘦，最后衰竭死亡。病死率为 60%~70%。

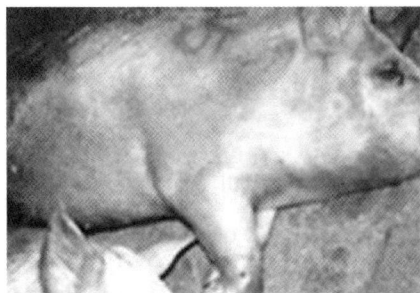

图 2-2-5 病猪咽喉部肿胀

图 2-2-6 猪肺疫导致呼吸困难，
呈犬坐，口鼻流脓性分泌物

猪肺疫患猪
临床症状及
剖检病变图

4. 剖检病理变化 最急性病例主要为全身黏膜、浆膜和皮下组织大量出血，咽喉周围组织出血性浆液浸润（图 2-2-7），皮下组织可见大量胶冻样液体；全身淋巴结肿大出血，切开呈红色；心外膜和心包膜有小出血点，脾出血，皮肤有出血斑；胃肠黏膜出血。急性病例除有出血表现外，主要表现为肺有不同程度的肝变区（图 2-2-8），并伴有水肿和气肿，肺小叶间浆液浸润，切面呈大理石样花纹，气管内有多量渗出液，胸膜有纤维性附着物，严重时与肺发生粘连。慢性病例，尸体极度消瘦，肺部肝变区扩大，有黄色或灰色坏死灶，严重的呈干酪样或脓性坏死，心包和胸腔积液。肺胸膜粗糙、增厚并发生粘连。

图 2-2-7 病猪咽喉浸润

图 2-2-8 病猪肺充血、水肿及肝变期病灶

5. 诊断 根据流行特点、临床症状和剖检变化，结合治疗效果，可对本病做出初步诊断。急性型有时可与猪丹毒发生混合感染，慢性型应当与气喘病等进行鉴别诊断。

微生物学诊断：取血、内脏组织抹片，染色，镜检。如发现两极浓染小球杆菌即可确诊。

6. 防治 平时加强饲养管理，消除发病诱因，定期进行预防免疫接种。断奶后无论大小猪每头皮下或肌内注射猪肺疫氢氧化铝甲醛菌苗 5 mL，免疫期 9 个月；口服猪肺疫弱毒菌苗，免疫期 6 个月。

在我国的一些集约化养猪场，猪肺疫 A 群巴氏杆菌可能有致病力增强的现象。这一现象的出现，可能与近年来我国养猪业饲养方式的改变或某些应激因素的产生有关。这样就由过去的主要以 B 群巴氏杆菌流行为主，而发展成现在的 A 群、B 群巴氏杆菌可以在一定范围内流行。鉴于该病目前在一些地区的流行特点及流行趋势，使用疫苗同时能预防 A 群和 B 群巴氏杆菌感染，可有效预防该病对猪的危害，猪肺疫 AB 疫苗就属于此类疫苗。

发病后,应将病猪和可疑感染猪隔离治疗,早期应用磺胺类药物、盐酸强力霉素、杆菌肽、诺氟沙星(禁止用于食品动物)、盐酸土霉素、新肿凡纳明等都有一定疗效。如同时注射免疫血清,效果更佳。同时应对假定健康猪进行紧急免疫接种或药物预防。病死猪尸体无害化处理,圈舍应彻底消毒。

临床中常采用的治疗方法是:

(1)土霉素每千克体重 40 mg,肌内注射,每天 2 次,连用 3~4 天;或氧氟沙星(禁止用于食品动物)每千克体重3~5 mg,肌内注射,每天 2 次,再加地塞米松 5~10 mg、维生素 C 0.5~2 g,肌内注射,一天 2 次,连用 3~4 天。

(2)环丙沙星每千克体重 2~5 mg,肌内注射,一天 2 次,加地塞米松 5~10 mg、维生素 C 0.5~2.5 g 混合肌内注射。

(3)氨苄西林或阿莫西林每千克体重 10~20 mg、链霉素每千克体重20~40 mg,肌内注射,每天 3 次,连用 3~4 天。

(4)血清疗法,猪肺疫高免血清,小型猪 20~30 mL,中型猪 40~60 mL,大型猪 60~100 mL,半量静脉注射,半量皮下注射。

(三)猪副伤寒

猪副伤寒又称猪沙门杆菌病,是由猪霍乱沙门杆菌和猪伤寒沙门杆菌引起的,主要发生于 2—4 月龄的仔猪,临床上以坏死性大肠炎和持续性下痢及卡他性肺炎为特征。本病分布广泛,世界各地均有发生,在饲养管理和卫生条件差的情况下,常呈地方性流行。

1. 病原　病原体是沙门杆菌。沙门杆菌是革兰阴性短杆菌。猪霍乱沙门杆菌是主要致病菌,鼠伤寒沙门杆菌、猪伤寒沙门杆菌等只是偶尔引起仔猪腹泻。猪霍乱沙门杆菌抵抗力较强,毒素耐热力至 75 ℃、1 小时仍有毒力,可使人发生食物中毒。由于某些沙门杆菌能在动物与人类之间交叉感染,且遍布世界各地,因而它是较重要的人兽共患传染病源。此菌对干燥、腐败和日光具有一定的抵抗力,在外界环境中能生存数周到数月,在腌肉中能生存 75 天,在粪便中可存活 1~2 个月,在垫草上可存活 8~20 周,但常用浓度的消毒药能很快灭活。

2. 流行特点　本病主要发生于 6 个月以内的猪,以 1—4 月龄猪最多,半岁以上猪的免疫系统已经完善,感染后很少发病,但在相当一段时间内带有本菌。病猪和带菌猪为传染源,病菌通过粪尿等排泄物和分泌物排出,污染饲料、饮水,经消化道传染。本病无明显季节性,仔猪断奶过早及饲料和饲养方式改变易发病,特别在冬春两季气候寒冷、气候剧变或多雨的情况下发病更多。常与猪丹毒、猪气喘病等混合感染。

3. 临床症状　潜伏期一般由 2 日到数周不等,临床上分为急性型、亚急性型和慢性型。

(1)急性型(败血型)　体温突然升高(41~42℃),精神不振,食欲废绝;初期便秘,然后排恶臭稀粪;呼吸困难,耳根、胸前和腹下皮肤有红色斑点或紫斑(图 2-2-9);病猪呆立,步态摇晃不稳,体重下降,多以死亡告终,病程 1~4 天不等。

（2）亚急性型和慢性型 临床上最常见，病猪体温升高（40.5～41.5℃），精神不振，寒战，喜钻垫草，堆叠在一起；眼有黏性或脓性分泌物，上下眼睑常被黏着，少数发生角膜浑浊，严重者发展为溃疡，甚至眼球被腐蚀；病猪食欲缺乏，初期便秘，后期下痢，粪便淡黄色或灰绿色，恶臭，很快消瘦；部分病猪在病的中、后期皮肤出现弥漫性湿疹，特别在腹部皮肤，有时可见绿豆大、干涸的浆性覆盖物，揭开见浅表溃疡，病情往往拖延2～3周或更长，最后极度消瘦，衰竭而死。有的病猪症状逐渐减轻，状似恢复，但以后生长发育不良，或经短期又复发，发生所谓潜伏性副伤寒。仔猪生长发育不良，被毛粗乱，污秽，体质较弱，偶尔下痢（图2-2-10），体温和食欲变化不大。一部分患猪发展到一定时期突然症状恶化而死亡。

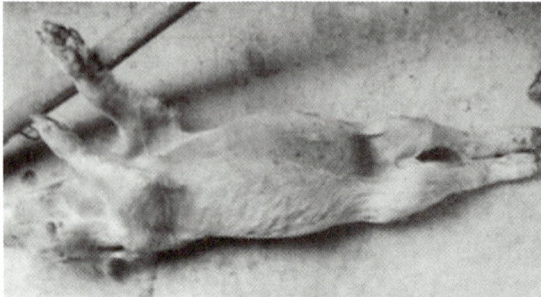

图2-2-9 死于败血型副伤寒的仔猪，
颈部、腹部皮肤呈紫色的淤血斑

图2-2-10 患猪下痢

猪副伤寒患猪
临床症状及
剖检病变图

4. 剖检病理变化 急性病例主要呈败血症变化，皮肤呈现淤斑，耳呈蓝紫色；皮肤、淋巴、内脏有广泛的出血及小坏死灶。心、肝等实质器官淤血肿大；脾发生增生性肿大，呈蓝紫色，质地较结实而硬，触之有橡皮样感，俗称橡皮脾（图2-2-11）。肠系膜淋巴结常可见到针尖大灰黄色坏死灶或灰白色结节，切面呈大理石状。慢性病猪的主要病变在盲肠、结肠和回肠，可见肠黏膜上淋巴滤泡肿胀隆起，以后发生坏死和溃疡，肠黏膜呈弥漫性坏死性糜烂，表面被覆一层灰黄色或黄绿色的皮样物质，肠壁粗糙增厚，不易剥离。重症病例中，胃肠黏膜大片坏死脱落，胃黏膜有散在的出血性溃疡；小肠壁变薄，充满大量空气及少量灰黄色内容物（图2-2-12A）；大肠偶有出血性炎症发生，黏膜常有大片糠麸样坏死物质（图2-2-12B）。

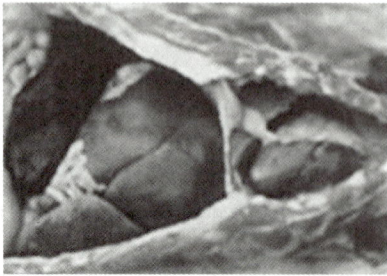

图2-2-11 心、肝、脾等实质器官淤血肿大

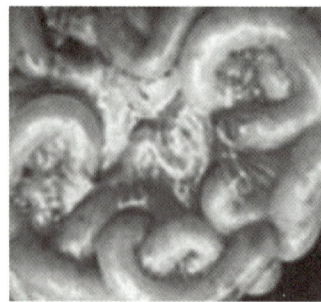

A

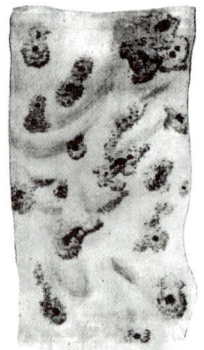

B

图2-2-12 病变小肠（A）与盲肠（B）

A. 小肠变薄，胀气 B. 盲肠黏膜糠麸样病变灶

5. 诊断 本病主要发生于 1—4 月龄内的仔猪,一般呈散发性。在饲养管理不良、猪只抵抗力下降时呈地方流行;多数表现为亚急性和慢性,与猪丹毒相似;常根据流行特点、临床症状和剖检做出初步诊断。实验室做细菌分离,将分离的细菌染色镜检可以确诊;也可做生化试验,必要时作血清学诊断。ELISA 试剂盒可用于此病的简易快速诊断。

6. 防治 预防本病应加强饲养管理,消除发病诱因,平时做到自繁自养,严防病原传入。保持饲料和饮水清洁卫生。使用猪副伤寒冻干苗,按瓶签上规定的倍数,加入 20%氢氧化铝液经充分摇匀后,对 1 月龄以上的健康仔猪肌内注射 1 mL,有较好免疫作用。此菌苗也可用于口服,菌苗于稀释后当日用完。特别瘦弱,或有病的仔猪,不采用免疫注射进行仔猪副伤寒的防疫。在预防接种期外,可酌情运用抗生素(如土霉素)或中药清热解毒预混饲料添加剂进行预防。

治疗方法:

(1)氧氟沙星每千克体重 3~5 mg、土霉素针剂每千克体重 40 mg,分点肌内注射,另加地塞米松 2.5~5 mg,肌内注射,一天 2 次,连用 2~3 天。

(2)卡那霉素每千克体重 1 万~2 万国际单位,肌内注射,每天 2 次,另加地塞米松 2.5~5 mg 肌内注射;5%碳酸氢钠 10~20 mL 和 5%糖盐水 50~100 mL,静脉注射,一天两次,连用 2~3 天。

(3)氟苯尼考(氟甲砜霉素),按每千克体重 200~400 mg 混料,连喂 15 天,对本病有较好的防治效果。或选用此药的复方制剂作肌内注射。

(4)盐酸二氟沙星每千克体重 2.5 mg,肌内注射,每天 2 次,连用 4 天。

严重病例及慢性难治愈者,应予尽早淘汰。对发病初期患猪,可结合用仔猪副伤寒免疫血清治疗。人吃了未经加热消毒的病畜和带菌动物的肉、乳及其产品而传染,表现为发病突然,体温升高,头疼寒战,恶心呕吐,腹痛腹泻。因此,要加强饮食卫生。

(四)猪大肠杆菌病

猪大肠杆菌病是由致病性大肠杆菌引起的一组疾病的总称,以下痢、肠毒血症为特征。猪大肠杆菌病分为三种类型,它包括出生后 7 日内发生的仔猪黄痢、2—4 周龄发生的仔猪白痢和 6—15 周龄发生的仔猪水肿病。这些病在我国和世界各地均有发生,严重威胁仔猪的健康。

黄痢

1. 病原 大肠杆菌是肠杆菌科,埃希菌属细菌,有各种血清型。本菌属革兰阴性,在普通培养基上易于生长。本菌对外界抵抗力不强,65℃、15 分钟即可死亡。一般消毒药均可立即杀死,但在粪便或土壤中能存活数月之久。大肠杆菌是人和动物肠道内的常在菌群,大多数无病原性。幼猪出生后不久,肠道中就有大肠杆菌存在,并终身寄居。正常情况下不仅不引起疾病,而且还能合成 B 族维生素等物质,只有一部分致病性大肠杆菌才引起发病。

猪大肠杆菌病患猪临床症状及剖检病变图

大肠杆菌有菌体抗原 O、表面抗原 K 和鞭毛抗原 H 三种,引起仔猪黄痢的 O 抗原型,血清型很多,如 $O_8:K_{87}$、$O_{138}:K_{81}$、$O_{139}:K_{82}$、O_{88}、$O_{157}:K_{88ac}$、$O_{115}:K_{99}$、K_{99} 等。因不同地域和时期而有变

化,但在同一地点的同一次流行中常限于 1~2 型。该血清型大肠杆菌能产生两种以上的肠毒素,这种毒素是引起仔猪死亡的直接原因。

2. 流行特点   本病主要发生于 7 日龄内的哺乳仔猪,3 日龄内仔猪发病最多,7 日龄以上的仔猪很少发病。带菌母猪是主要传染源。病菌通过母猪粪便污染环境,仔猪接触后经消化道感染,猪群一旦发病迅速传播,一窝仔猪中的发病率可达 50%~90%,病死率最高可达 100%。

3. 临床症状   本病潜伏期很短,在出生后 12 小时以内即可发病,多数为 3 天,7 天以上少见。一窝仔猪出生时体况正常,突然有 1~2 头发病死亡,并迅速蔓延全群,当发现猪出现症状时,多数已到后期。病猪衰弱,不吃奶,口渴,眼球下陷,虚脱,最后昏迷而亡。病程稍长的仔猪,主要症状是拉黄痢,粪便呈黄色水样或黄白色糊状,带黏液,含有凝乳小片或气泡,腥臭,顺肛门流下,捕捉挣扎或者鸣叫时,粪水从肛门冒出。鼻盘及四肢末梢发紫。

4. 剖检病理变化   尸体严重脱水(图 2-2-13),颈部、腹部皮下常有水肿;淋巴结变性,色淡,弥漫性出血;肝、肾有凝固性坏死灶,胃胀满,胃内常有未消化的凝乳块,肠道膨胀,特别是小肠,肠壁变薄,肠黏膜发生卡他性炎,充满大量黄色黏液和气体。

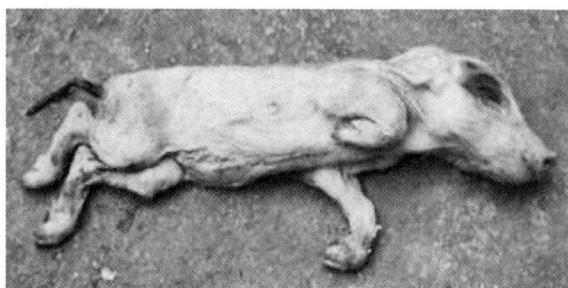

图 2-2-13   死于黄痢的初生乳猪,严重脱水

5. 诊断   根据初生仔猪在 7 日龄内发生剧烈黄色腹泻和急性发病、病死率高等特征,可疑为本病。必要时做细菌培养和病原分离鉴定,还可用本病 ELISA 试剂盒检测抗体,本试剂盒检测效果较灵敏,易于推广。

6. 防治   预防本病的关键是加强饲养管理,母猪分娩时专人守护,所产猪仔放在有干净垫草的箩筐内,待产仔完毕后用 0.1% 高锰酸钾溶液清洗乳头。圈舍用生石灰消毒,注意保持猪舍环境清洁、干燥,尽可能安排母猪在春季或秋季天气温暖干燥时产仔,以减少发病。母猪产前 48 小时内用长效土霉素 10~15 mL,分点肌内注射,1 天 1 次;或氧氟沙星每千克体重 3~5 mg 肌内注射,每天两次,连续给药两天进行预防。也可用预防仔猪黄痢和仔猪白痢的 K_{88}-LTB 双价基因工程菌苗,预防效果良好。对初产母猪,分别于产前 30~40 天和产前 15~20 天用本菌苗各注射 1 次,每次 5 mL。产后 3~5 天再给仔猪注射本菌苗 2 mL,使仔猪在出生后 30 日龄内,免受大肠杆菌的侵害。

本病在出现症状时再治疗,往往效果不佳。在发现 1 头病猪后,立即对与病猪接触过的未发病仔猪进行药物预防。病猪治疗方法如下:

(1)氧氟沙星每千克体重 3~5 mg,肌内注射,每天 2 次。

（2）庆大-小诺米星每千克体重 1~2 mg，肌内注射，每天 2 次；5%碳酸氢钠 10 mL、5%葡萄糖盐水 10~20 mL，混合腹腔注射。

（3）给母猪服用中草药，通过乳汁传递，是疗效确切的简便方法。配方是：黄柏 60 g，黄连 40 g，白头翁 60 g，龙胆草 50 g，秦皮 45 g，瞿麦 45 g，猪苓 50 g，煨豆蔻 45 g，山楂 35 g，白芍 45 g，甘草 35 g，马齿苋 80 g，过路黄 100 g，刺梨子根 100 g，水煎，加生大蒜泥 30 g，产仔母猪内服 1~2 剂。

白痢

1. 病原 引发白痢的血清型大肠杆菌，以 O_{139}、K_{88}、K_{91} 抗原结构最为常见，所产生的毒素广泛分布于自然界和猪的肠道内，当气候异常或其他应激因素引起仔猪抵抗力减弱或者消化障碍时，则发生下痢。

2. 流行特点 母猪过肥、营养过剩、乳汁过浓而致消化不良，或母猪年老瘦弱，矿物质、维生素缺乏，泌乳不足，使仔猪营养不足，而引起下痢。母猪吃了霉败饲料或突然改换饲料，猪舍阴暗潮湿、寒冷的地面垫草不足，或气候突变、寒冷及炎热，均能引起发病。主要发生于 10—30 日龄的哺乳仔猪，产后 10 日龄左右仔猪发病最多，20 日龄次之，7 天内或 30 天以上的猪只很少发病。

此外，母猪患有感冒、乳房炎、子宫炎及其他疫病，也会通过母乳使仔猪发生下痢。

3. 临床症状 仔猪突然呕吐腹泻，排出白色、灰白色或黄白色粥状粪便，有明显腥臭味，体温不高；如果不及时治疗，下痢症状加剧，肛门周围、尾及后肢被粪便污染。病猪精神委顿，食欲废绝，消瘦，脱水，个别猪可能死亡，大多数病例经治疗后逐渐康复。

4. 剖检病理变化 尸体外表皮肤苍白，消瘦，胃内乳汁凝固不全；结肠内容物灰白色，呈糊状或油脂状，肠系膜淋巴结肿胀（图 2-2-14），小肠黏膜有卡他性或出血性炎症变化。

5. 诊断 根据流行特点、症状可作出诊断。

6. 防治 一般性预防措施可参照仔猪黄痢。仔猪出生后 2~3 天，肌内注射右旋糖酐 100~200 mg/头，或母猪产前 28 天在饲料中添加氨基酸铁 1 g/头，1 天 1 次，连喂 1 周。用大肠杆菌 K_{88}-LTB 双价基因工程菌苗有较好免疫效果。产前 1 周内母猪可用中药预防本病：白术 40 g，黄芩 45 g，砂仁 40 g，苏梗 40 g，苦参 50 g，茯苓 50 g，陈皮 40 g，白头翁 60 g，龙胆草 50 g，穿心莲 50 g，鱼腥草 50 g，甘草 30 g，水煎服。

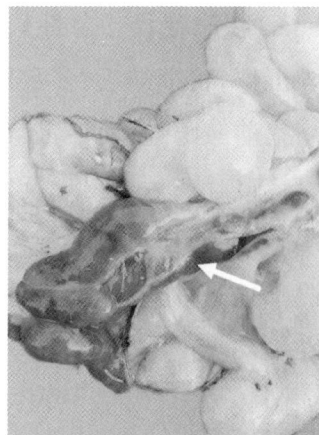

图 2-2-14 胃肠膨胀，浆膜血管充血，淋巴结肿胀

治疗方法：

（1）乳康生、促菌生或调菌生（益生素类）可替代抗生素，添加量为每吨饲料 2 kg，防治仔猪黄、白痢有较好效果。内服此药时，禁用抗生素。

（2）氧氟沙星每千克体重 3~5 mg，肌内注射，每天两次；维生素 B_1 25~50 mg/头，交巢穴注射。

（3）近年研究证明，用耐过猪的血液，100 mL 全血中加入 4%灭菌枸橼酸钠液 10 mL，或 500 mL 全血中加入肝素 1 mL 治疗，每头仔猪肌内注射 5 mL/次，一般注射 1~2 次即可，治愈率可达91%～97%。

此外,多种抗生素,如土霉素、恩诺沙星、盐酸二氟沙星及敌菌净等,均可对症选用。

母猪服中药可通过乳汁传递,治疗本病有较好效果。配方是:白头翁 60 g,苦参 40 g,龙胆草 40 g,瞿麦 40 g,煨豆蔻 30 g,木香 30 g,苍术 60 g,陈皮 60 g,甘草 10 g,水煎,加大蒜泥 100 g,母猪内服。

治疗此病药物虽多,但有确切疗效的少,滥用抗生素的现象十分突出,大肠杆菌多个血清型已对原先很有效的抗生素产生了抗药性。因此,有必要在用药前先做药敏试验,有针对性地选药,并严格按照规定剂量和时间用药。

仔猪水肿

1. 病原　病原菌为溶血性大肠杆菌,常见血清型有 O_2、O_3、O_{138}、O_{139}、O_{141} 等,多数菌株在肠道中大量繁殖,产生水肿毒素、肠毒素等。水肿毒素引发仔猪水肿;肠毒素经肠道吸收入血后,引起消化道黏膜、皮下组织、脑组织等器官的血管损伤,血管的渗透性增加,使血液中的水分大量渗透到组织中,导致多个组织器官发生急性水肿;肠毒素刺激黏膜上皮,使体液大量渗入肠道内,肠道膨胀而引起下痢。

2. 流行特点　本病主要侵害 40—60 日龄的仔猪,集中发生于断奶前后吃了过量饲料的仔猪,往往是吃得最饱、长得最快的猪最容易发病,而且发病后死得最快。本病无明显季节性,但以 4—5 月和 9—10 月发生较多,特别是在断奶前后,过量饲喂蛋白质水平过高的饲料或突然变换饲料等情况易诱发本病,多呈散发型。常常是一窝猪同时发病,发病率高,病死率可达 80%～100%。此外,同一母猪不同胎次的仔猪,发病的日龄也有相同的特点。

3. 临床症状　急性病例常表现为没有任何症状而突然死亡。病程稍长的病例,发病早期精神沉郁,食欲缺乏,多数体温不高,少数病猪体温升高到 40 ℃以上;步态不稳,形如酒醉;有的病猪前肢跪地,而后肢直立,突然猛向前冲;捕捉时十分敏感,突然倒地,呈游泳状;空嚼磨牙,口流白沫;后期出现反应迟钝,呼吸困难,叫声嘶哑,惊叫不安,倒地抽搐。最为典型的症状是眼睑红肿,严重时上下眼睑仅现一小缝,有时水肿波及颈部和腹部皮下。最急性的病例在发病后几小时内死亡,一般的病例在 1～3 天内死亡。曾发生过仔猪黄痢的仔猪,再发生猪水肿病的较少。

4. 剖检病理变化　外观上下眼睑、颜面、下颌部发生水肿。内脏常见胃大弯部显著水肿,也可波及胃底部和食管,在肌层和黏膜层之间切开呈胶冻状变化;结肠黏膜水肿,大肠壁严重水肿,全身淋巴结水肿,特别是肠系膜淋巴结最为显著(图 2-2-15);严重者还可见肺和喉头黏膜水肿,脑膜充血,大脑水肿,心脏外膜,特别是心脏冠状沟和纵沟水肿,呈胶冻样病变,胸腹腔积液。

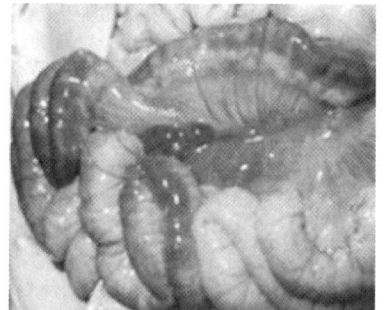

图 2-2-15　小肠出血,肠系膜严重水肿,胶冻样病变

5. 诊断　根据流行特点、临床症状和剖检变化,可作出初步诊断,并注意与猪丹毒的肠炎水肿、猪丹毒的眼睑水肿、炭疽颈部水肿加以区别。必要时需从小肠内容物分离大肠杆菌,鉴定其血清型。

6. 防治　预防本病关键在于改善饲养管理条件,仔猪出生后 7~10 天补料,在仔猪开始大量吃饲料期间,每天饮水中加入少量食用醋或注射仔猪水肿病菌苗。15—18 日龄接种水肿-伤寒二联苗可预防此病。另外,从断奶到喂全价饲料要稳步过渡,一窝仔猪使用某种饲料后,中途最好不要更换,做到科学饲养,少量多餐,每天喂 4~6 次,每次仅喂七八成饱。特别是在饲喂高蛋白全价饲料时,更要注意控制好饲喂量。仔猪在大量吃饲料期间,可用土霉素 2~3 片,或敌菌净 2~4 片,连续混入饲料使用 5~7 天,进行本病的预防。对发病猪群,暂时减少或停喂高蛋白饲料,改喂青饲料拌玉米粉的高能饲料。母猪在产前 10 天和哺乳期间添加亚硒酸钠和维生素 E,通过母乳给仔猪补硒和补充维生素 E,对本病有一定预防效果。母猪屡胎次仔猪均发病的,可能与该母猪的乳质不良有关,按上述方法预防更有必要。

治疗方法:

(1) 氨苄西林 0.5~1 g,肌内注射,每天 2 次,连用 2~3 天。

(2) 亚硒酸钠 1~2 mg/头,肌内注射,每天 2 次,连用 2 天。

(3) 红霉素 30 万~60 万国际单位,10% 葡萄糖液稀释后,静脉注射;并配合运用地塞米松 2.5~5 mg、维生素 C 0.5~1 g 混合肌内注射,每天 2 次。

(4) 磺胺间甲氧嘧啶每千克体重 60~100 mg,肌内注射,连用 2~3 天。其他如氟苯尼考、替米考星、环丙沙星等均可选用。

本病除抗菌之外,配合强心利尿药可提高治疗效果,如肌注呋塞米每千克体重 0.5~1 mg,同时腹腔注射 50% 葡萄糖 10~20 mL,次日再注射 10 mL。或亚硒酸钠-维生素 E 0.1~0.5 g/头,1 日 2 次,连用 2~3 天。

因大肠杆菌血清型多,易产生耐药性,所以治疗时要经常更换药品,必要时两种抗生素同时应用。

(五)仔猪红痢

仔猪红痢又称梭菌性肠炎或仔猪传染性坏死性肠炎,是初生仔猪易患的急性传染病,可使 1 周龄内仔猪高度致死,主要表现为出血性下痢,肠坏死。一般药物和抗生素对本病疗效很差,甚至无效,常造成初生仔猪的整窝死亡。

1. 病原　病原体为 C 型魏氏梭菌,革兰阳性,能产气,故又称产气荚膜梭菌。该菌能产生毒性较强的外毒素,其中的 α 和 β 毒素能引起仔猪肠毒血症和坏死性肠炎。该菌形成芽孢后,对外界抵抗力强,80℃ 15~30 分钟,100 ℃数分钟能灭活。

2. 流行特点　主要侵害 1—3 日龄初生仔猪,1 周龄以上的仔猪很少发病,发病率和病死率可达到 100%,常导致全窝仔猪死亡。本菌在自然界中分布很广,存在于人畜肠道中,随粪便排出,污染母猪乳头及垫料,仔猪吸吮母猪的奶或吞入污物而感染。土壤、下水道和尘埃中此菌存在较多,猪场一旦发生本病,则不易清除,常发生不断。

3. 临床症状 本病分为急性型、亚急性型和慢性型。

(1)急性型 此病型最常见。仔猪出生后表现不吃奶,怕冷,四肢无力,行走摇摆。初期排出灰黄色或灰绿色稀粪,以后排出红色糊状粪便,故称"红痢"。粪便很臭,混有坏死组织碎片及多量小气泡,体温不高,病程常维持 2 天,一般在第 3 天有的仔猪后躯沾满血样稀粪。病猪虚弱,很快变为濒死状态,少数病猪没有下血痢便倒毙死亡。

(2)亚急性型 由急性型转变而来,病猪呈持续性腹泻,病初排出黄色软粪,以后变成液状,内含坏死组织碎片,似米粥样。随病程发展病猪极度消瘦和脱水,一般 5~7 天死亡。

(3)慢性型 病猪在 1 周以上时间呈现间歇性或持续性腹泻,粪便呈黄灰色糊状。病猪逐渐消瘦,生长停滞,于数周后死亡。

4. 剖检病理变化 病变常限于小肠和肠系膜淋巴结,尤以空肠的变化最明显。最急性病例的空肠呈暗红色,肠腔内充满血样内容物,腹腔内有较多的红色腹水,肠系膜淋巴结呈鲜红色;病程稍缓慢的病例,肠黏膜坏死变化严重,但出血较轻,肠黏膜呈黄色或灰色,附有伪膜,黏膜下层及肠系膜淋巴结等处见有小气泡。

5. 诊断 根据流行特点、临床症状、剖检变化进行诊断,如发生于 7 日龄内的仔猪,红色下痢,病程短,肠腔充满红色液体,消化道出血性坏死明显可疑为本病。最后确诊须进行肠内容物的涂片、染色、镜检,并检查菌体。

6. 防治 由于本病发病迅速,病程短,发病后治疗效果不佳,必要时给刚出生仔猪口服抗生素,作为紧急状态下的药物预防。搞好猪舍和周围环境及产房的卫生和消毒工作。对怀孕母猪产前 1 个月至 15 天注射仔猪红痢氢氧化铝菌苗 10 mL,仔猪出生后的保护率可达到100%。母猪产前两天注射长效土霉素每千克体重 5~10 mg,每天 1 次;复方磺胺-6-甲氧嘧啶每千克体重 50 mg,每天 2 次;连用 2 天,首次用量加倍。

仔猪出生后尽早注射抗猪红痢血清,可获得充分保护。也可试用庆大霉素 2 万~4 万国际单位/头肌内注射,5%碳酸氢钠 2~5 mL、5%糖盐水10~20 mL,混合腹腔注射。

(六)猪链球菌病

猪链球菌病是由链球菌引起的一类疾病的总称,临床上以淋巴结脓肿较为常见,以败血性链球菌病的危害最大。

1. 病原 链球菌属的细菌一般无鞭毛,革兰阳性。链球菌种类繁多,其中 C 群链球菌(血清型 2 型)常引起出血性败血症和脑炎,发病率高,病死率高;E 群链球菌常引起化脓性淋巴结炎、关节炎,其致病力取决于产生溶血素的量。

2. 流行特点 链球菌对外界环境抵抗力较强,在 29~33 ℃环境中存活 6 天,对干燥湿热敏感,70 ℃、30 分钟即可杀死。对一般消毒药敏感,5%苯酚、2%福尔马林均能在 10 分钟内杀死本菌。对青霉素、头孢类、万古霉素等药物均很敏感。败血性链球菌病主要侵害架子猪和怀孕母猪，以 5—11 月发病最多，暴发流行时常感染人，致人死亡，故对人群威胁极大。化脓性淋巴结炎主要发生在架子猪，有明显传染性，一旦猪群受感染，以后有新的易感猪加入便可引起感染发病。

链球菌广泛分布于水、土壤、空气、尘埃和动物与人的肠道、呼吸道、泌尿生殖道内，带菌者与患病者均是此病的传染源。一般经消化道、呼吸道及外科创伤伤口而传染或感染，多种动物、禽类和人均能感染。

3. 临床症状 本病分为急性败血型、脑膜炎型、淋巴结脓肿型和关节炎型。

（1）急性败血型 是猪的一种急性、热性传染病，以伴发浆膜炎和关节炎为特征，常暴发性流行，成年猪较多见，最急性突然死亡。患猪体温升高达 41~43 ℃，震颤，废食，便秘，鼻液呈浆液性；眼结膜发红，流泪，在耳、颈、腹下出现紫斑；跛行、爬行或不能站立（图 2-2-16），有的病猪出现共济失调、磨牙或昏睡等神经症状。病的后期出现呼吸困难，常在 1~3 天内死亡，死前天然孔流出暗红血液。病死率达 80% 以上。

（2）脑膜炎型 多见于仔猪，常因断乳、去势、转群、拥挤和气候骤变等诱发。病初体温高达40.5~42.5 ℃。厌食，便秘，有浆液性或黏液性鼻液。病猪很快表现出共济失调，转圈、磨牙，继而后肢麻痹，前肢爬行，四肢作游泳状或昏迷。后期呼吸困难。部分病猪关节发炎，肿胀。最急性病例，发病后几小时死亡，稍缓病例 1~2 天内死亡，有一部分小猪在头、颈、背部出现水肿，如不及时治疗，病死率很高。

（3）淋巴结脓肿型 病猪咽部、耳下、颈部等处淋巴结发炎肿胀，触诊坚硬，有热痛感；脓肿成熟后，肿胀部中央变软，表面皮肤坏死，自行破溃流脓。随着脓肿的破溃，全身症状好转，长出肉芽组织，预后良好。

（4）关节炎型 一般是由急性败血型和脑膜炎型转化而来，也有发病即表现关节肿大、疼痛、跛行，甚至站立不稳等关节炎症状（图 2-2-17）。精神、食欲时好时坏，病程 2~3 周，病死率不高，但后期易发生生长发育减弱，或成为僵猪。

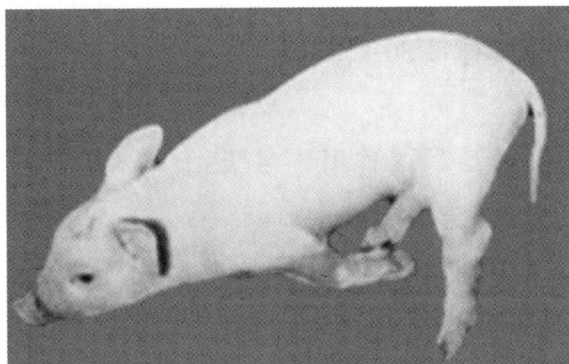

图 2-2-16 震颤，不能站立

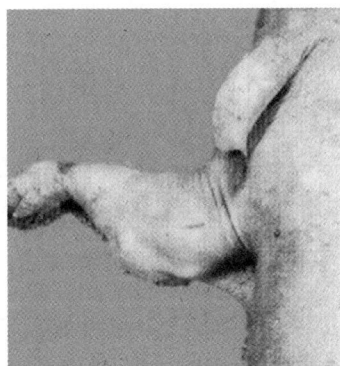

图 2-2-17 患猪呈关节炎症状，不能站立

猪链球菌病患猪临床症状及剖检病变图

4. 剖检病理变化 败血型病例剖检见各器官充血、出血,有浆液性炎症变化,心包液增多;脾大且呈暗红色,脾包膜上沉着有纤维素,淋巴结肿胀、化脓性炎性变化(图2-2-18);脑膜炎型病例为脑膜充血、出血,脑脊髓液浑浊增多;关节炎型病例见关节肿胀,充血,滑液浑浊,关节皮下胶样水肿,严重者关节软骨坏死,关节周围组织有多发性化脓灶(图2-2-19)。

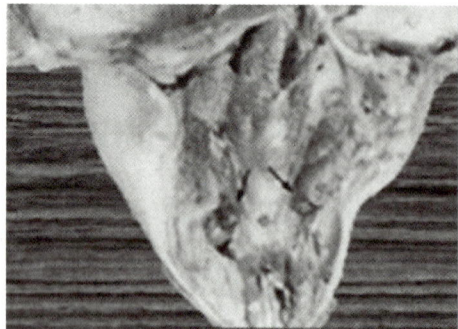

图 2-2-18 下颌淋巴结淤血

图 2-2-19 关节囊充血,滑液浑浊

5. 诊断 根据流行特点、症状及剖检特征,一般可作初步诊断。但本病容易与猪丹毒、猪肺疫及仔猪副伤寒等一些败血症及脑膜炎疾病混淆,因此应通过实验室检查确诊。取疑似病猪肝、脾、脑及血液涂片或触片,瑞氏染色,若是此病,镜检可见革兰阳性单个、成对或短链排列的球菌。用1∶10病料悬液培养物,皮下接种小白鼠0.1~0.2 mL/头,15~48 小时死亡;皮下接种家兔0.5~1 mL/头,12~48 小时死亡,即可判定此病。

6. 防治 发现本病流行时,应采取封锁、隔离等措施。对病猪或可疑者采用药物防治,全场用 10% 生石灰乳或 2% 氢氧化钠溶液进行消毒。阉割、注射、产仔及断脐等要注意严格消毒,防止伤口感染。预防本病可采用猪链球菌灭活疫苗(冻干苗),注射后 7 天产生免疫力,免疫持续期为 6 个月。使用时按疫苗瓶签注明的头份,每头份加入 20% 氢氧化铝生理盐水或仅使用生理盐水稀释溶解,每猪皮下注射 1 mL。口服疫苗,每猪口服 4 mL(含活菌 2 亿个),拌入饲料中饲喂。疫区应在发病季节前 1~2 个月定期免疫接种。

药物防治可选用中药黄芪加黄芩等清热解毒药复方制剂。

本病常用治疗方法:

(1)青霉素每千克体重 5 万~10 万 IU、链霉素每千克体重 30~50 mg,混合肌内注射,每天 2 次,连用 3~4 天。

(2)复方磺胺嘧啶钠每千克体重 0.1 g,静脉注射,每天 2 次,连用 3~4 天;地塞米松 2.5~5 mg/头、维生素 C 0.5~1.5 g/头,混合肌内注射,每天 2 次,连用 3~4 天。

(3)头孢吡肟或头孢噻肟每千克体重 10~20 mg,肌内注射,每天 2 次,连用 2~3 天。

(4)林可霉素每千克体重 3.2~6.4 mg,肌内注射,每天 1 次,连用 2~3 天。

(5)淋巴结化脓后切开脓肿,用 0.1% 依沙叮啶(利凡诺)或 3% 过氧化氢溶液(双氧水)冲洗后,涂抹碘酊,结合应用青霉素治疗。本病治疗越早越好,药量要足,且要连续用药,病彻底痊愈后再停药,否则疗效不佳。

(七)猪布鲁菌病

猪布鲁菌病又称猪布氏杆菌病,简称布病,是布鲁菌(又称布氏杆菌)引起的人畜共患的慢性传染病。其特征是生殖器官和胎膜发炎,引起母猪流产,不孕;公猪睾丸炎和关节炎、滑液囊炎等。本病广泛分布于世界各地,引起不同程度的流行,给畜牧业和人类健康带来严重危害。

1. 病原　布鲁菌呈球杆状或短杆状,革兰阴性。本菌对干燥和低温抵抗力强,在土壤和水中可存活 1~4 个月,在粪尿中、冷暗处及胎衣和胎儿体内能存活 4~6 个月;对热敏感,70 ℃ 5 分钟即可死亡,100 ℃ 立即死亡,而直射阳光 0.5~4 小时即可杀死。一般常用消毒药如 0.1%升汞水、1%来苏水、2%福尔马林和 10%生石灰乳均可在 15 分钟杀灭,对链霉素、庆大霉素、卡那霉素、土霉素及四环素等敏感。

2. 流行特点　本病易感动物范围很广,包括各种动物和人,猪是最易感动物之一。患病猪和带菌猪是本病的传染源。病猪能通过胎衣、阴道分泌物、乳汁、精液及粪尿等散播病菌,污染饲料、饮水,经消化道感染,也可经皮肤、黏膜、交配和吸血昆虫传染,本病无明显的季节性,猪不分品种和年龄都有易感性,一些地区常呈地方性流行。开始仅见少数公猪发生睾丸炎,接着大批母猪发生流产,发病高峰过后流产又逐渐减少,而患慢性关节炎、子宫炎猪只逐渐增多,并且有许多病猪不能妊娠。

3. 临床症状　主要是怀孕母猪在妊娠 4~12 周发生流产,有的在妊娠 2~3 周即流产,有的接近妊娠期满即早产。早期流产不易发现,因流产胎儿和胎衣常被母猪吃掉。流产前的症状,常见精神沉郁,阴唇和乳房肿胀,有时阴道流出黏液性或黏液脓性分泌物。流产后,胎儿多为死胎,一般胎衣不滞留,子宫分泌物在 8~10 天内消失。有的病例因胎衣不下,继发子宫炎和不孕。公猪常见睾丸肿大,有热痛感,最后睾丸萎缩,失去配种能力。有少数病例伴有皮下水肿、关节炎、腱鞘炎等,如椎骨中有病变时,还可能发生后肢麻痹。

猪布鲁菌病患猪临床症状及剖检病变图

4. 剖检病理变化　猪流产胎儿呈死胎或木乃伊胎。母猪子宫黏膜上有许多针头大至高粱米粒大的结节,内含脓样或干酪样物。胎膜充血、水肿或有出血点,表面覆有淡黄色渗出物。睾丸和附睾实质有豌豆大的坏死灶,其中有钙盐沉积。贮精囊也常发炎,睾丸切面可见坏死灶和化脓灶。有的有关节炎、化脓性腱鞘炎和滑液囊炎。

5. 诊断　如果猪群中有大批怀孕母猪发生流产,公猪发生睾丸炎,有许多猪因发生关节炎而跛行,则可怀疑此病,要确诊须进行细菌学及血清学检查。在诊断时,应注意与猪乙型脑炎、细小病毒、伪狂犬病及猪繁殖与呼吸综合征等区别。

6. 防治　本病防治必须按照国家颁布的《动物防疫法》等法律法规进行,做好驱除鼠类和其他啮齿类动物的工作,定期驱除寄生虫。未流行本病的地区和猪群坚持自繁自养,必须引入种猪时,应在无本病的地区和猪群引入,并施行严格检疫,隔离饲养 2 个月,经免疫生物学检查

2次均为阴性者,方可与原猪群混养。已发本病的地区和猪群,应采取隔离消毒措施,淘汰病猪。发病猪群中有流产时,应立即隔离,对流产物及舍区、用具认真消毒,并将病料送往实验室检验。对疫区猪只应进行检疫,每半年或一年1次,凡检出阳性者一律淘汰,控制传染源,切断传播途径,培养健康猪群。

本病的预防可用猪型2号菌苗,采用饮水免疫、注射免疫,安全有效,断奶后的任何年龄都可应用。但一般不提倡气雾免疫,气雾免疫很难控制气雾扩散,容易形成气体胶,引起弱毒病菌扩散,污染环境,感染人及其他温血动物。一般经检测为阴性者饮服两次,间隔30~45天,免疫期1年,每年免疫1次。注射分2次皮下注射,每次2 mL,间隔1~1.5个月。本病一旦发生,用药物治疗意义不大,应及时淘汰,彻底消毒防护,重组猪群。

(八) 猪李氏杆菌病

猪李氏杆菌病是李氏杆菌引起的一种散发性传染病,主要临床特征是脑膜炎、败血症和流产,血液学变化特点是单核细胞增多。本病广泛分布于全世界,温热带地区比热带地区更多见,我国许多省区也有发生,对养猪业影响较大。

1. 病原 李氏杆菌是一种革兰阳性短小杆菌,对环境抵抗力强,在pH 5.0以下缺乏耐受性,pH 5.0以上才能繁殖,至pH 9.6仍能生长;对碱盐耐受性强,在10%食盐溶液中能生长,在20%食盐溶液中经久不死;在潮湿的土壤中能存活11.5个月,在干土壤中能生存2年以上;70 ℃可存活30分钟,−20 ℃可存活2年。李氏杆菌对一般消毒药的抵抗力不强,2.5%苯酚、10%生石灰乳或75%乙醇5分钟即可将其杀死。对青霉素有抵抗力,对链霉素、喹诺酮类抗生素、四环素类和磺胺类药物敏感。

2. 流行特点 自然情况下除猪感染发病外,其他多种动物均可感染,人也有易感性。本病为散发,哺乳仔猪易发病,且病死率很高。各种年龄的猪都可感染发病,断奶前后仔猪和怀孕母猪发病率低,但病死率很高。患病猪和带菌猪是本病的传染源。主要经消化道、呼吸道、眼结膜感染和皮肤伤口感染。

吸血昆虫及鼠类动物是本病在自然界的带菌者。病原菌可随粪尿、乳汁、流产胎儿、子宫分泌物污染饮水、饲料、土壤。猪一旦接触,即可发病。本病多发于冬季和早春,天气突变、饲料缺乏、寄生虫感染可促使本病的发生。

3. 临床症状 哺乳小仔猪发病最多,急性者无特殊症状突然死亡,病程1~3天,病死率高。急性者发病常出现脑炎及脑膜炎症状,体温升高。病初意识障碍,运动失调,做圆周运动,或盲目前进、后退,头抵墙壁或地面;有的病猪头颈后仰,四肢张开,呈典型的观星姿势;肌肉震颤,颈部和颊部强硬尤为明显;兴奋时发出尖叫,随后倒地痉挛,口吐白沫,侧卧地上,四肢抽搐;有的在病初四肢发生麻痹,不能起立。一般经1~4天死亡,长的可达7~9天。较大的猪有的身体摇摆,共济失调,步态强拘;有的后肢麻痹,拖地而行,病程可达1个月以上。稍大的仔猪多发生败血症,体温显著升高,精神高度沉郁,食欲减退或废绝,口渴,全身衰弱,肢体僵硬,咳嗽,腹泻,皮疹,呼吸困难,耳、腹部皮肤发绀,呈蓝紫色,病程 1~3 天死亡。成年猪发病后多呈慢性,进行性消瘦。怀孕母猪常发生流产。

4. 剖检病理变化　缺乏肉眼可见的特殊变化,只见脑部的变化,如脑膜、脑组织水肿、充血,脑脊液增加、浑浊。败血症死亡的体表皮肤有弥漫性出血点,淋巴结肿大出血,肺充血水肿,气管黏膜、心内外膜出血,胃肠黏膜充血,肝、脾大。

5. 诊断　单凭临床症状及流行特点、剖检变化不易诊断,如表现特殊神经症状、妊娠流产、血液中单核白细胞增多,可怀疑本病。要确诊必须通过病猪血液或死后实质器官做细菌学检查或动物接种等。

猪李氏杆菌病应与伪狂犬病、乙型脑炎、布氏杆菌病区别。

6. 防治　平时应加强饲养管理,加强防疫和检疫工作,驱除和捕杀猪舍附近的鼠类,消灭体外寄生虫,严禁从疫区引进猪只。发现病猪应及时隔离治疗。多种抗生素均有良好的治疗效果,尤其早期大剂量使用疗效更显著。在隔离治疗的同时,对猪舍、饲养用具、场地等用0.03%百毒杀,或 5%漂白粉溶液,或 0.3%农乐等进行彻底消毒。

本病常用治疗方法:

(1) 链霉素每千克体重 20~30 mg、氧氟沙星每千克体重 3~5 mg,分别肌内注射,每天 2 次,连用 2~3 天。

(2) 复方磺胺嘧啶钠每千克体重 0.1 g,肌内注射或静脉注射,每天 2 次,连用 2~3 天。或配合土霉素、四环素等治疗。

(九) 破伤风

破伤风又名"强直症""锁口风",是由破伤风梭菌经伤口感染引起的急性、中毒性人畜共患传染病,其特征是肌肉持续性、强直性痉挛,对外界刺激反射性增高。

1. 病原　为破伤风梭菌,革兰阳性(图 2-2-20)。破伤风梭菌能产生破伤风痉挛毒素、溶血毒素及非痉挛毒素,这些有毒蛋白质能引起该病特征性症状和刺激保护性抗体的产生。本菌在正常状态下抵抗力弱,但其芽孢抵抗力很强,在土壤中能存活数十年,在 100 ℃蒸汽中能耐受 60 分钟;5%苯酚 10~12 小时,10%碘酊、10%漂白粉及 3%过氧化氢溶液中约需 10 分钟才能杀灭芽孢。对青霉素敏感,磺胺药仅有抑菌作用。

2. 流行特点　本病发生于各种年龄、性别、品种的猪及其他家畜,人也能感染。破伤风梭菌广泛存在于土壤、尘埃及腐臭淤泥中,也存在于人和家畜的粪便中。本病主要经过皮肤和黏膜伤口感染,尤其创口小、创伤深,创内组织损坏严重,有出血、有异物及创伤内具备缺氧的条件,最适合破伤风芽孢发育繁殖,如钉伤、脐带伤、阉割伤等。有的病例见不到外伤或因潜伏期中创伤

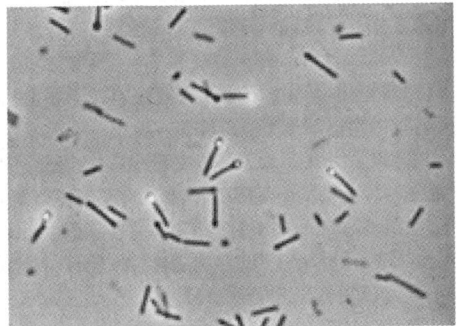

图 2-2-20　破伤风梭菌

已愈合,或可能经子宫、胃肠黏膜损伤而致病。本病一年四季均可发生,但在雨季及产仔和去势季节多发,一般为散发。

3. 临床症状 潜伏期的长短与感染创伤的部位、性质,病原体的数量、生长繁殖条件,以及机体的状态等有关,时间最短的 1 天,最长的数月,一般为 1~2 周。

猪常由于阉割而感染发病。一般从头部开始显现病变,叫声尖细,瞬膜外露,轻则采食和咀嚼缓慢,重则开口困难,牙关紧闭,流涎(图 2-2-21);对外界刺激兴奋性增高,四肢僵硬、开张,强迫运动则运动不灵活,容易跌倒,不易自起,逐渐全身痉挛,抽搐,角弓反张,尾根强直挺举,卧地不起,呈强直状态,似"木马状",呼吸困难。病程长短不一,通常为 2~4 周,病死率高。

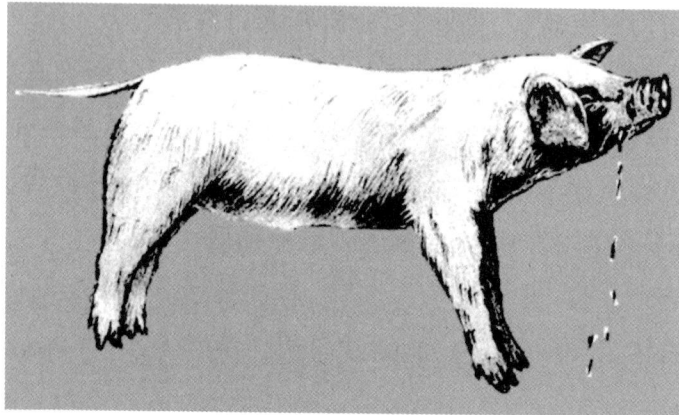

图 2-2-21 猪破伤风呈角弓反张,四肢僵硬,牙关紧闭,流涎

4. 剖检病理变化 该病病死猪一般不作剖检,避免病原菌形成芽孢,污染环境,引起病原菌的扩散。

5. 诊断 根据病猪的特殊症状,如肌肉强直、角弓反张、呈木马状、体温正常、应激性增高,并结合创伤史,一般能作出正确诊断。

6. 防治 防止外伤感染,平时要加强饲养管理和注意环境卫生,防止受伤。阉割、手术、注射及接产应注意严格消毒。严禁剖检死亡猪只,以免扩散病菌,尸体应深埋。猪只一旦有创伤,除局部消毒外,必要时,用破伤风抗毒素(血清),成年猪每只 4 万 IU,肌内或皮下注射,预防作用维持 2 周。对多发地区每年定期给猪接种精制破伤风抗毒素,成年猪每只皮下注射 2 万 IU,仔猪 1 万 IU,注射后 3 周产生免疫力,免疫期 1 年。第二年再注射 1 次,免疫期可达 4 年。本病治疗应及早进行,一般在加强护理的前提下,采取综合治疗。

(1)护理 应将病猪置于光线较暗、干燥洁净的室内,冬季应注意保暖。环境要安静,避免刺激。多给易消化的饲料和充足的饮水,对采食、吞咽困难的猪,用胃管给予半流质饲料。

(2)创伤处理 感染创中存有脓汁、坏死组织、异物等,应彻底清创和扩创,用 3% 过氧化氢溶液或 1%~2% 高锰酸钾溶液充分洗涤后,再撒布碘仿硼酸合剂,创口周围用青霉素、链霉素分点注射,以消除感染。

（3）特异性疗法　早期使用破伤风抗毒素,疗效较好。成年猪每只为 10 万~40 万 IU,每日 1 次静脉注射或肌内、皮下注射,连用 3 天。对严重者一次大剂量使用破伤风抗毒素 20 万~80万 IU,更利于痊愈。

（4）对症治疗　注意镇静解痉,保护心脏功能,防止酸中毒及并发症等。病猪兴奋不安时,镇静可用氯丙嗪 50~100 mg/头,肌内注射,每日 2 次,连用 7~10 天,或与水合氯醛直肠灌注交替使用。解除痉挛常用25%硫酸镁 10~20 mL/头静脉或肌内注射,每天 2 次,连用 6 天。出现酸中毒时,用 5%碳酸氢钠 50~80 mL/头静脉注射,每天 2 次,连用 5 天。心脏衰弱时,可静脉注射强心药,并结合补糖、补盐和维生素。牙关紧闭用 1%普鲁卡因封闭牙关或锁口穴,每穴 10 mL,每天 1 次,直到开口。

（5）可结合应用中药"千金散"加减:僵蚕、胆南星、何首乌、蝉蜕、天麻、乌蛇、沙参、川芎、防风、阿胶、羌活、独活、细辛、全蝎、天麻、半夏各 10 g,露蜂房 1 个,朱砂 10 g(另包),黄酒 250 mL为引,水煎服。

（十）猪传染性萎缩性鼻炎

猪传染性萎缩性鼻炎是由支气管败血波氏杆菌引起的一种猪慢性传染病,以慢性鼻炎、鼻梁变形、鼻甲骨萎缩为特征。本病最早于 1830 年发现于德国,目前世界各养猪国家都有发生,我国呈散发。

1. 病原　本病的病原体是支气管败血波氏杆菌,革兰阴性。多杀性巴氏杆菌、嗜血杆菌和铜绿假单胞菌是本病的继发病原,在继发菌的作用下,病情复杂化并加重。支气管败血波氏杆菌对外界环境的抵抗力不强,一般消毒药物均可将其杀死。

2. 流行特点　本病对任何年龄的猪都能感染,但以仔猪最为敏感。仔猪年龄越小,其易感性越强,发病率一般随年龄增长而下降,1 月龄内感染,常在数周后发生鼻炎,并引起鼻甲骨萎缩,3 月龄以上的猪感染,一般只成为带菌猪。病猪和带菌猪是本病的主要传染源,主要由病猪和带菌猪通过飞沫和污染的尘埃经呼吸道感染。本病主要发生于春、秋两季,也可在猪场中常年散发或地方性流行,如果饲养管理条件差,圈舍潮湿、污秽、拥挤或蛋白质、矿物质和维生素缺乏,均可促进本病的发生。

3. 临床症状　初病仔猪出现鼻炎症状,有喷嚏、鼾声和少量浆液性或黏液脓性分泌物,随着鼻甲骨损伤,鼻分泌物中可能含有血丝。病猪常因鼻炎刺激黏膜而表现不安,如摇头、拱地、搔抓或摩擦鼻部,吸气时鼻孔开张,发出鼾声,严重的张口呼吸。由于鼻泪管阻塞,泪液流出眼外,以致眼内角下的皮肤形成弯月形状、灰色或黑色泪斑,经两三个月后,鼻和面部变形。如果两侧鼻腔的病损大致相等,则鼻腔变得细小,鼻端向上翘起,鼻背部皮肤粗厚,有较深的皱褶,下颌伸长,上下门齿错开,不能正常咬合。若只损害一侧鼻腔,则鼻孔大小不一,鼻歪向病损严重的一侧(图 2-2-22)。若额窦受害,生长受阻,则两眼间的宽度变窄。少数猪可引起脑炎或肺炎症状。

4. 剖检病理变化　本病的病理剖检变化一般仅限于鼻腔和邻近组织,特征病变是鼻腔的软骨和鼻甲骨的软化和萎缩,特别是鼻甲骨的下卷曲部萎缩最为常见,有的萎缩严重,甚至全鼻甲骨消失,只留下小块黏膜皱褶附在鼻腔的外侧壁上(图 2-2-23)。鼻腔常有大量的黏液脓性甚至干酪样渗出物,随病程长短和继发性感染性质而异。急性时,渗出物含有脱落的上皮碎屑;慢性时,鼻黏膜苍白,轻度水肿,黏膜中度充血,有时窦内充满黏液性分泌物。

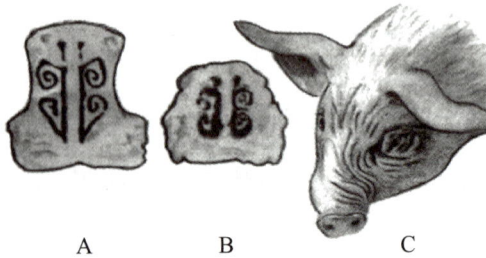

图 2-2-22　猪传染性萎缩性鼻炎示意图

A.正常切面鼻甲骨　B.鼻甲骨萎缩　C.鼻向一侧弯曲

图 2-2-23

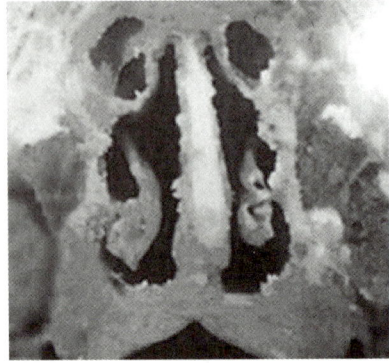

图 2-2-23　上、下鼻甲骨萎缩,
鼻道增大

5. 诊断　临床上表现为打喷嚏,不断在周围器物上摩擦鼻子,从鼻孔中流出黏液脓性分泌物,鼻出血(鼻衄),眼流泪,出现泪斑;鼻面部皱褶较深,下颌伸长,上下齿咬合不全;出现歪鼻或短鼻子等症状,即可诊断。症状不典型时,主要依靠病理检查,或做细菌学检查。

6. 防治　预防本病主要是做好检疫、隔离和兽医卫生工作。在引种时要加强检疫,杜绝本病传入。对已有本病的猪场(舍),要查出病猪和带菌猪并淘汰处理。不安全的猪场(舍),禁止出售种猪和仔猪。对有本病的猪群应严格隔离,做催肥屠宰加工利用。加强母猪及仔猪饲养管理,仔猪要喂全价料,以保证维生素和矿物质的需要。支气管败血波氏杆菌/多杀性巴氏杆菌联合苗对本病有较好的免疫效果。免疫方法有两种,一是母猪产前 42 天左右注射,所产仔猪 21 天时再免一次;二是母猪未免疫时,仔猪 7 日龄时免疫一次。现有国外进口的猪萎缩性鼻炎灭活苗(第四代),含有四种抗原,能提供全面的免疫保护。后备母猪和产前母猪在产前 2~3周肌注一次,3 mL/头,以后每隔半年免疫一次;哺乳仔猪 2~3 周肌注 1 mL/头。

对病猪可用抗生素和磺胺类药物治疗。具体方法是:磺胺二甲基嘧啶按 0.01%~0.045%混饲,或磺胺嘧啶钠按 0.006%~0.01%加入饮水中。为了预防抗药性,可将磺胺二甲基嘧啶、金霉素各100 g、阿莫西林 50 g,混入 1 t 饲料中,连喂 3~4 周。

此外,克林霉素(氯林可霉素)每千克体重 0.075~0.1 mg,肌内注射或直接鼻腔内给药,1 天2 次,连用3~4 天,有较好效果。

(十一)猪传染性胸膜肺炎

猪传染性胸膜肺炎是由猪胸膜肺炎放线杆菌引起的猪的一种呼吸道传染病,以肺炎和胸膜炎的典型症状和病变为特征。急性病例病死率高,慢性病例常能耐过。本病分布很广,在世界上许多国家和地区发生流行,我国也有病例报道,是近年来国际公认危害现代养猪业的重要传染病之一。

1. 病原　胸膜肺炎放线杆菌是带荚膜的革兰阴性小杆菌。本菌抵抗力不强,一般消毒药可将其杀灭。对青霉素类、四环素类、磺胺类药物均敏感。

2. 流行特点　本病主要传播途径是气源感染,通过猪对猪的直接接触或通过短距离的飞沫、经呼吸道传染。急性暴发时感染可从一个猪舍"跳跃"到另一个猪舍,或通过猪场工作人员接触污染分泌物,造成间接传播。在猪群之间的传播主要是引进带菌猪或慢性感染的病猪,在不良气候条件下或在运输之后,容易引起流行。

各种年龄的猪均可感染发病,但以 2—5 月龄,体重在 30~60 kg 的猪多发。发病有明显的季节性,一般在 4—5 月和 9—11 月发病较多。饲养环境突然改变、拥挤、气温急剧变化、相对湿度高和通风不良等应激因素可促使本病的发生和传播。初发病猪群的发病率和病死率均较高,有的可达 100%;经过一段时间后,逐渐缓和,发病率和病死率明显下降。本病的危害程度常随饲养条件的改变而减少。

3. 临床症状　人工接触感染潜伏期为 1~7 天或更久,因猪的免疫状态、不利环境的应激和对病原体的暴露程度不同,临床症状存在差异,可分为最急性型、急性型和慢性型。

(1)最急性型　有一只或多只猪突然发病,病势较重,体温可升高至 42 ℃以上,精神沉郁,食欲废绝;呼吸急促,常站立或犬坐而不愿卧地;张口伸舌,口鼻流出大量带血的泡沫样分泌物(图2-2-24),状态极为痛苦;鼻盘、耳及四肢皮肤常呈紫色。如不及时治疗常于 24~36 小时内窒息而死,偶有猪突然死亡不见症状,初生猪则死于败血症。

(2)急性型　常表现体温升高,精神委顿,拒绝采食;伴有呼吸困难、咳嗽、张口等严重呼吸症状,若病初症状比较缓和,能耐过 4 天以上者,则症状逐步消退,常能自行康复或转为慢性。

(3)慢性型　发生在急性症状消失之后,此时体温不高,食欲缺乏,呈间歇性咳嗽,生长迟缓。若混合感染其他疾病,则病情恶化,病死率显著增加。

4. 剖检病理变化　病变多见于肺部,多为两侧性,常发生在心叶、尖叶及膈叶部分。病变部呈暗红色,质地坚实,界线清晰;表面有化脓性炎灶,切面似肝易碎,间质充满血色胶冻样液体。病程在 24 小时以上者,肺炎灶表面被覆纤维素性物,胸腔内有黄色渗出液;病程较长的慢性病例,肺炎区表面有结缔组织化的粘连性附着物,肺炎病灶成硬结或坏死,与胸壁、心脏粘连,胸膜明显增厚,表现出明显的胸膜炎;气管内积聚大量炎性分泌物;肺实质结缔组织化,化脓性病灶,切面呈大理石花纹样病变(图 2-2-25)。

5. 诊断　根据本病的临床症状和剖检变化可以作出初步诊断,确诊需要做细菌学检查。目前,用 ELISA 试剂盒诊断本病更为便捷。

本病应注意与猪肺疫、猪链球菌病、猪丹毒及猪气喘病等相区别。

6. 防治　预防本病主要是搞好猪舍的日常环境卫生,加强检疫,防止将病猪和带菌猪引进无病猪场,对感染猪场可采用血清学检查,淘汰血清学阳性带菌猪,并用猪传染性胸膜肺炎灭活菌苗对健康猪进行免疫接种。仔猪首次免疫为 6—8 周龄,2 周后加强免疫 1 次。种猪 6 月龄或引进前首次免疫,3 周后加强免疫 1 次,每头猪肌内注射 2 mL。屠宰前 3 周的猪不能进行菌苗接种。为了防止在免疫前感染本病,可使用药物预防,当前比较有效的首选药物是替米考星(大环内酯类药物)每千克体重 200~400 mg 拌料,连续饲喂 15 天。此外,也可选用达诺沙星每千克体重 1.25~2.5 mg,肌内注射;氟苯尼考、林可霉素等,肌内注射也有较好效果。其次是在饲料中添加土霉素、四环素或肌内注射青霉素、氨苄西林或复方新诺明。

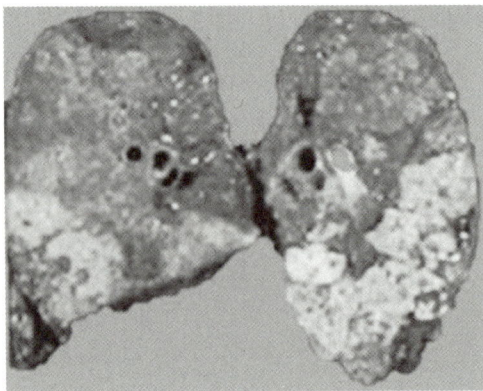

图 2-2-24　患病猪鼻孔流出
血样分泌物

图 2-2-25　肺实质化脓性病灶

猪传染性胸膜
肺炎患猪临床
症状及剖检
病变图

早期治疗效果较好,但用药剂量要大,并配合糖皮质激素药和维生素类药使用,疗效才更佳。

另外,使用清热平喘、解毒化痰的中药防治也有较好的效果。

(十二) 副猪嗜血杆菌病

副猪嗜血杆菌病是由副猪嗜血杆菌引起的一种泛嗜性细菌传染病。本病最早于 1910 年被 Alasser 公开报道,以后在世界许多国家都先后发现了本病,且其发生有进一步扩大的趋势;我国在 2003 年有发生本病的报道。由于本病在运输疲劳或应激刺激状态下最易发生,因此,在对猪只进行转群、运输、换料等存在应激刺激的措施时,应高度重视本病的预防。

1. 病原　引起本病发生的副猪嗜血杆菌为多形态病原体,一般呈短小杆状,也有呈球形、短链、丝状等形态。本菌为无鞭毛、不形成芽孢的革兰阴性菌。对外界环境抵抗力不强,干燥状态下易灭活死亡,对常用消毒剂和热敏感,60℃的环境下 5~20 分钟内死亡,4℃环境下也只能存活 7~10 天。本病病原菌对磺胺类药物、青霉素类药物、阿米卡星、卡那霉素等敏感,对林可霉素、壮观霉素、杆菌肽等有一定的抵抗力。

2. 流行特点　本病的主要传染源是病猪、临床康复猪及隐性感染带菌猪,主要侵入途径是呼吸道和消化道,通过飞沫,经空气传播给易感猪或通过污染的饲料、饮水,经猪只采食和饮水传播给易感猪;另外,本病原菌也可通过外伤侵害皮肤,引起皮肤的炎症和坏死。在本病易感猪群中,30~60 kg的仔猪和架子猪最易感,成年猪一般呈隐性感染或仅表现轻微临床症状。

本病一年四季均可发生,以早春和深秋时节、气候变化较大的时候更易发生,也可继发于猪的一些呼吸道疾病和消化道疾病。

3. 临床症状　急性病猪体温迅速升高,达41℃左右,精神沉郁,呼吸困难,全身皮肤发绀。常于发病后2~3天死亡。

亚急性或慢性病例表现精神沉郁、食欲缺乏、40℃左右发热、呼吸浅表,常呈犬卧式喘息,四肢末端及耳尖多发蓝紫色(图2-2-26)。有的病猪出现严重跛行,常以足尖着地,以短步拖移方式行进。有的关节肿大、疼痛和腱鞘水肿;耐过急性期的多发生慢性关节炎。某些猪由于发生脑膜炎而表现肌肉震颤、麻痹和惊厥;有些由于腹膜粘连而引起肠梗阻;当病菌经皮肤创伤侵入或随血液侵入皮肤时,则可引起皮肤局部发炎或坏死(图2-2-27),累及耳部的,可导致耳缘渐进性坏死。

图 2-2-26　患猪卧地喘息　　　　图 2-2-27　患猪皮肤发生干性坏死灶

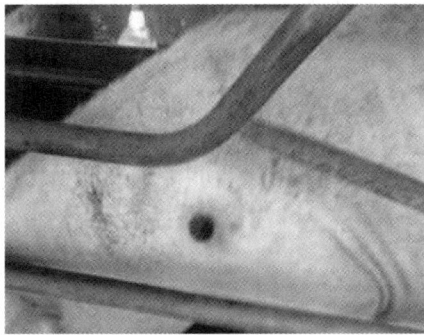

4. 剖检病理变化　该病的特征性病变为全身性浆膜炎,即浆液性纤维素性胸膜炎、心包炎、腹膜炎、脑膜炎和关节炎,但由于个体不同,上述病变不一定全部表现出来,其中以浆液性纤维素性心包炎和胸膜炎的发生率最高;由于大量的纤维素渗出凝集于心外膜,在心外膜形成一层灰白色绒毛,俗称"绒毛心"(图2-2-28);当渗出的纤维蛋白和绒毛被机化时,则可发生心包粘连。胸腔中渗出液中的纤维蛋白常在胸膜表面和心外膜上析出,形成一层纤维素性假膜,继而发生机化粘连;肺淤血、水肿,表面常被纤维蛋白形成的薄层白色假膜覆盖,并常与胸壁发生粘连;腹腔积液,有纤维蛋白渗出物,引起胃肠粘连现象(图2-2-29);关节炎表现为关节周围组织发生水肿,关节囊肿大,关节液增多、浑浊,内含黄绿色的纤维素性化脓性渗出物。发生纤维素性化脓性脑膜炎时,见蛛网膜腔内蓄积有纤维素性化脓性渗出物而致脑髓液浑浊,脑软膜充血、淤血和轻度出血,脑回变得扁平。其他眼观变化还有肺、肝、脾、肾充血与局灶性出血和淋巴结肿大等。

5. 诊断　本病可根据病史、临床症状和特征性病理变化做出初步诊断,确认需进行副猪嗜血杆菌的分离,或用病料涂片,进行特殊染色处理后做细菌性镜检。另外,也可用血清学检查方法,如间接血球凝集、琼脂扩散等方法对本病进行确诊。

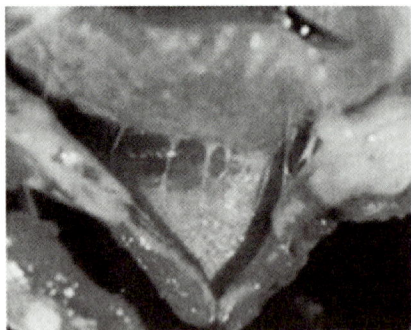

图 2-2-28　绒毛心　　　图 2-2-29　胃肠表面大量纤维蛋白渗出

副猪嗜血杆菌病患猪临床症状及剖检病变图

6. 防治　预防本病的发生,最主要的是加强饲养管理,减少猪只的应激反应。对已感染的猪群,可用血清学方法及时检出,并坚决淘汰抗体阳性的猪只,以净化猪场。过去认为,在饲料中加入一些对病菌敏感的药物,如抗生素和磺胺类药物等,可预防或治疗本病的发生,但近年来,美国、加拿大、澳大利亚等国的抗药性研究表明,长时间用药可使副猪嗜血杆菌产生耐药性,因此,不宜长期在饲料中加药物预防。另据相关报道,自制疫苗对本病有较好的预防效果。自制疫苗的方法为:采集病猪的淋巴结和脾,去除结缔组织,碾磨捣碎后,多层纱布过滤,甲醛灭活 48 小时,并以 A_5 油佐剂制备油苗,经动物试验和无菌检验合格,4℃保存备用。使用方法和用量:肌内注射,15 日龄的乳猪每头 1 mL,35 日龄仔猪每头 2 mL,母猪配种前 15 天、每头 3 mL。

对有治疗价值的猪只,可用敏感抗生素及磺胺类药物进行治疗,也可用自家血清进行特异性治疗。

🖥 任务实施

一、细菌抹片与染色

(一) 细菌抹片的制备

进行细菌染色之前,须先做好细菌抹片,其方法如下:

1. 玻片准备　载玻片应清晰透明,清洁而无油渍,滴上水后,能均匀散开,附着性好,如有残余油渍,可按以下方法处理。

(1) 滴上 2~3 滴 95% 乙醇,用清洁纱布擦拭,然后在酒精灯火焰上缓慢地来回通过几次。

(2) 若上法仍未能除去油渍,可再滴上 1~2 滴冰醋酸,用纱布擦净,再在酒精灯火焰上缓慢通过,便可较好地清除油渍。

2. 抹片　依据所用材料状态的不同,抹片的方法有一定的差异。

（1）**液体材料** 如液体培养物、血液、渗出液、乳汁等,可直接用灭菌接种环取一环材料,置于玻片的中央,均匀地涂布成适当大小的薄层带菌液。

（2）**固体材料** 如菌落、脓粒、粪便等,则应先用灭菌接种环取少量生理盐水或蒸馏水,置于玻片中央,然后再用灭菌接种环取少量材料,在液滴中混合均匀,涂布成适当大小的薄层带菌涂层。

（3）**组织脏器材料** 先用镊子夹持局部,然后以灭菌或洁净剪刀剪取一小块,夹出后以其新鲜切面在玻片上触压或涂抹薄层带菌组织液。

如有多个样品同时需要制成抹片,只要染色方法相同,也可以在同一张玻片上,有秩序地排列好,作多点涂抹,或者先用蜡笔在玻片上划分成若干小方格,每个方格涂抹一种样品。需要保留的标本,应贴上标签,注明菌名、材料、染色方法和制片日期等。

3. 干燥 上述涂抹好的抹片,应放于玻片架上,让其自然干燥,或在酒精灯火焰上快速拖过,适当加温(以不烫手为度),促进其干燥。

4. 固定 细菌抹片一般有两种固定方法:

（1）**火焰固定** 将干燥好的抹片,使涂抹面向上,以背面在酒精灯火焰上来回通过数次,略作加热(但不能太热或烧灼,以手背能忍受为度),进行固定。

（2）**化学固定** 血液、组织脏器等抹片要作姬姆萨染色时,不用火焰固定,而应用甲醇固定。可将已干燥的抹片,浸入甲醇中2~3分钟,取出晾干;或者在抹片上滴数滴甲醇,2~3分钟后,自然挥发干燥或沥干;如果抹片要作瑞氏染色,则不必先进行特别固定,染色液中含有甲醇,可以达到边染色、边固定的目的。

抹片固定的目的在于:① 使抹片除去水分,很好地贴附在玻片上,以免在水洗时被冲掉;② 使抹片易于着色,因为凝固变性的蛋白质着色力更强;③ 可抑制抹片中的微生物,防止细菌散播。

（二）几种常用的染色方法

1. 简单染色法 只用一种染料进行染色的方法,如亚甲蓝染色法。亚甲蓝染色法就是在已干燥、固定好的抹片上,滴加适量的(足够覆盖抹片点即可)亚甲蓝染色液,经1~2分钟染色,水洗,沥去多余水分,用拭镜纸吸干或在酒精灯火焰上快速通过烘干(不能太热),便可进行镜检。

2. 复染色法 是运用两种或两种以上染料,或者需要添加助染剂进行染色的方法。在染色时,有的是将染料分别使用,有的是同时混合使用,使不同的菌体呈现不同的颜色,有鉴别细菌的作用,又称为鉴别染色。如革兰染色法、抗酸性染色法、瑞氏染色法和姬姆萨染色法。

（1）**革兰氏染色法** ① 在已干燥、固定好的抹片上,滴加草酸铵结晶紫染色液,经1~2分钟染色后进行水洗;② 滴加革兰碘溶液于抹片上媒,染色1~3分钟后进行水洗;③ 滴加95%乙醇于抹片上脱色,30秒至1分钟脱色后进行水洗;④ 滴加碱性复红液(或沙黄液或稀释苯酚复红液),复染10~30秒,水洗;⑤ 吸干或烘干,镜检。

革兰阳性菌呈蓝紫色,革兰阴性菌呈红色。

（2）**抗酸性染色法** ① 首先在已干燥、固定好的细菌抹片上滴加足量的苯酚复红染色液,在玻片下以酒精灯火焰缓缓加热,直至玻片上方有蒸汽出现(染液沸腾)即止,维持微微发生蒸汽状,经 3~5 分钟,水洗;② 用 3% 盐酸乙醇脱色,直至标本无色脱出为止,充分水洗;③ 用亚甲蓝染色液复染约 1 分钟,水洗;④ 最后吸干或烘干,镜检。

抗酸性细菌呈红色,非抗酸性细菌呈蓝色。

也可采用另一种方法,即在已干燥、固定好的抹片上,先滴加苯酚复红染色液,染色 1 分钟,水洗;再用 1% 亚甲蓝乙醇溶液复染 20 秒钟,水洗;然后对光观察,确认样本全部呈蓝色;最后在火焰上烘干、镜检。抗酸性细菌呈红色,非抗酸性细菌和背景呈蓝色。如果抹片呈红色或棕色,表示复染不足,应复染 5~10 秒,再观察。如背景仍未全部呈蓝色,仍可复染,至符合要求时为止。

(3)瑞氏染色法　有以下两种瑞氏染色法:① 抹片自然干燥后,滴加瑞氏染色液于抹片上,为了避免染色液很快挥发,可稍多加一些染色液,或者看情况补充滴加,经 1~3 分钟染色,添加与染液等量的中性蒸馏水或磷酸盐缓冲液,轻轻晃动玻片,使其与染液混匀,经 3 分钟左右,直接用水冲洗(不可先将染液倾去),吸干或烘干,镜检。细菌染成蓝色,组织、细胞等物质呈其他颜色。② 抹片自然干燥后,按涂抹点大小,覆盖上一张略大于涂抹点的清洁滤纸片,在滤纸片上轻轻滴加瑞氏染色液,直至略浸过滤纸,并看情况进行补滴,维持不变干状态,染色 3~5 分钟,直接用水冲洗,吸干或烘干,镜检。此法中染色液经滤纸滤过,可大大避免沉渣黏附抹片上,影响镜检观察。

(4)姬姆萨染色法　① 首先,将姬姆萨染色液原液稀释成常用的姬姆萨染色液,即在 5 mL 蒸馏水中,滴加 5~10 滴姬姆萨染色液原液,便可使用。② 抹片经甲醇固定并干燥后,在抹片上滴加足量的姬姆萨染色液,或直接将抹片浸入盛有姬姆萨染色液的染色缸中,染色 30 分钟,或者染色数小时至 24 小时,取出水洗,吸干或烘干,镜检。细菌呈蓝青色,组织、细胞等呈其他颜色。视野常呈淡红色。

(三)细菌抹片染色注意事项

在抹片固定过程中,实际上并不能保证杀死全部细菌,也不能完全避免在染色水洗时会将部分抹片材料冲掉,因此,在制备烈性病原菌,特别是带芽孢病原菌的抹片染色时,应严格按规定谨慎处理染色用过的残液和抹片本身,以免引起病原菌的散播。

二、猪细菌性传染病实验室诊断

◆ 任务描述

某猪场有一批 50 kg 左右的育肥猪,突然暴毙了几头。随后,猪群部分猪只出现呕吐,呼吸急促,全身潮红,体温 42℃ 左右。请同学采集病死猪只的血液及分泌物等病料,进行体液涂片染色检查和细菌分离培养等一般的实验室检查,帮助该猪场兽医技术人员进行实验室诊断,尽早采取有效措施扑灭疫病,减少经济损失。

◆ 人员组织、材料准备

1. 人员组织　按照实际工作需要进行分组分工,责任到人。

2. 材料准备

（1）鲜血琼脂平板、接种环、无菌操作台、恒温箱、高倍显微镜、载玻片、革兰染色液、瑞氏染色液、姬姆萨染色液或亚甲蓝染色液。

（2）取疑似最急性或急性病例的病猪心、肝、脾或体腔内渗出物若干，小白鼠 2~4 只。

（3）工作记录笔、工作记录本（册）。

◆ **任务流程框图**

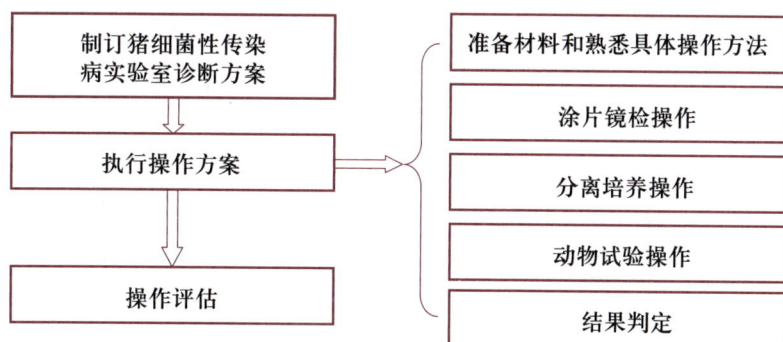

```
┌────────────────────┐         ┌──────────────────────────┐
│ 制订猪细菌性传染    │         │ 准备材料和熟悉具体操作方法 │
│ 病实验室诊断方案    │         └──────────────────────────┘
└────────────────────┘         ┌──────────────────────────┐
          │                    │      涂片镜检操作          │
          ▼                    └──────────────────────────┘
┌────────────────────┐         ┌──────────────────────────┐
│    执行操作方案     │  ──▷    │      分离培养操作          │
└────────────────────┘         └──────────────────────────┘
          │                    ┌──────────────────────────┐
          ▼                    │      动物试验操作          │
┌────────────────────┐         └──────────────────────────┘
│     操作评估        │         ┌──────────────────────────┐
└────────────────────┘         │       结果判定            │
                               └──────────────────────────┘
```

◆ **实施步骤**

详见表 2-2-1。

表 2-2-1　细菌性猪病诊断工作任务实施指导表

序号	任务分解	工作内容
1	熟悉细菌实验室检查方法及所需工具材料	组内各成员共同研讨细菌的实验室检查方法及操作要领
2	制订细菌实验室检查方案	根据诊断工作需要，对组内人员进行明确分工，有序参与各个环节的操作，明确各操作环节中的人员防护注意事项，并做好记录
3	病料采集及涂片镜检	急性病例生前可采取病猪耳血，死后可采取肾、脾、肝和淋巴结；亚急性病例生前可采取疹块部的渗出液，死后亦可采肾、脾、肝和淋巴结；慢性病例可采取心内膜炎疣状物、关节液或关节软骨附着物；腐败的尸体可采取管状骨髓。为了防腐，可将病料放入灭菌的 30%~40% 甘油盐水中。将上述病料涂片进行革兰染色后镜检
4	分离培养	取病料画线接种于血液琼脂培养基上，纯培养后取培养物置于载玻片上，经革兰染色后镜检
5	动物试验	将被检病料加 5~10 倍无菌生理盐水制作成乳剂，分别给小鼠皮下注射 0.2 mL（鸽子肌注 1 mL）

◆ **细菌性传染病病料采集涂片、分离培养及动物试验操作要求**

1. 涂片镜检　对最急性和急性型病例可从心、肝、脾或体腔内渗出物采取病料。慢性型病例可从病变部位、脓液、渗出物或呼吸道分泌物采取病料。涂片（图 2-2-30）或触片，用瑞氏染色、姬姆萨染色或亚甲蓝染色镜检。引起猪肺疫的巴氏杆菌可见两端着色较深、中央着色较浅的球杆形菌（图2-2-31）；如果用印度墨汁染色，可见清晰的荚膜。以上实验室检查再结合临床症状及病变即可确诊。

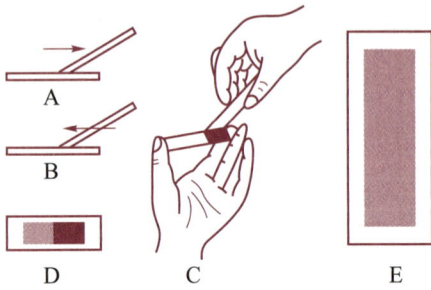

图2-2-30　涂片示意图

A. 后推　B. 前推　C. 制片手法

D. 涂片一端太厚　E. 涂片适宜

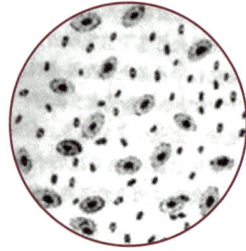

图2-2-31　镜下巴氏杆菌示意图

2. 分离培养　挑取含菌组织画线于血液琼脂平板上，37℃培养24小时，可见灰白、湿润、黏稠的小菌落（图2-2-32），纯化后进行动物实验。

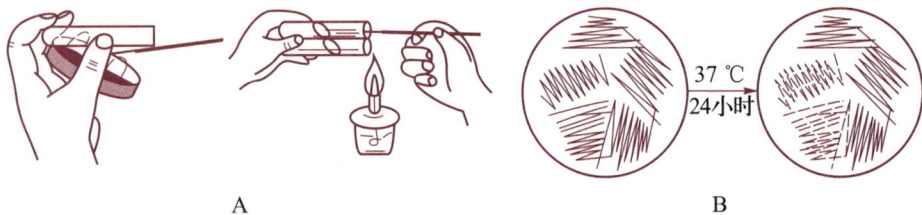

图2-2-32　细菌接种培养

A. 接种病料于培养基　B. 培养基表面菌落

3. 动物试验　取病料少许，用无菌生理盐水制成1∶10悬液，肌内或皮下接种于小鼠或家兔（图2-2-33），0.2~0.5 mL/只。也可用分离的纯培养物悬液接种。若被接种动物于18~48小时死亡，或用其心血、肝、脾涂片，染色镜检发现典型的巴氏杆菌，即可确诊此病。对慢性病例，由于菌株毒力较弱，接种实验动物后，需经数天才能死亡。

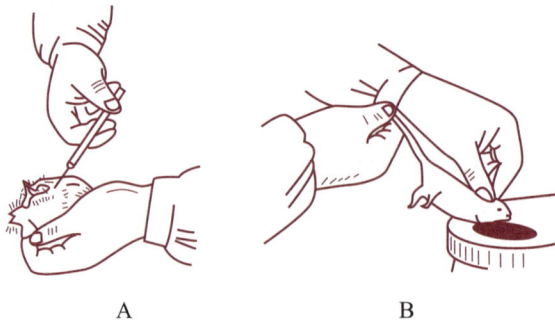

图2-2-33　病料接种小白鼠

A. 小白鼠腹部皮下注射病料　B. 小白鼠捕捉固定

◆ **注意事项**

（1）注意操作人员的安全防护。

（2）注意对猪只的安全及应激影响。

（3）整个接种过程要做到无菌操作，小心谨慎，动作轻巧。

（4）动物接种方法要对。抓捕兔子、小鼠后应保定良好，否则兔会抓人，小鼠会咬人，要特别小心。

（5）操作完毕，注意双手消毒。

（6）各小组成员间协调有序，团结互助。

（7）完成工作后各组资料整理上交，用具设备清理归库。

任务反思

1. 常见猪细菌性疾病有哪些？

2. 细菌引起猪只发病的一般致病机制是怎样的？

3. 猪细菌性疾病的一般诊断和防治方法有哪些？

任务 2.3　猪其他传染病

任务目标

知识目标　1. 了解猪其他传染病的病原。

　　　　　2. 理解猪其他传染病的流行特点。

　　　　　3. 掌握常见猪其他传染病的临床症状及剖检病理变化。

技能目标　1. 会运用临床诊断方法对常见猪其他传染病病例实施诊断。

　　　　　2. 会进行猪静脉采血及血清分离，以便病原实验室检测。

任务准备

一、猪气喘病

猪气喘病又称猪支原体肺炎或地方流行性肺炎，是由猪肺炎支原体引起的一种接触性、慢性呼吸道传染病。该病的主要临床症状是咳嗽、气喘和呼吸困难，剖检变化为肺尖叶、心叶、膈叶和中间叶发生"肉样"实变。本病广泛分布于世界各地,给养猪业带来巨大的经济损失。

（一）病原

猪气喘病的病原为猪肺炎支原体。革兰染色阴性。该病原体主要存在于病猪和感染猪体内的呼吸道及所属的淋巴结内。对外界的抵抗力不强,在污染的栏舍或饲槽等用具中,支原体 2~3 天即失去致病力,病肺悬液置于 15~25 ℃中 36 小时即失去致病力。病料保存于 1~4 ℃可存活 4~7 天,−15 ℃可达 45 天,−30 ℃可达 20 个月。本菌对土霉素、四环素、卡那霉素等敏感,但对青霉素和磺胺类药物不敏感。常用的化学消毒剂均能达到消毒目的。

（二）流行特点

本病仅发生于猪,不同年龄、性别和品种的猪均能感染,但仔猪和断乳仔猪最易感,在 6 周龄或更大时才出现临床症状,发病率和病死率较高;其次是妊娠后期和哺乳期的母猪;育肥猪发病少,病情轻;成年猪多呈慢性或隐性感染。

病猪和带菌猪是本病的传染源。病原体可通过妊娠母猪胎盘传染给胎儿,更多的则是通过病猪咳嗽、气喘和喷嚏喷出的飞沫浮游于空气中,被同群健康猪吸入而经呼吸道感染。本病一年四季均可发生,但在寒冷的冬季发病较多。饲养管理不良、阴暗潮湿、通风不良、拥挤及环境条件的骤然改变是发生气喘病的重要诱因。继发感染是引起病势加剧和死亡的重要原因。常见继发病原有巴氏杆菌、猪圆环病毒、猪胸膜肺炎菌、猪嗜血杆菌及沙门菌等。本病在很多养猪场和农村流行,且有加重的趋势。

猪肺炎支原体虽对常用消毒剂敏感,但经多年观察,地区或猪场一旦染上此病,很难彻底扑灭。

（三）临床症状

本病的潜伏期一般为 11~16 天,最短者 3~5 天,最长的可达 1 个月以上。早期症状是咳嗽,随后出现气喘和呼吸困难,整个病情的经过可分为急性型、慢性型和隐性型三种类型。

1. 急性型　主要见于新疫区和新感染的猪群,以母猪和架子猪多见。病猪突然精神不振,头下垂,站立一处或卧伏在地,呼吸次数增多,每分钟达 60~120 次及以上,呈明显的腹式呼吸。随着病情的发展,病猪呼吸困难,甚至张口呼吸,并有喘鸣声,似拉风箱,呈犬坐姿势（图 2-3-1）,不愿卧地,一般咳嗽次数少而低沉,有时会发生痉挛性阵咳;体温

图 2-3-1　病猪气喘咳嗽,张口呼吸

正常;若呼吸困难,则食欲减退或废绝;常继发感染,体温可上升到 40 ℃以上,病死率很高,病程为 1~2 周。

2. 慢性型　由急性型转变而来,常见于老疫区的肥育猪和后备母猪。主要症状是顽固性咳嗽和气喘,病初出现短咳和干咳,随后出现连续的痉挛性咳嗽,特别是早晨、晚间、奔跑、进食

或气候变化时最为明显。随着病情加剧则出现呼吸困难和气喘,呼吸次数每分钟可达 100 次左右,并呈典型的腹式呼吸。病猪早期食欲无明显变化,随后出现少食或绝食。病期较长的小猪,身体消瘦而虚弱,生长缓慢,病程长,可拖延 2~3 个月,甚至长达半年以上。如果兼有继发感染,大多数将死亡。

3. 隐性型 主要见于成年肥育猪,症状不明显,或有轻度的气喘和咳嗽,精神、体温、食欲无明显变化。

(四)剖检病理变化

病变主要在肺和肺门淋巴结,两侧肺的心叶、尖叶和膈叶前下部见有融合性支气管肺炎病变。病变部呈灰红色或淡红色,半透明状,像鲜嫩的肌肉样,俗称肉变(图2-3-2),切面多汁,组织致密,与正常肺组织界限明显,气管和支气管内有多量黏性泡沫样分泌物。病程较长的病例,病变部颜色变深,呈淡蓝色、深紫红色、灰白色或灰黄色,坚韧度增加,半透明状程度减轻,俗称胰变或虾肉变。肺门淋巴结和纵隔淋巴结明显肿大,呈灰白色,切面湿润。

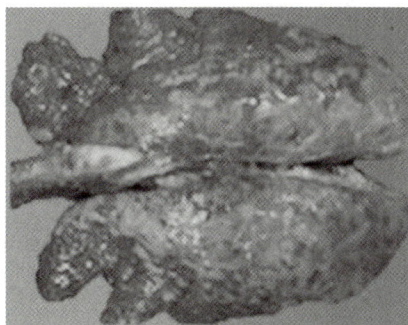

图 2-3-2 肺大面积肉样病变

(五)诊断

根据流行特点、症状和剖检变化特征可作出正确诊断。本病仅猪发生,以怀孕母猪和架子猪症状最为严重,急性者病死率较高。在老疫区多为慢性和隐性经过,症状以咳嗽、气喘为特征,体温和食欲变化不大。剖检病变是肺心叶、尖叶、中间叶及膈叶前下部肝变,肺门淋巴结肿大。必要时生前可用 X 光诊断或作血清学检查。用 ELISA 试剂盒检测是目前较可靠的简便方法。

猪气喘病剖检病变图

本病应与猪流行性感冒、猪肺疫、猪传染性胸膜炎相区别。

(六)防治

1. 预防 坚持自繁自养,尽量不从外地引进猪只。如必须引进时,一定要严格隔离和检疫,用 ELISA 试剂盒检测为阴性者方可引进。平时应注意加强饲养管理,饲料要保证足够的营养成分。猪圈要保持清洁、卫生,干燥通风,勤换垫草,避免阴湿,注意防寒保暖。同时要做好经常性消毒工作。在曾经发生过气喘病的地方,要用猪支原体肺炎灭活菌苗或猪气喘病弱毒冻干苗给健康仔猪免疫接种。猪气喘病的防疫,目前主要还是通过疫苗注射来预防本病,具体方法如下:

猪气喘病病原体主要存在于肺中。猪对该病的免疫以细胞免疫为主,分泌型 IgA 起直接保护作用,而 IgG 的保护性较差。经二十余年研究,猪气喘病疫苗有了新的进展。目前国内生产的猪气喘病弱毒活菌苗需胸腔内注射,要求注射技术较高,肌内或气管注射无效。由国外进口的灭活苗已经上市,每头猪 1 mL,仔猪 7—10 日龄首免,两周后再免。种猪引种时首免,2~3周后加强再免,以后每年加强免疫 1 次,该疫苗由肌内注射,使用方便,效果较好。

早期发现立即隔离和淘汰病猪是控制本病的重要环节,早期发现的方法是:一听二查三剖检,即在早晨、夜间、喂食及跑动时听咳嗽;在安静躺卧时查呼吸,观察呼吸次数及腹部扇动情况;剖检病猪或死亡病猪,查看肺部有无气喘病病变。

一旦发现病猪,立即隔离,及时治疗或淘汰严重者。

2. 治疗

(1)盐酸土霉素每千克体重 30~40 mg 用灭菌注射用水或 0.25%普鲁卡因稀释后分点肌内注射,每天 1 次,连用 3~4 天。

(2)替米考星每千克体重 300~400 mg 混料,连续饲喂 10~15 天,对预防或治疗均有较好效果。

(3)泰妙霉素,饮水预防量 125 mg/L,治疗量 250 mg/L,皮下注射每千克体重 25 mg。或配合四环素,每千克体重 7~15 mg,每天 1 次,肌内或静脉注射,连用 3~5 天。两药协同,能使抗菌力大大增强。

(4)林可霉素,每吨饲料加入 200 g,连续用 3 周,或每千克体重 50 mg 进行肌内注射,每天 2 次,5 天为一疗程,有一定疗效,或每吨饲料添加 2%氟苯尼考 1 000~1 500 g 进行防治。

上述用药的同时,配合肌注地塞米松或可的松,可以增强抗菌功能,使疗效更佳。值得注意的是,此病容易产生抗药性,必要时选择两种抗生素配合使用。

(5)中药疗法对母猪效果较佳。黄芩 50 g,白矾 45 g,白芷 45 g,桑白皮 60 g,黄连 35 g,郁金 45 g,大黄 35 g,葶苈子 45 g,桔梗 45 g,贝母 30 g,紫菀 45 g,甘草 35 g,水煎口服。

仅靠环境消毒及药物治疗此病,只能控制症状,不能根治。如果饲养管理有疏忽,或遇气候过热、过冷,则容易复发。因此,凡有此病流行的猪场和地区,要彻底扑灭病原体、净化场地,必须采取免疫接种、自繁自养、加强饲养管理、淘汰病猪和药物防治相结合的综合措施,否则难以根除。

二、猪密螺旋体痢疾

猪密螺旋体痢疾又称猪血痢、黑痢、黏液出血性下痢,本病主要是由猪痢疾密螺旋体引起的猪肠道传染病,故又称为猪痢疾密螺旋体病。其特征为大肠黏膜发生卡他性出血性炎症,进而发展为纤维素性坏死性肠炎。本病最早发现于美国,目前几乎主要养猪的国家和地区都有发生。

(一)病原

本病主要病原体为猪痢疾密螺旋体(图 2-3-3),是介于病毒和细菌之间的细小微生物,革兰阴性。猪痢疾密螺旋体的抵抗力较强,在粪便中 5 ℃存活 61 天,在土壤中存活 18 天。纯培

养在厌氧条件下4~10 ℃可存活 102 天，−80 ℃存活 10
年以上。对高温直射阳光、干燥和常用消毒药都敏感，
一般浓度的消毒液如过氧化氢、来苏水和氢氧化钠等均
能在短时间内将其杀灭。

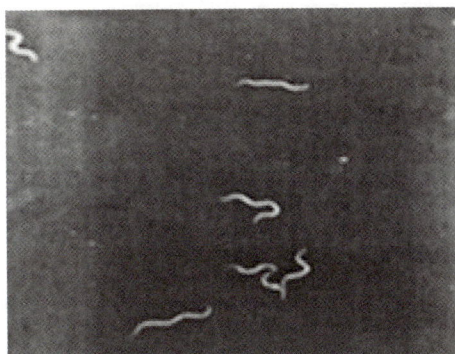

图 2-3-3　显微镜暗视野下的
密螺旋体

（二）流行特点

猪密螺旋体痢疾除猪以外，其他畜禽不发病，各种
年龄的猪均可发病，但以 7—12 周龄（体重 15 ~ 30 kg）
的小猪发病较多，仔猪的发病率和病死率比成年猪高。
病猪和带菌猪是本病的传染源，从粪便中排出大量的密
螺旋体，污染饲料、饮水、用具及周围环境，经消化道进入健康猪体内而感染。另外，犬、鼠类、
鸟和苍蝇亦可带菌排毒。因此，不能忽视这些动物的传染源和传染媒介。

本病无季节性，一年四季均可发生，呈地方性流行。在猪群中一旦发生，流行缓慢，持续时
间较长，且可反复发病，不易清除。发病率约为 75%，病死率为 5%~25%。各种应激因素，如饲
养管理不良、阴雨潮湿、气候突变、拥挤、饥饿等均可促进本病的发生和流行。

（三）临床症状

潜伏期 3 日至 2 个月以上，自然感染多为 7 ~ 14 天，猪群发生本病时，最初的
1 ~ 2 周内多为最急性型和急性型，随后逐渐以亚急性型和慢性型为主。

猪密螺旋体
痢疾患猪临
床症状及剖
检病变图

1. 最急性型和急性型　病猪突然死亡，是猪群开始暴发本病的前兆。急性者
病初精神稍差，吃食减少，粪便变软，表面附有条状黏液，以后迅速下痢，粪便呈黄
色稀粥或水样。严重病例在 1 ~ 2 天内粪便中混有多量的血液、黏液，呈黑红色；体
温升高达 40.5 ℃以上，维持数天，以后下降至常温，死前体温降至常温以下。随着
病程的发展，病猪精神沉郁，体重减轻，频频喝水，粪便夹杂血液、黏液，坏死组织碎片增多，病
猪迅速消瘦，贫血，极度衰弱，最后死亡。

2. 亚急性型和慢性型　患猪病情较轻。下痢，粪中夹有
黏液及血液，呈黑色，病期较长，呈进行性消瘦，病死率虽低，
但生长迟滞，发育不良，甚至成为僵猪。部分康复病例经一定
时间还可能复发甚至死亡，病程为 1 个月以上。

（四）剖检病理变化

病变主要在大肠（结肠、盲肠）。急性病例的大肠壁及肠
系膜发生充血和水肿，暗红色，有渗出性出血斑，表面附有黏
液及混有脓血的渗出液，有时有少量未消化物（图2-3-4）。病
程较长的病例，大肠黏膜表面坏死，形成假膜，有时大肠黏膜

图 2-3-4　肠壁淤血、出血

上只有散在成片的纤维素性渗出变化，剥去假膜露出浅表糜烂面，其他脏器无显著病变。

（五）诊断

根据流行特点、临床症状及病理变化，一般可作出初步诊断。确诊必须做细菌学检查。

另外，本病还应注意与仔猪黄痢、仔猪白痢、仔猪副伤寒、仔猪红痢及猪传染性胃肠炎等相区别。

（六）防治

1. 预防 本病目前尚无有效菌苗。预防措施首先是加强检疫，严禁从疫区引进猪只，必须引进时，应严格隔离检疫 2 个月；要加强饲养管理和卫生措施，保持猪圈内外干燥清洁；定期做好灭鼠、灭蝇工作；粪便及时无害化处理，饮水要洁净，对猪场要彻底清扫和消毒。猪场、猪舍曾经发生过此病的，可在饲料中加入四环素类药物进行预防（按 200 g/t 添加）。

2. 治疗

（1）0.5%痢菌净注射液每千克体重 0.5 mg，肌内注射；或用痢菌净散剂，每千克体重 2.5~5 mg，内服，每天 2 次，连续 3 天为一疗程。

（2）四环素类药物按 100~200 g/t 饲料混匀，连喂 3~5 天。

（3）杆菌肽 300 g/t 饲料混匀，连喂 14 天。

（4）新霉素 300 g/t 饲料混匀，连喂 3~5 天，停药 20 天再反复饲喂；链霉素每千克体重 10~15 mg，肌内注射，每天 2 次；二甲基咪唑，配成 0.025%水溶液，让猪自由饮用，连用 5 天；红霉素 0.5~0.75 g/头，每天 2 次肌内注射，连用 2~3 天。

（5）对剧烈下痢者可配合使用 5%葡萄糖氯化钠溶液等药物进行补液、强心治疗。

三、猪附红细胞体病

猪附红细胞体病是猪、牛、羊、马等多种动物共患的一种散发的热性、溶血性传染病，病猪以急性、黄疸性贫血和发热为特征。本病世界各地均有发生，我国很多省和地区也有发病报道，且有蔓延趋势，对养猪业造成的危害较为严重。

（一）病原

猪附红细胞体病病原为立克次体目中的猪附红细胞体（图 2-3-5），寄生在血液里，附着在红细胞的表面或细胞内，也可游离在血浆中。附红细胞体对干燥和化学药品的抵抗力不强，一般浓度的消毒药均可将其杀死；但对低温有较强的耐受力，5 ℃保存 15 天，−79 ℃可保存 80 天。

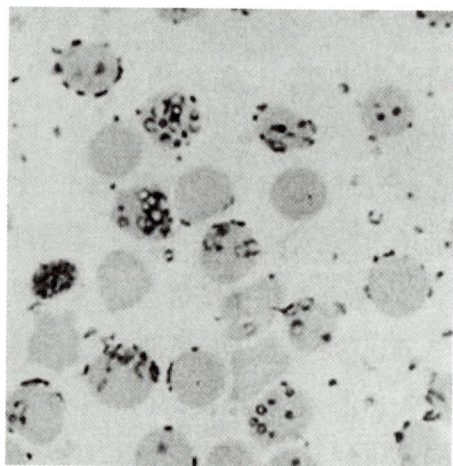

图 2-3-5　红细胞和散在血浆中的附红细胞体

（二）流行特点

病猪和带菌猪是本病的主要传染源。可通过吸血昆虫、蚊蝇以及被污染未经消毒的针头、手术器材、用具等传播,也可通过自然交配和人工授精进行传播。

本病无明显的季节性,一年四季均可发生,但以夏、秋季节多发。各种年龄、不同品种的猪都有易感性,但仔猪更易感,发病率和病死率均比成年猪高。饲养条件差、气候恶劣等是本病发病的诱因。饲养管理不良、天气剧变及其他疾病等应激因素易引起机体抵抗力下降,可使隐性感染猪发病,造成扩大传播或使病情加重。需特别注意的是,母猪感染该病后,可通过胎盘传染给下一代(垂直传播),其感染率高达 100%。

(三)临床症状

根据临床表现,可分为急性型和慢性型两种。

1. 急性型　初生仔猪感染后症状明显,主要表现高热,半小时后出现仔猪死亡,两天内全窝死亡。稍大的仔猪发病突然,不能站立,卧地不起,精神沉郁,食欲缺乏或废绝,体温高达 40 ℃以上;可视黏膜苍白,黄疸,耳尖放血稀薄,耳背出现紫红色斑块,指压不褪色;病程 1 日至数日死亡。急性病例的成年母猪感染后,主要呈现持续高热,体温可达 40~42 ℃,厌食,有时乳房和阴唇水肿,产仔后泌乳量减少,缺乏母性,产仔第三天后逐渐恢复自愈。

2. 慢性型　仔猪表现眼结膜苍白,耳尖冰凉;开始耳尖出现紫红色斑点,后连成片,经两天后出现 3~5 个黄豆到蚕豆大小的紫斑,上有糠麸状鳞屑,两耳逐渐发绀呈蓝紫色,耳尖及耳边变干,呈干性坏死皲裂;小便短赤,大便以腹泻与便秘交替出现。随着病情加剧,猪表现后肢无力,步态不稳,左右摇摆。1 周后,股内侧及后乳房出现大片的紫红色斑区,呈渐进性消瘦,最后衰竭死亡。母猪表现躯体衰弱,消瘦,贫血,可视黏膜苍白及黄疸,不发情或发情屡配不孕,如有其他疾病或营养不良,可使症状加重,甚至死亡。

(四)剖检病理变化

主要变化为贫血及黄疸,皮肤及黏膜苍白,血液稀薄,全身性黄疸;肝大,呈土黄色或黄棕色,肝小叶间结缔组织增生,胆囊肿大,为正常时的 1~3 倍,内充满脓性胆汁;脾大,边缘钝圆或不整齐,质地变软(图 2-3-6);有时可见淋巴结水肿,出血,切面外翻,有液体流出;胸腹腔及心包囊内积有大量液体。

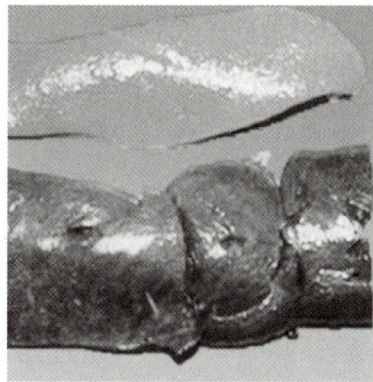

图 2-3-6　正常脾(上),
淤血肿大脾(下)

猪附红细胞
体病患猪剖
检病变图

(五)诊断

根据临床症状及病理变化,结合流行特点可作出初步诊断。确诊可耳静脉采血 1 滴于载玻片上,加等量盐水混匀,加盖玻片,在 400~600 倍暗视野显微镜下观察,可见虫体呈球形、逗点形、杆状或颗粒状,使红细胞成齿轮状或多角状。

（六）防治

1. 预防 本病目前尚无有效疫苗。防治本病主要采取一般性防疫措施,坚持自繁自养原则,尽量不从外地引入猪只,若必须引进时要严格检疫。平时要加强饲养管理和圈舍清洁卫生,经常消毒用具、饲槽等。消灭蚊蝇,并消除一切应激因素。驱除体外寄生虫,医疗器材要严格消毒。

2. 治疗

（1）新胂凡钠明（九一四）,每次每千克体重 15~45 mg,用 5% 葡萄糖注射液溶解,制成 5%~10% 注射液,缓慢静脉注射,一般在用药后 2~24 小时内,病原体可从血液中消失,3 天症状即可消除。此药单独制剂较少,可选用含有此药的复方制剂,效果更好。

（2）土霉素、四环素,日剂量为每千克体重 15~30 mg,分两次肌内注射,可连续使用;也可土霉素600 g/t饲料混喂,连用 2 周,停药 3 天,再连用 1 周。

（3）强力霉素（多西环素）每千克体重 0.1 g,内服,连用 3~5 天。

（4）血虫净（贝尼尔、三氮脒）每千克体重 7 mg,深部肌内注射或静注,每天 1 次,连用 2~3 天。

（5）氨基苯胂酸钠,病猪群 180 g/t 混料,连喂 1 周,以后改为半量,连用 1 月。

（6）中药 当归 100 g,黄芪 60 g,常山 100 g,苦参 70 g,青蒿 60 g,川芎 30 g,地榆 70 g,天花粉 30 g,研末,每猪 50~100 g,每天 1 次,连喂 5 天。

四、猪钩端螺旋体病

猪钩端螺旋体病简称钩体病,是由钩端螺旋体类微生物引起的一种人畜共患传染病,主要发生于猪、犬、牛、羊和马等动物。临床表现为发热、黄疸、血红蛋白尿、出血性素质、流产、皮肤和黏膜坏死、水肿等。本病世界各地都有发生,尤以热带和亚热带地区多发。我国南方部分地区较为严重。

（一）病原

本病病原为致病性钩端螺旋体,纤细,圆形,长短不一,中央有一根轴丝,螺旋从一端盘绕至另一端,整齐而细密,端部弯曲成钩状,无鞭毛,但运动活泼。钩端螺旋体对外界环境抵抗力较强,在湿土中长期存活,一般的水田、池塘、沼泽及淤泥中可生存数周至数月或更长。60℃、10 分钟可杀灭,适宜的 pH 7.0~7.6,超过此范围,过酸和过碱均很敏感。常见消毒剂的常用浓度易将之杀灭。对青霉素、链霉素均敏感。

（二）流行特点

本病几乎遍布世界各地,尤其是气候温暖、雨量较多的热带、亚热带地区的江河两岸,湖泊、沼泽、池塘和水田地带更多。钩端螺旋体的动物宿主非常广泛,几乎所有温血动物都是易感动物,其中鼠类是最重要的贮存宿主。各种畜禽都可感染,感染率较高的是猪、牛。鼠类终生带菌,为主要的自然疫源(图 2-3-7)。

图 2-3-7 猪钩端螺旋体病传播途径

本菌主要是通过皮肤、黏膜或经消化道食入而传染,也可通过交配和吸血昆虫叮咬而传播。本病一年四季都可发生,但以夏、秋季多发,而 7—9 月发病最多,特别在雨季河水泛滥时会造成大流行。不同地区常呈现不同的流行形式,我国南方多于北方,各种年龄的猪都可发病,但以仔猪较多。饲养管理不善或体衰时,常可促使本病的发生和流行。

(三)临床症状

潜伏期一般为 3~7 天,按临床表现可分为急性黄疸型、亚急性型和慢性型三种类型。

1. 急性黄疸型 主要发生于大猪和中猪,呈散发性,偶见暴发。病猪体温升高到 39.5~41 ℃,厌食或食欲废绝,皮肤干燥,1~2 日内全身皮肤和黏膜泛黄,尿浓茶样或血尿。常在几天内、甚至数小时内突然惊厥而死,病死率很高。

2. 亚急性型和慢性型 多发生于断奶前后至 30 kg 以下的小猪,呈地方流行或暴发。病初有不同程度的体温升高,眼结膜潮红(图 2-3-8),时有浆液性鼻液流出,吃食减少,精神缺乏。几天后眼结膜水肿、潮红、泛黄、苍白,上下颌、头部、颈部甚至全身水肿,指压凹陷,俗称"大头瘟"。尿液变黄,茶尿,血红蛋白尿,或血尿,气味腥臭。粪便有时干硬,有时腹泻。病猪逐渐消瘦无力或有皮肤损害,形成痂块,甚至发生坏死。病程由十几天至一个多月。病死率为 50%~90%。恢复的猪往往生长迟缓,有的成为"僵猪"。母猪妊娠后期发生流产,出现死胎、木乃伊胎、弱胎。

(四)剖检病理变化

可见皮肤、皮下组织、浆膜和黏膜有不同程度的黄疸、贫血和出血,胸腔和心包有黄色积液;心内膜、肠系膜、膀胱黏膜出血;肝大呈褐黄色或土黄色,胆囊肿大,存有淤血;慢性病例肝有散在的灰白色病灶(图 2-3-9)。

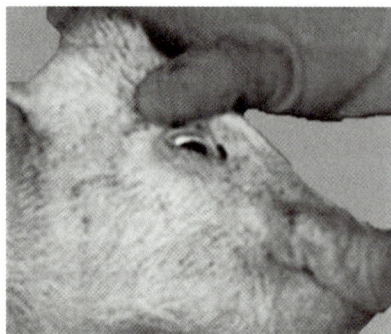

图 2-3-8 患猪颜面皮肤有出血斑点，
眼结膜黄染并有点状出血

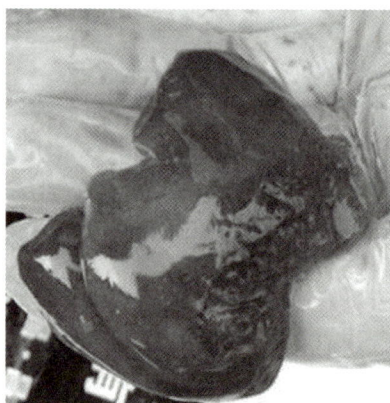

图 2-3-9 患猪肝表面灰白色病灶

（五）诊断

猪群中有短期发热,可视黏膜黄染,血红蛋白尿,皮肤、黏膜出血和坏死,怀孕母猪流产等,结合流行特点、剖检可作出初步诊断。确诊需结合微生物学和免疫学进行。

（六）防治

1. 预防 首先消灭自然疫源,开展好灭鼠工作。引进猪时要认真检疫,健康者方可购入。发现病猪应立即隔离治疗,同时用 10% 漂白粉、3% 来苏水、2% 苯酚等消毒被污染的饲料、圈舍及用具,清除污水、淤泥、积粪,加强饲养管理。及时用钩端螺旋体多价苗对猪做皮下或肌内注射,体重 15 kg 以下 3 mL、15~40 kg 则 5 mL、40 kg 以上 8~10 mL,进行紧急预防接种,一般在两周内能控制疫情。

2. 治疗 饲料中加入土霉素每千克体重 0.75~1.5 g,连喂 7 天;链霉素每千克体重 15~25 mg,肌内注射,每天 2 次,连用 3~5 天;或肌注青霉素、链霉素、四环素或土霉素等抗生素治疗,均有较好疗效。

任务实施

猪静脉采血及血清分离

◆ **任务描述**

某猪场出现大量不同年龄、性别的猪呼吸困难,咳喘。为了对该猪群所发疾病进行疑似猪流行性感冒、猪肺疫、猪气喘、猪传染性胸膜炎之一的确诊,计划对该猪群进行一次血清学检测,请同学们为该猪群进行前腔静脉采血及对所采血液进行血清分离。

◆ **人员组织、材料准备**

1. 人员组织 按照实际工作需要进行分组分工,责任到人。

2. 材料准备

(1)离心机、一次性注射器、试管及试管架、冰箱。

(2)工作记录笔、工作记录本(册)。

◆ **任务流程框图**

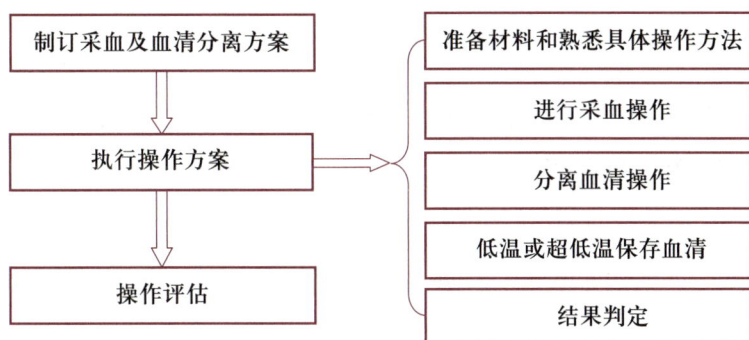

```
┌────────────────────┐        ┌──────────────────────────┐
│  制订采血及血清分离方案  │        │  准备材料和熟悉具体操作方法  │
└────────────────────┘        └──────────────────────────┘
          │                    ┌──────────────────────────┐
          ↓                    │      进行采血操作          │
┌────────────────────┐        └──────────────────────────┘
│    执行操作方案     │───────▶┌──────────────────────────┐
└────────────────────┘        │      分离血清操作          │
          │                    └──────────────────────────┘
          ↓                    ┌──────────────────────────┐
┌────────────────────┐        │    低温或超低温保存血清    │
│    操作评估        │        └──────────────────────────┘
└────────────────────┘        ┌──────────────────────────┐
                               │      结果判定              │
                               └──────────────────────────┘
```

◆ **实施步骤**

详见表 2-3-1。

表 2-3-1 猪静脉采血及血清分离工作任务实施指导表

序号	工作内容	工作指导
1	熟悉猪前腔静脉采血的方法及所需工具材料	组内各成员共同研讨猪前腔静脉采血操作要领,了解所需工具材料
2	制订采血及血清分离方案	根据采血及血清分离工作需要,对组内人员进行明确分工,有序参与各个环节的操作,明确各操作环节中的人员防护注意事项,并做好记录
3	进行猪前腔静脉采血	首先保定猪只。小猪由一名同学用手对其进行头低尾高的仰卧保定,由另一名同学将仔猪两前肢向后,贴于小猪胸部两侧;对大猪可用上颌保定法,使猪的头部尽量上提,然后采血。先用乙醇棉球对采血部位(猪胸骨柄两侧凹陷处)消毒处理,再用一次性注射器靠近胸骨柄,针尖略向猪体内侧扎进 $1 \sim 2$ cm(具体视猪只的肥瘦),有扎破书纸的感觉后,一边向外缓慢抽注射器,同时,向后抽注射器活塞,一旦有血液抽出就保持注射器的位置,继续抽血 $2 \sim 5$ mL,用干棉球压住抽血部位,抽出注射器,并及时将血液推入准备好的试管内静置
4	进行血清分离	将收集血液的试管静置于常温下 $10 \sim 20$ 分钟后,进行离心处理,$2\,000 \sim 3\,000$ 转/分、20 分钟,然后用吸管或一次性注射器吸取上清液(血清)
5	低温或超低温保存血清	将收集的血清样本编号,并置于冰箱中保存(当天送检的可置于 4℃ 的低温保存,隔天送检的需置于 -20℃,最好置于 -70℃ 下保存

◆ **注意事项**

（1）注意操作人员的安全防护。

（2）注意对猪只的安全及应激影响。

（3）各小组成员间协调有序，团结互助。

（4）完成工作后各组资料整理上交，用具设备清理归库。

任务反思

1. 猪气喘病主要症状、流行特点是什么？如何防治？

2. 猪静脉采血的注意事项有哪些？

项 目 小 结

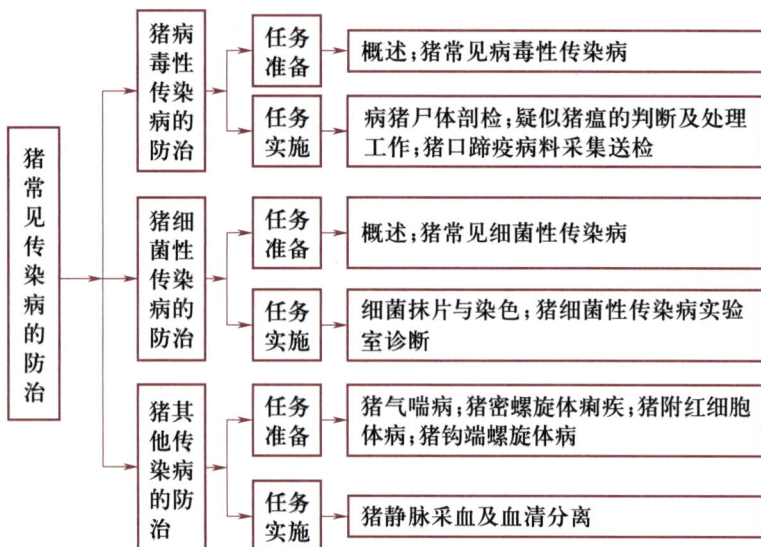

项 目 测 试

一、填空题

1. 引起猪发生猪瘟的病原是＿＿＿＿＿＿，它对＿＿＿%石灰乳消毒敏感。

2. 引起猪发生口蹄疫的病原是＿＿＿＿＿＿，它对＿＿＿%福尔马林消毒敏感。

3. 引起猪发生猪繁殖与呼吸综合征的病毒为＿＿＿＿＿＿病毒属，它对高温消毒敏感，

＿＿＿＿℃经 30～90 分钟，病毒完全失去感染力。

4. 引起猪发生猪细小病毒病的病原主要危害_____阶段的母猪,它对消毒药的抵抗力很强,2%的氢氧化钠溶液_____分钟才可杀死该病毒。

5. 引起猪发生圆环病毒病的病原是_____型圆环病毒,对外界环境抵抗力较强,70℃时可存活_____分钟消毒敏感。

6. 引起猪发生猪丹毒的病原是_____,它的敏感药物是_____。

7. 引起猪发生猪肺疫的病原是_____,它对阳光和_____消毒敏感。

8. 引起猪发生副伤寒的病原是_____,它对环境的抵抗力较强,一般用_____消毒法进行消毒较好。

9. 仔猪大肠杆菌病以_____和_____为特征。

10. 引起猪发生链球菌病的病原是_____,革兰染色呈_____。

二、单项选择题

1. 下列不是猪瘟的病理变化描述的是(　　)。

A. 皮肤、肾、膀胱等有大小不等的出血点　　　B. 脾不肿大

C. 回盲瓣周围有轮状纽扣状溃疡　　　D. 全身淋巴结呈大理石花纹样病变

2. 下列不是猪口蹄疫的临床表现的是(　　)。

A. 高热　　　B. 口腔黏膜有水疱

C. 蹄冠、蹄叉等局部发红或有水疱　　　D. "虎斑心"

3. 猪繁殖与呼吸综合征临床表现最明显的是(　　)。

A. 公猪　　　B. 母猪　　　C. 肥育猪　　　D. 仔猪

4. 猪圆环病毒病的主要感染途径是(　　)。

A. 消化道　　　B. 呼吸道　　　C. 生殖道　　　D. 泌尿道

5. 引起猪流感的病毒是(　　)。

A. 甲型流感病毒　　　B. 乙型流感病毒　　　C. 丙型流感病毒　　　D. 丁型流感病毒

6. 猪丹毒的易感猪群是(　　)。

A. 初生仔猪　　　B. 架子猪　　　C. 肥育猪　　　D. 母猪

7. 猪肺疫的临床表现以(　　)发生异常为主。

A. 呼吸　　　B. 消化　　　C. 繁殖　　　D. 神经

8. 猪副伤寒流行特点呈(　　)。

A. 散发型流行　　　B. 地方流行型　　　C. 流行型　　　D. 大流行型

9. 水肿病的病原是(　　)。

A. 巴氏杆菌　　　B. 沙门菌　　　C. 大肠杆菌　　　D. 链球菌

10. 病死率最高的链球菌病是(　　)。

A. 急性型　　　B. 脑膜炎型　　　C. 淋巴结脓肿型　　　D. 关节炎型

三、判断题

1. 猪瘟的易感动物只有猪。　　　　　　　　　　　　　　　　　　　（　　）

2. 口蹄疫的易感动物为偶蹄兽动物。　　　　　　　　　　　　　　　（　　）

3. 猪细小病毒病母猪子宫内膜有轻微炎症,胎盘有部分钙化,胎儿在子宫内有被溶解吸收的现象。　　　　　　　　　　　　　　　　　　　　　　　　　　　（　　）

4. 猪圆环病毒病的主要感染猪群是肥育猪。　　　　　　　　　　　　（　　）

5. 甲型 H_1N_1 流感病毒可感染猪,也可感染人。　　　　　　　　　　（　　）

6. 猪丹毒可感染人,引起类丹毒的发生。　　　　　　　　　　　　　（　　）

7. 引起猪肺疫的多杀性巴氏杆菌为革兰阳性菌。　　　　　　　　　　（　　）

8. 猪副伤寒和猪伤寒是由一种病原引起的消化系统疾病。　　　　　　（　　）

9. 仔猪黄痢、白痢、红痢都是由大肠杆菌引起的一类消化系统疾病。　（　　）

10. 猪布鲁菌病是人畜共患病。　　　　　　　　　　　　　　　　　　（　　）

四、简答题

1. 病毒的一般致病机制是什么?

2. 病毒性传染病的一般预防措施有哪些?

3. 细菌的一般致病机制是什么?

4. 细菌性传染病的一般防治措施有哪些?

五、综合分析题

一猪场猪只相继发病,并有部分仔猪、母猪死亡。母猪临床表现食欲缺乏或废食,嗜睡,发热,体温升高至 40~42 ℃,流产,早产,产死胎,胎儿木乃伊化,产弱仔和呼吸困难,死胎常有自溶、水肿表现,皮肤呈棕褐色。部分病猪口鼻、两耳、外阴、尾部及腹下等皮肤发绀。公猪表现食欲缺乏,发热,嗜睡,精神差,时有咳嗽、喷嚏等呼吸道症状,性欲减退。新生仔猪共济失调,呼吸困难,张口伸舌,流鼻液。请同学们通过临床表现,结合实验室诊断,对该发病猪群进行疾病分析,并提出相应的预防或治疗方案。

项目 *3*

猪常见寄生虫病的防治

随着畜牧业生产的不断发展,集约化养猪逐步取代一家一户的传统散养模式,猪病的出现及传播对养猪业的健康发展影响越来越大,人们对传染病的危害也就非常重视,但对寄生虫病造成的影响容易忽视。其实,寄生虫在猪体内通过机械损伤刺激组织器官,掠夺猪体营养,分泌毒素毒害猪体,严重影响猪的健康生长发育,也可直接引起猪只的死亡,并且,寄生虫也是一些传染病的传播者。为了防治猪体内外寄生虫疾病,必须摸清其感染特点及发病规律,才能制订出合理的防治措施。

寄生虫病,轻者多不表现临床症状,严重时才出现消瘦、贫血、营养不良和生长发育受阻等,有时在粪便中可见到虫体;确诊必须用病料(粪便)进行虫体或虫卵检查,或作尸体剖检,检查有无虫体或虫卵。

通过本项目的学习,以科学严谨的操作习惯,可以了解猪常见寄生虫病的传播途径,掌握猪线虫病、棘头虫病、囊虫病、弓形虫病、疥螨病和猪虱的预防措施和防治方法。

任务 3.1　猪 线 虫 病

任务目标

知识目标　1. 了解猪线虫病的病原。

2. 理解猪线虫病的流行特点。

3. 掌握常见猪线虫病的临床症状及剖检病理变化。

技能目标　1. 会运用临床诊断方法对常见猪线虫病进行诊断。

2. 会进行猪静脉采血及血清分离,以便病原实验室检测。

任务准备

一、猪蛔虫病

猪蛔虫病是猪蛔虫寄生于猪的小肠所引起的一种常见多发的线虫病,是仔猪的重要疾病之一。猪场卫生条件差,拥挤,饲料不足,猪只营养不良,特别是缺乏维生素或微量元素时,猪群感染率最高。据调查,我国猪只的感染率为 17% ~ 80%。仔猪常因感染蛔虫而生长发育不良,形成僵猪,甚至死亡。

(一) 病原

蛔虫成虫为黄白色或粉红色,呈圆柱形,光滑,是似蚯蚓形状的大型线虫。雄虫长 12 ~ 25 cm,尾端向腹部蜷曲;雌虫长 30 ~ 35 cm,后端直而不蜷曲(图 3-1-1)。

(二) 流行特点

猪蛔虫的发育无须中间宿主,虫卵随粪便排出,在适宜的条件下,经 3 周发育成具有感染性的虫卵。虫卵随饲料或饮水被猪吞食感染,同时昆虫,尘土,被污染的食槽、用具及母猪乳头等都可引起间接感染。虫卵进入消化道,逸出的幼虫钻入小肠壁,随血流入肝,经右心至肺,再由肺毛细血管进入肺泡,沿支气管至咽喉,咽下后到小肠发育成成虫。此间一般需 2 ~ 2.5 个月。成虫的寿命,在小肠一般可生存 7 ~ 10 个月(图 3-1-2)。

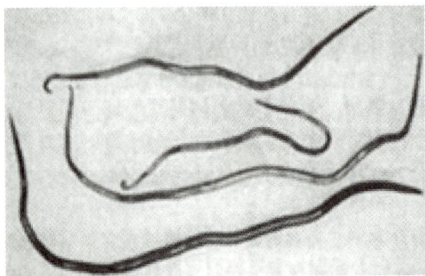

图 3-1-1   猪蛔虫

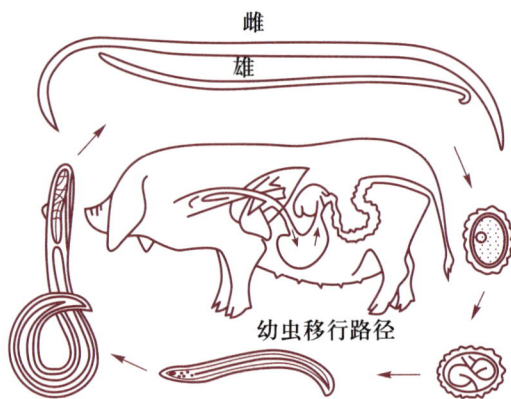

图 3-1-2   猪蛔虫发育史

猪蛔虫病流行很广。虫卵的抵抗力很强,耐冷冻、干燥。如在 -30℃ 还可存活几分钟。在外界环境中可保持生命力几个月至 5 年之久。

猪蛔虫除寄生于家猪外,也可寄生于野猪,其幼虫可以寄生于松鼠、豚鼠、家鼠、兔、牛、羊和人的肺,但不能发育为成虫。

(三) 症状

成年猪抵抗力较强,一般无明显症状表现,但对仔猪危害严重。幼虫侵袭猪肺引起蛔虫性肺炎时,主要表现体温升高、咳嗽、气喘、食欲减退及精神倦怠、喜卧、不愿行走等。在成虫寄生阶段的初期,可能出现异食癖现象。少数病例可出现兴奋、痉挛、角弓反张等神经症状。随着病情的发展,逐渐出现食欲减退、发育不良、被毛粗乱、消瘦、轻微腹泻、腹痛、贫血等症状,最终成为僵猪。严重者造成蛔虫阻塞肠道(图 3-1-3),或肠穿孔、肠破裂而死亡;也会阻塞胆道(图 3-1-4),严重者可在肺、肝出现大量坏死结节(图 3-1-5)。

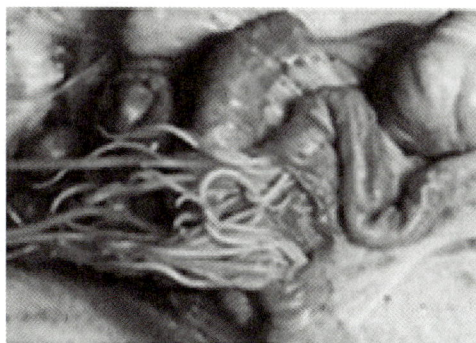

图 3-1-3　空肠段大量蛔虫

图 3-1-4　胆道蛔虫

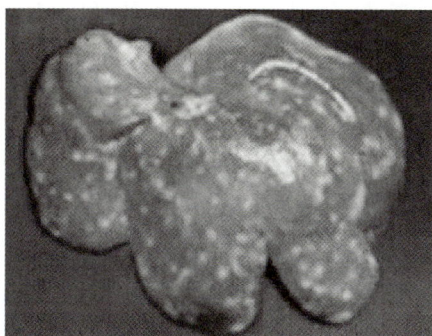

图 3-1-5　肝表面大量坏死结节

猪蛔虫病患
猪症状图

（四）诊断

幼猪体型消瘦、发育不良时就可怀疑为此病。确诊时常用漂浮法或直接涂片法。对 1 月龄以上的猪只作粪便虫卵检查,显微镜下蛔虫受精卵呈黄褐色短椭圆形,卵壳较厚,外膜呈凸凹不平的波浪状(蛋白质膜),卵内含有一个未分裂的卵细胞。卵细胞与卵壳之间的两端形成新月形空隙,卵内容物为很多油滴状卵黄颗粒和空气。未受精卵卵壳外膜较薄且不规整,呈透明状。尸检时在肠道中可见虫体,少则几条,多则上百条,可确诊此病。

（五）防治

1. 猪蛔虫病的预防　做好定期消毒工作。猪舍要保持干燥,猪只不要拥挤。平时注意饲料、饮水与环境的卫生,粪便要堆积发酵。必要时,可用新鲜石灰水进行环境消毒。对易感猪群,每年进行 2 次检查及驱虫工作。对生产母猪应选择空胎期进行驱虫。在药物驱虫期间,要防止排出的虫体与虫卵的散布。对投药后 3~5 日内逐日排出的粪便应集中后进行发酵处理。

2. 猪蛔虫病的治疗

（1）左旋咪唑每千克体重 8~10 mg，混入饲料中一次喂服，或肌注每千克体重 5~6 mg。

（2）阿苯达唑（丙硫咪唑）每千克体重 5~20 mg，拌料喂服。

（3）伊维菌素每千克体重 0.3 mg，皮下注射。

（4）川楝树根皮（鲜）15 g，去掉外层老皮，水煎去渣加红糖（也可以不加）适量，空腹服用。

驱线虫药经过几年使用后，虫体多产生抗药性。为了加强驱虫药药效，应尽可能选用复方驱虫剂，并经常更换药品。

二、猪肺丝虫病

猪肺丝虫病是由猪后圆线虫引起的。成虫寄生于猪的气管内，大多在肺的膈叶边缘。猪感染率一般为 20%~30%，高的可达 50.4%。本病主要侵害仔猪、幼猪，引起支气管炎和肺炎，往往呈地方性流行，可造成较多病猪死亡，耐过的猪生长发育受阻。本病亦偶见于羊、牛，人体也可感染。

（一）病原

猪后圆线虫成虫虫体呈乳白色，丝状细长，雄虫长 12~26 mm，雌虫长 20~51 mm（图 3-1-6）。雌虫在猪的小支气管内产卵，卵随气管分泌物带出，经吞咽后随粪便排出体外。

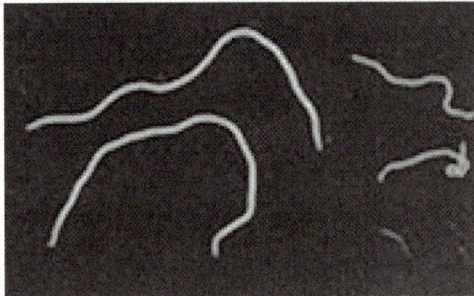

图 3-1-6　猪后圆线虫成虫

猪后圆线虫发育史：虫卵在粪便中可生存 6~8 个月，在蚯蚓体内的幼虫能生存半年或更长时间，温暖、多雨、潮湿季节，土地肥沃、粪便污秽不堪的地方适于蚯蚓滋生和频繁活动，因而本病也较多发生。猪后圆线虫的感染寄生，易使猪并发猪肺疫和气喘病，猪后圆线虫的幼虫体内可保存和传播猪流感及猪丹毒病毒，所以，对养猪业危害较大（图 3-1-7）。

（二）流行特点

虫卵随猪粪便排出，在潮湿的土壤中孵化成幼虫，虫卵或幼虫被蚯蚓吞食，在蚯蚓体内经 10~20 天发育为感染性幼虫。猪采食或拱土时食入蚯蚓而受感染。蚯蚓在猪消化道内被消化，幼虫逸出，由猪肠壁进入肠系膜淋巴结，经血液和淋巴循环到肺，最后到达支气管发育成成虫。自猪吞食蚯蚓到发育成成虫需 25~35 天。

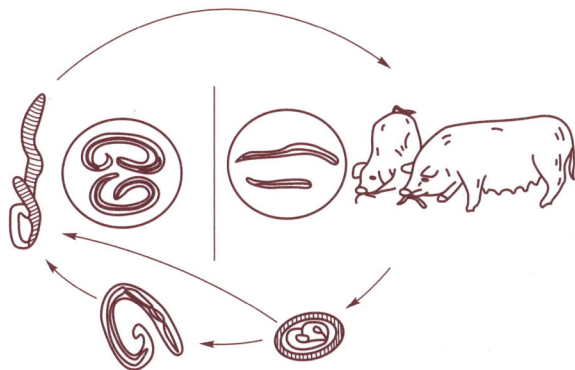

图 3-1-7　猪后圆线虫发育史

猪肺丝虫病
患猪症状图

（三）症状

猪只轻度感染时,没有症状或症状不明显;严重感染时,呈阵发性咳嗽,鼻流浓厚黄色黏液,呼吸急促,肺部听诊有啰音,如有其他病原微生物感染合并发生时,病死率较高。病程长者形成僵猪。有的呕吐、腹泻,胸下、四肢和眼睑水肿,眼结膜苍白,食欲减退,体重减轻;有的由于虫体堵塞气管,常窒息而死。剖检肺常有充血、出血、肿胀病变,肺切面有猪后圆线虫的成虫。

（四）诊断

当仔猪有经常性咳嗽时可怀疑为本病,确诊时常用漂浮法,收集虫卵在显微镜下进行检查,猪后圆线虫虫卵呈短椭圆形,淡黄白色,卵壳较厚,表面凹凸不平,卵内含有已发育成形的幼虫;粪便中检查可见虫卵。剖检可发现虫体,在肺尖叶、膈叶边缘常见到局限性肺气肿,呈灰白色;支气管增厚、扩张。若与病原微生物混合感染诱发支气管炎时,病变则更加复杂。

（五）防治

1. 预防　在本病流行地区,放牧的最好改用舍饲。猪舍、运动场保持清洁卫生,定期消毒。粪便应发酵处理,对流行地区定期进行预防性驱虫。有条件的猪场、猪圈及运动场应铺一层小石子或水泥,防止猪吃到蚯蚓。

2. 治疗

（1）伊维菌素每千克体重 0.3 mg,皮下注射。

（2）氰乙酰肼每千克体重 17 mg,溶于水中喂服;也可注射,将其稀释成 10% 溶液,每千克体重 15 mg,肌内注射。

任务实施

猪寄生虫病的检测

◆ 任务描述

某猪场现有 1 000 头存栏育肥猪,为提高饲料有效利用率,减少因寄生虫病的影响而引起猪只生长发育受阻,以及诱发其他疾病,猪场要求做一次猪群寄生虫病状况的诊断与调查。请同学们帮助该猪场技术人员做实验室诊断,完成猪群寄生虫携带状况的调查。

◆ **人员组织、材料准备**

1. 人员组织　按照实际工作需要进行分组分工,责任到人。

2. 材料准备

(1)猪群新鲜粪便。

(2)40%饱和食盐水、甘油、蒸馏水。

(3)烧杯、量杯、漏斗、青霉素空瓶、载玻片,金属网、镊子、显微镜、刀、剪等。

(4)工作记录笔、工作记录本(册)。

◆ **任务流程框图**

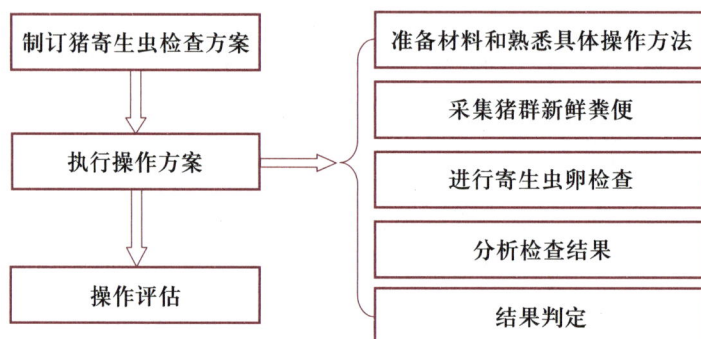

```
┌──────────────────┐        ┌────────────────────────┐
│ 制订猪寄生虫检查方案 │        │ 准备材料和熟悉具体操作方法 │
└────────┬─────────┘        └────────────────────────┘
         │                  ┌────────────────────────┐
         ▼                  │    采集猪群新鲜粪便     │
┌──────────────────┐        └────────────────────────┘
│   执行操作方案    │───────▶┌────────────────────────┐
└────────┬─────────┘        │    进行寄生虫卵检查     │
         │                  └────────────────────────┘
         ▼                  ┌────────────────────────┐
┌──────────────────┐        │     分析检查结果       │
│    操作评估       │        └────────────────────────┘
└──────────────────┘        ┌────────────────────────┐
                            │      结果判定          │
                            └────────────────────────┘
```

◆ **实施步骤**

详见表 3-1-1。

表 3-1-1　猪寄生虫病检测任务实施指导表

序号	任务分解	工作内容
1	熟悉猪寄生虫卵检查的方法及所需工具材料	组内各成员共同研讨猪寄生虫病的实验室诊断方法及操作要领
2	制订猪群寄生虫卵检查方案	根据诊断工作需要,对组内人员进行明确分工,有序参与各个环节的操作,明确各操作环节中的人员防护注意事项,并做好记录
3	采集猪新鲜粪便样本	对猪群进行各舍总体随机抽样,采集早上新排出的粪便;用一次性竹签取粪便中部粪样 1~2 g,置于干净小塑料袋内,并编号
4	检查猪群是否有寄生虫卵	用直接涂片法:在载玻片的中央滴一滴甘油水溶液(甘油与等量水的混合液,如无甘油也可用生理盐水或清水代替),再用火柴杆或细玻璃棒挑取粪便少许,混合在甘油水中,然后将混合液中粗硬的粪渣挑出,把混合液在玻片上涂成薄层,放在显微镜下观察。此方法操作方便,当病猪疑似感染吸虫或绦虫时,可选用此法

序号	任务分解	工作内容
4	检查猪群是否有寄生虫卵	用沉淀浓集法:取粪便约 5 g 置于玻璃杯内,加 10 倍量的水混合,仔细搅拌,并通过两层纱布或金属筛子滤入另一清洁玻璃杯内(最好是尖底量杯),将滤液静置 10~15 分钟后,将上层液体全部倒掉;在沉渣内另加入清水搅拌,再静置 10~15 分钟,如此反复冲洗,直到上层液体透明为止;倒掉最后一次液体后,用毛细吸管吸取沉渣置于载玻片上,在显微镜下观察。因虫卵比水重,通过搅拌,大部分虫卵会集中在杯底,更便于观察。此方法主要用于检查吸虫卵和棘头虫卵
		用漂浮法:取青霉素空瓶 1 只,倒入饱和盐水 3 mL,将被检粪便 1 g 放入其中,用镊子充分搅动,使之乳化,除去粪便中的粗纤维,再用滴管滴入饱和食盐水至瓶口,使液面稍突出于瓶口,用直径 0.3~0.8 cm 的金属圈水平接触液面,提出液膜后置于载玻片上,加盖玻片镜检。因虫卵比饱和食盐水轻,故而浮于液面,而且虫卵集中,便于镜下观察。此方法主要用于检查某些绦虫卵和球虫卵囊
5	结果分析	根据寄生虫卵检查结果,对猪群寄生虫状况进行分析,形成检查报告

◆ 猪常见寄生虫卵形态描述

1. 猪蛔虫卵检查 常用漂浮法或直接涂片法。受精卵呈**黄褐色**短椭圆形,卵壳较厚,外膜呈凸凹不平的波浪状(蛋白质膜),卵内含有一个未分裂的卵细胞。卵细胞与卵壳之间的两端形成新月形空隙,卵内容物为很多油滴状卵黄颗粒和空气。未受精卵卵壳外膜较薄又不规整,呈透明状(图 3-1-8)。

2. 猪后圆线虫虫卵检查 常用漂浮法。虫卵呈短椭圆形,**淡黄白色**,卵壳较厚,表面凹凸不平,卵内含有已发育成形的幼虫。

3. 猪巨吻棘头虫卵检查 常用直接涂片法或沉淀浓集法。虫卵呈**暗棕色**椭圆形,卵壳较厚,表面有不规则的斑点状小窝,卵内含有具小钩的棘头蚴(图 3-1-9)。

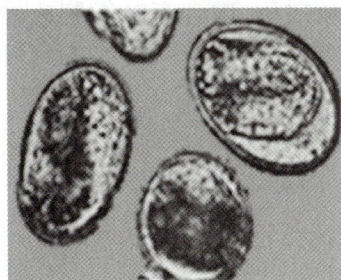

图 3-1-8 猪蛔虫卵　　图 3-1-9 棘头虫卵

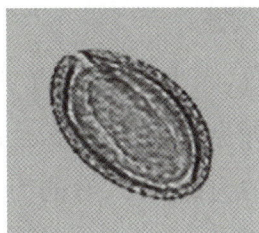

4. 猪囊虫检查 尸检常在心肌、舌肌、四肢及颈部肌肉中发现囊虫幼虫,呈圆形、椭圆形或大豆形,乳白色半透明的水泡状,囊壁为单层,囊内充满透明的液体,囊壁上有一高粱米粒大的

白色头节,俗称"豆猪""米猪"(图 3-1-10)。

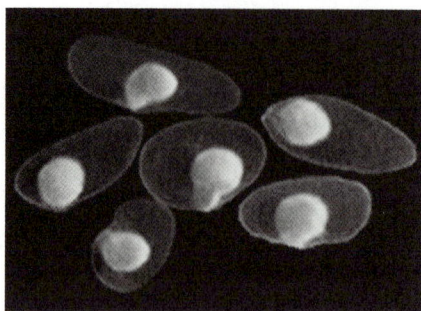

图 3-1-10　猪囊虫

5. 弓形虫检查　在急性病例的腹水中和有核细胞的胞浆里,用淋巴结穿刺液涂片,或死后取肺或淋巴结作触片,用姬姆萨染色后观察其滋养体,呈半月形、香蕉状,或梭形、梨形和椭圆形,一端稍尖,一端稍钝,核位于中央或稍偏于钝端;新鲜虫体透明,多存在于细胞内,也可游离在细胞外液体中;胞浆呈浅蓝色,有颗粒,核呈深蓝色,偏于钝圆一端(图 3-1-11)。

图 3-1-11　弓形虫

A. 卵囊　B. 滋养体　C. 假包囊　D. 包囊

6. 疥螨虫检查　在病猪的患部皮肤与健康皮肤交界处,先刮下表层痂皮,再用力刮至稍微出血为止,收集湿润的皮屑,涂布于载玻片上,滴加液状石蜡或 50%甘油水溶液,观察活螨。活螨呈圆形或龟形,暗灰色,背面隆起,头、胸、腹融合在一起,前端有口器,腹面有 4 对足,幼虫 3 对足,幼虫与成虫相似。虫卵呈卵圆形,两端较钝,透明灰白色,内含有胚细胞或幼虫(图 3-1-12)。

7. 易与虫卵混淆的物质

(1)气泡　圆形无色,大小不一,折光性强,内部无胚胎结构。

(2)花粉颗粒　无卵壳结构,表面常呈网状,内部无胚胎结构。

(3)植物细胞　有的为螺旋形,有的为小型双层环状物,均有明显的细胞壁。

除此外还可见其他物质。

◆ **注意事项**

(1)检验药液必须按比例配准确;显微镜观察要耐心细致,同种样本一般需镜检 2~3 块载玻片。

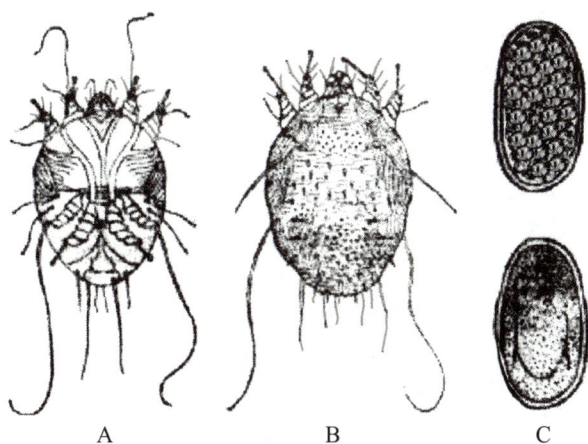

图 3-1-12　猪疥螨虫

A. 雄虫腹面　B. 雌虫背面　C. 螨卵

（2）仔细区分虫卵的种类，区分虫卵与粪中的杂质，不要将类似虫卵的淀粉粒、植物细胞植物寄生虫卵等误认为是猪寄生虫的虫卵（图 3-1-13）。

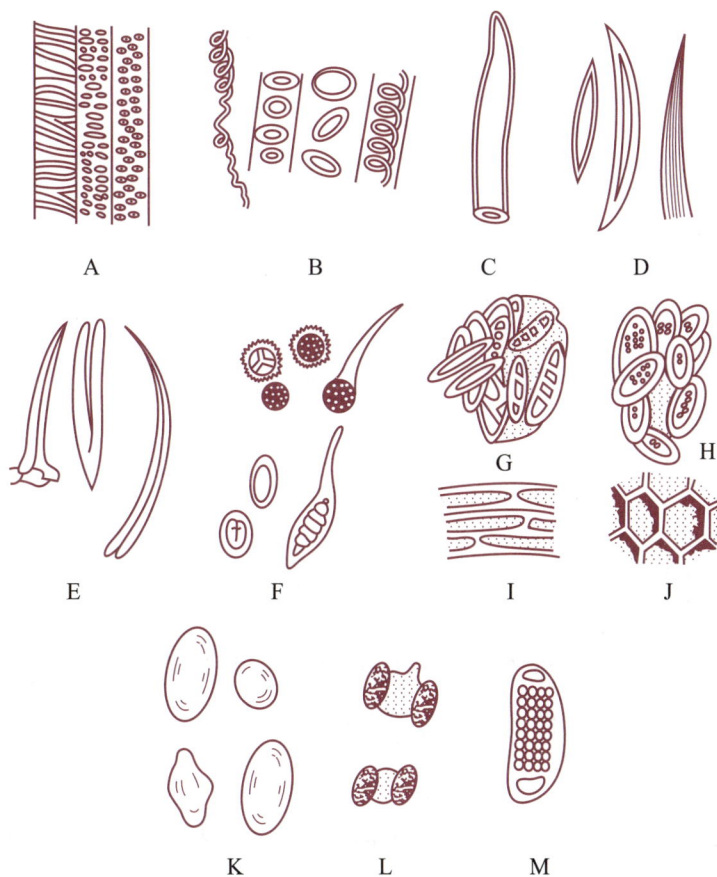

图 3-1-13　猪粪中常见的其他物质

A—J. 植物细胞和孢子（A. 植物导管　B. 螺纹和环纹　C. 管胞　D. 植物纤维

E. 小麦颖毛　F. 真菌孢子　G. 谷壳的一部分　H. 稻米胚乳　I.J. 植物细胞）　K. 淀粉粒

L. 花粉粒　M. 植物寄生虫中的一种虫卵

（3）注意操作人员的安全防护。

（4）操作完毕，注意双手消毒。

（5）各小组成员间协调有序，团结互助。

（6）完成工作后各组资料整理上交，用具设备清理归库。

任务反思

1. 猪常见线虫病有哪些？它们的传播途径有哪些？

2. 检查猪寄生虫卵的方法和注意事项有哪些？

任务 3.2　猪其他寄生虫病

任务目标

知识目标　1. 了解猪其他寄生虫病的病原。

　　　　　2. 理解猪其他寄生虫病的流行特点。

　　　　　3. 掌握猪常见的其他寄生虫病的临床症状及剖检病理变化。

技能目标　1. 会运用临床诊断方法对猪常见其他寄生虫病病例进行诊断。

　　　　　2. 会进行猪静脉采血及血清分离，进行实验室检测。

任务准备

一、猪棘头虫病

猪棘头虫病是由猪巨吻棘头虫寄生在猪的小肠内引起出血性炎症的寄生虫病。此病在有些地区的危害大于猪蛔虫病。有时人、狗也可能感染。

（一）病原

虫体呈灰白色或粉红色（图 3-2-1），前端稍粗大，后端较细，有明显的环状纹，在头端的吻突上有向后弯曲的钩（图 3-2-2）。雄虫长 7~15 cm，雌虫长 30~68 cm。

（二）流行特点

虫卵随粪便排出体外，如果被金龟子、天牛等甲虫类的幼虫（中间宿主）吞食，就在其体内发育为侵袭性幼虫，当猪吃了这种甲虫后就被感染。猪从吞食了棘头虫的侵袭性幼虫到幼虫发育为成虫需 71~110 天。成虫在猪体内寄生的时间为 1~2 年（图 3-2-3）。成虫产的卵抵抗力很强，能耐受寒冷、干燥，在外界能存活数年之久。

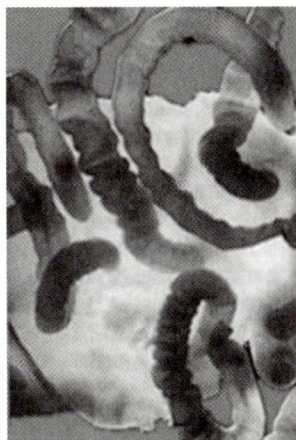

图 3-2-1　灰白色棘头虫

图 3-2-2　棘头虫头部吻突及小钩

（三）症状

小猪感染最严重，症状也特别明显。当严重感染时，第三天就出现食欲减退、粪便中带有血液、下痢及腹痛等。病猪一般消瘦，生长发育迟缓。有的猪因虫体代谢产物中毒，出现惊叫、肌肉震颤、癫痫等神经症状。如果由于棘头虫扎入小肠而导致肠穿孔，发生腹膜炎（图 3-2-4），则体温上升，病猪最后死亡。

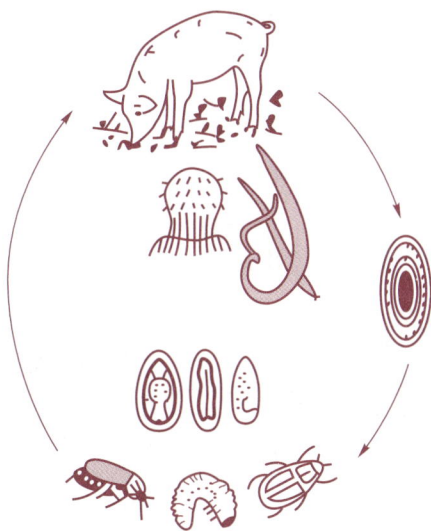

图 3-2-3　棘头虫的传播路径示意图

图 3-2-4　棘头虫头部扎入小肠黏膜

（四）诊断

临床症状可作参考。确诊时，常用直接涂片法或沉淀浓集法。收集虫卵进行镜检，虫卵呈暗棕色椭圆形，卵壳较厚，表面有不规则的斑点状小窝，卵内含有具小钩的棘头蚴；或病猪剖检时发现虫体。

（五）防治

1. 预防 病猪粪便进行堆积发酵处理，加强环境卫生管理，严格控制猪粪对土壤的污染。有棘头虫分布的地区不宜放养。

2. 治疗 丙硫苯咪唑每千克体重 80~110 mg，口服；或硝硫氰醚每千克体重 80 mg，口服，每天 1 次，连用 3 天。

二、猪囊虫病

猪囊虫病是由人的有钩绦虫的幼虫（猪囊尾蚴）寄生于猪的肌肉及心、脑、眼等器官中引起，是一种危害严重的人畜共患寄生虫病。

（一）病原

有钩绦虫成虫长 3~8 m，头部有吸盘和顶突小钩（图 3-2-5）。幼虫呈长圆形、白色半透明的水泡状，长 5~10 mm，囊内充满透明的液体。从囊外面看，是一个白色如高粱米粒大的头节小点。

（二）流行特点

人是有钩绦虫唯一的终末宿主。有钩绦虫寄生在人的小肠内，虫体呈扁平带状，黄白色，它的孕卵体节陆续从虫体上脱落，随粪便排出体外。虫卵被猪吞食后，在消化液的作用下，六钩蚴逸出，钻进肠壁后进入血液，再分布到全身肌肉中，经过 2~4 个月后形成包囊。人如果吃了生的或没有煮熟的含有囊尾蚴的猪肉后，会感染有钩绦虫（图 3-2-6）。

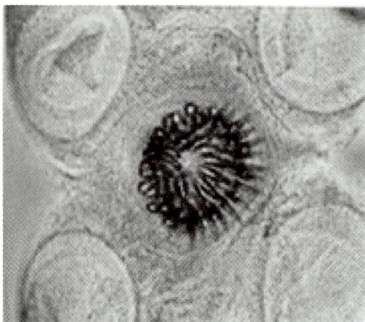

图 3-2-5 有钩绦虫吸盘和
顶突小钩

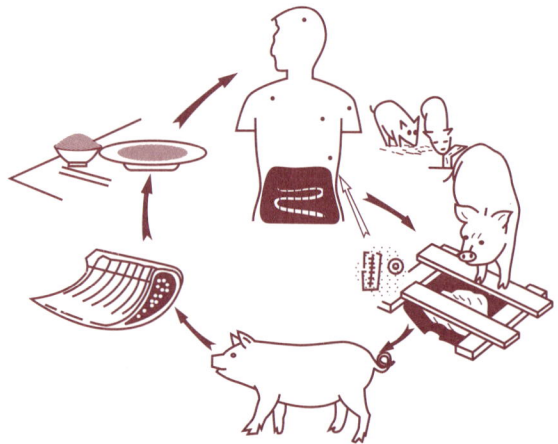

图 3-2-6 猪囊虫病的传播示意图

（三）症状

有钩绦虫少量寄生于猪体时，症状不显著；严重感染时，病猪发育不良、生长受阻、贫血、水肿等。如果虫体寄生于猪的四肢肌肉，则造成血液循环障碍，运动失调；寄生于喉头、肺部，则出现呼吸困难，声音嘶哑与吞咽困难；寄生于眼内，可使视觉障碍；寄生于大脑（图 3-2-7），则见神经症状,有时突然死亡。

(四)诊断

生前诊断很困难。如果发现猪体成"狮体状",即肩胛部宽大、尖屁股、头大尾宽、腰部窄,再有眼球突出、迟钝、行走似"酒醉状"、睡觉时经常伴有打呼噜,则要怀疑此病。尸体剖检时,在肌肉特别是心肌、舌肌、四肢及颈部肌肉中发现的囊尾蚴呈圆形、椭圆形或大豆形,乳白色半透明水泡状,囊壁为单层,囊内充满透明的液体,囊壁上有一高粱米粒大的白色头节,俗称"豆猪""米猪"(图 3-2-8),则可以确诊。

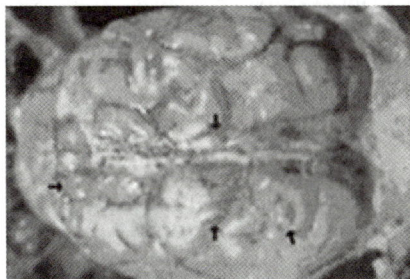

图 3-2-7 脑内囊尾蚴

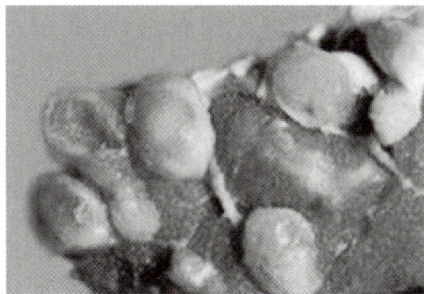

图 3-2-8 "豆猪"肉

(五)防治

1. 预防 避免猪吃人粪便,人粪要经过发酵处理后再作肥料;加强屠宰检疫,禁止出售带有囊尾蚴的猪肉;对有成虫寄生的病人要进行治疗,以杜绝病原的传播;感染严重地区可用国外引进的 Q_{83} 虫苗免疫接种,保护率达 84% ~ 100%。也有用囊尾蚴匀浆作抗原对猪接种的,可获长期免疫,但此法不提倡。

2. 治疗 感染后用吡喹酮每千克体重 200 mg,一次内服;或阿苯达唑每千克体重 30 mg,一次口服进行治疗。

三、猪弓形虫病

猪弓形虫病是由弓形虫(弓形体)寄生于人和多种动物体内引起的人畜共患原虫病。弓形虫为细胞内寄生虫,终末宿主是猫,中间宿主包括哺乳动物、鸟类和冷血动物。本病可在猪场突然暴发,发病急,流行快,病死率高。近年来,猪弓形虫病的危害十分严重,血清学阳性率达到 10% ~ 40%,不仅严重危害养猪业,也影响人类的健康。

(一)病原

弓形虫在中间宿主体内有滋养体和包囊两种形态,在终末宿主体内有裂殖体、配子体和卵囊三种形态。

1. 滋养体 常用病料作瑞氏染色法染色,镜检可见到卵呈圆形,有较厚的囊膜,囊内充满许多香蕉状滋养体(图 3-2-9)。多见于急性感染期的细胞内外。

2. 包囊 是弓形虫抵抗猪体免疫作用的一种结构形式,感染猪体的弓形虫速殖子在猪体免疫作用下,转为缓殖子,形成包囊,寄生于猪脑、骨骼肌和视网膜等处。多见于慢性病例或无症状病例。

3. 裂殖体　存在于猫的肠绒毛上皮细胞内,成熟时呈圆形,内有 10~15 个香蕉状的裂殖子。

4. 配子体　雄性配子体呈圆形,成熟后形成多个新月芽形,具有 2 条鞭毛;雌配子体呈球形,无运动性。仅在猫的小肠黏膜上皮细胞内出现。

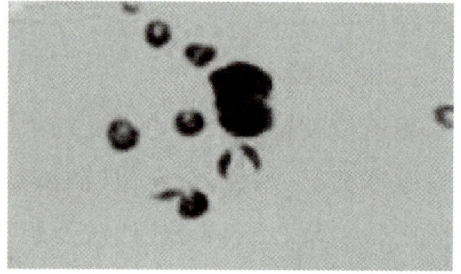

图 3-2-9　两个香蕉状的滋养体

5. 卵囊　在猫粪内可检查到,呈卵圆形。成熟的卵囊内含有两个孢子囊,每个孢子囊内含有 4 个长形弯曲的子孢子。

（二）流行特点

卵囊随猫的粪便排出体外,在适宜的条件下经 2~4 天发育成感染性的卵囊,人和猪等动物因摄入被卵囊污染的食物、饲料、饮水等而感染。卵囊中的子孢子从猪肠道逸出,钻入肠黏膜,随血流侵入细胞内,主要侵入小肠绒毛上皮细胞内进行裂殖生殖,破坏上皮细胞后裂殖体逸出,再侵入新的上皮细胞内重复上述过程。

在猪弓形虫病的传播上,除卵囊外,包囊也是中间宿主(人、家畜、禽和鼠)间互相传播的主要媒介。人食入未煮熟的含有包囊的肉类即可感染(图 3-2-10),猪等动物也存在这种情况。

图 3-2-10　弓形虫的传播途径示意图

弓形虫病在温暖和潮湿的地区最为普遍。感染途径除经消化道外,经眼、鼻、呼吸道、皮肤、胎盘、奶头、唾液、精液,以及食物中的蛋、蔬菜均可造成感染。此外,昆虫也可传播。

（三）症状

弓形虫病多见于 3 月龄的仔猪,6 月龄以上的猪也有发病。临床表现类似猪丹毒,急性病例体温高达 40~42 ℃,食欲减退或废绝,下痢或便秘;体表淋巴结肿大,皮肤出现红色紫斑,流鼻液,咳嗽,呼吸困难,步态不稳,起立困难。成年猪多见便秘,稍后出现呼吸困难,有水样或黏液性鼻液;腹股沟淋巴结肿大,后肢软弱;末期耳端、吻突、四肢下部及腹下部出现紫红色淤斑。散发的病例病程延长,病状发展亦较缓和,可出现神经症状,如昏睡或痉挛等;有的耳郭末端出现干性坏死。母猪易发生流产或产下死胎、弱胎。母猪患弓形虫病,还可通过胎盘、子宫、产道及初乳传染给胎儿、仔猪。剖检肺淤血肿胀,散在性出血(图 3-2-11);淋巴结肿大,出血,切面有灰白色坏死灶(图 3-2-12)。

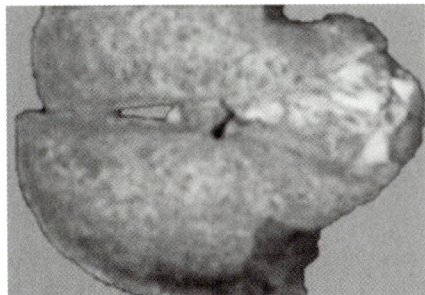

图 3-2-11 肺淤血肿大

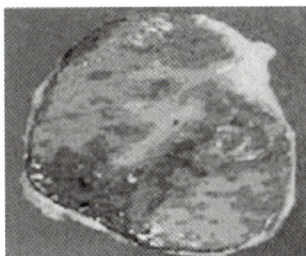

图 3-2-12 淋巴结淤血,切面有灰白色坏死灶

猪弓形虫病
患猪症状图

(四)诊断

根据临床症状、剖检变化和实验室诊断可以确诊。或用 ELISA 检测试剂盒快速检测。临床诊断应注意与慢性猪丹毒、猪繁殖与呼吸综合征相区别。猪弓形虫检查的具体方法如下:在急性病例的腹水中和有核细胞的胞浆里,用淋巴结穿刺液涂片,或死后取肺或淋巴结作触片,用姬姆萨染色后可观察到其滋养体呈半月形、香蕉状,或梭形、梨形和椭圆形,一端稍尖,一端稍钝,核位于中央或稍偏于钝端。新鲜虫体透明,多存在于细胞内,也可游离在细胞外液体中。胞浆呈浅蓝色,有颗粒,核呈深蓝色,偏于钝圆一端。

(五)防治

1. 预防 畜舍应经常保持清洁,定期消毒。猪舍禁养猫和狗,消灭老鼠。发现病猪应隔离治疗,对尚未发病的猪只,用磺胺类药物早期防治效果较好。如用药较晚,临床症状虽然消失,但不能抑杀虫体,使虫体进入组织形成包囊,从而使病猪成为带虫者。

2. 治疗 用磺胺-6-甲氧嘧啶肌内注射,每千克体重 60~100 mg,第二天用半量,连用 3~5 天进行治疗;或配合使用甲氧苄啶或二甲氧苄啶每千克体重 14 mg,每天 2 次口服,连用 3~5 天,治疗效果更好。

四、猪疥螨病

猪疥螨病是由疥螨虫所引起的一种慢性皮肤寄生虫病,大小猪只均能感染,5 月龄以下小猪最易发生。传染途径主要因健康猪与病猪相互接触,或是使用了病猪舍及病猪使用过的用具而感染。

（一）病原

猪疥螨虫是一种小寄生虫，色灰白或带黄色，肉眼不易看到。雌虫 0.34~0.51 mm，雄虫 0.23~0.34 mm。

（二）流行特点

成虫在病猪患部皮肤表皮深层咬凿隧道，采食组织及淋巴液，一个雌虫每天产卵 1~2 个。卵经 3~4 天孵化为幼虫，再经 2~3 天后变成稚虫，稚虫经 3~4 天后一部分变成雄虫，一部分变成雌虫。雌虫经交配，3~4 天后即产卵。从卵到成虫整个发育期约需 15 天，成虫的生命期 4~6 周。疥螨在秋季、冬季蔓延较广，特别是阴暗、潮湿的环境里，疥螨虫较易在猪体上繁殖。幼猪易受疥螨侵害，发病较严重，随年龄增长，抗螨力也随之增加，1—3.5 月龄仔猪检查阳性率为 80%。

（三）症状

病变主要发生在皮肤细薄、体毛短小的头、颈、肩胛等部位。大多先发生在头部，特别是眼睛周围，严重时不但可蔓延至腹部或四肢，甚至可蔓延全身。

病初期，由于螨虫吸附皮肤，患部发红而表现奇痒，经常在墙角、柱栏等粗糙处摩擦或用肢蹄搔痒，这是本病的特征。数日后，患部皮肤上出现针头大小的小结，随后形成水疱或脓疱。破溃后，由于渗出液淤结形成韧硬痂皮，体毛脱落，皮肤粗糙肥厚或成皱褶（图 3-2-13）。病情严重时，可出现皮肤枯裂、食欲减退、精神委顿、逐渐衰弱、发育停滞、消瘦、贫血等全身症状，继发其他疾病，可引起死亡。

图 3-2-13 患部皮肤增厚、
粗糙，形成痂皮

（四）诊断

除临床症状观察外，对可疑病猪经实验室检查，发现病原体才能获得确诊。具体检查方法如下：

在病猪的患部皮肤与健康皮肤交界处，先刮下表层痂皮，再用力刮至稍微出血为止，然后收集湿润的皮屑，涂布于载玻片上，滴加液状石蜡或 50% 甘油水溶液，观察活螨。活螨呈圆形或龟形，暗灰色，背面隆起，头、胸、腹融合在一起，前端有口器，腹面有 4 对足，幼虫 3 对足，幼虫与成虫相似。虫卵呈卵圆形，两端较钝，透明灰白色，内含有胚细胞或幼虫。

（五）防治

1. 预防 应仔细检查新引进的猪只，经鉴定无病时，才可合并饲养。病猪使用过的器具，未经消毒不得携入健康猪舍内使用。猪舍应经常保持干燥，清洁卫生，通风良好，阳光充足，冬季勤换垫草。对病猪应及时进行彻底的治疗。病猪舍、栅栏、饲槽、地板等要定期消毒，可用 5% 氢氧化钠溶液或 20% 草木灰水喷雾。

2. 治疗

（1）烟叶（烟梗亦可）1份,水20份,混合放锅中煎煮约1小时,然后将烟叶捞出,取剩下的水溶液擦洗猪体。注意防止药水进入眼和鼻内。

（2）双甲脒1∶300水溶液涂擦。

（3）伊维菌素每千克体重0.3 mg皮下注射,连用3天。

（4）中药洗剂　硫黄10 g,雄黄10 g,蛇床子20 g,来苏水2 mL,液状石蜡500 mL。将前三种药研末,再加来苏水、液状石蜡,混匀备用。刮刷患病部位,直至皮下红色,用此药剂反复涂擦,间隔7天重复一次。

五、猪虱

猪虱是寄生于猪的体表并以吸取血液为主的一种寄生虫,尤其是饲养管理不良的猪场、猪舍,大小猪都有不同程度感染,使猪的生长发育受到影响。

（一）病原

猪虱是各种家畜虱中最大的一种,雄虫长4.5 mm,雌虫长5 mm,体呈灰黄色,因此在猪体上有本虫寄生时,极易发现。虫体扁平,左右对称,无翅,分头、胸、腹三部分,体缘有明显的黑色斑纹。

（二）流行特点

雌雄成虫交配后,雌虱产卵。虱卵呈灰白色、长椭圆形,长约1.5 mm,牢固地粘在猪毛上,不易脱落。虫卵经12~15天孵出幼虫。幼虫在形态上与成虫完全一样,仅体型较小,一般经10~14天变为成虫。从卵发育为成虫需要30~40天。幼虫和成虫都以吸食血液为生,不能离开宿主。在35~38℃时经一昼夜死亡,在0~6℃可存活10天,因此冬春季虱病较为严重,而炎热夏季较少。

（三）症状

猪虱多寄生于猪体大腿内侧、腋下及耳壳后方,其他部位也可见到虫体,但数量较少。病猪时常表现为摩擦不安,食欲减退,营养不良和消瘦。猪虱除因吸血而造成猪只的血液损失外,还经常因瘙痒而致被毛脱落和皮肤损伤。幼猪感染后常因影响睡眠而增重减慢。

（四）诊断

根据猪的临床症状即可确诊本病。患病猪只常表现出擦痒行为,由于在圈舍栏床上不断地蹭擦,体表局部脱毛及局部皮肤损伤;拨开猪的腋下或皮肤皱褶处的被毛,有正吸附在猪皮肤上的猪虱,可能正在吸血或因惊扰后快速移动,并在毛根处有大量猪虱卵存在。

（五）防治

1. 预防　对猪体应经常检查有无猪虱或虱卵,特别对从外面购入的猪只更应加以仔细检查。一旦发现有猪虱寄生,应及时治疗,以防传播。

2. 猪虱病的治疗

（1）百部 30 g,加水 500 g 煎煮半小时,用药汁趁热涂擦,或用百部 30 g 加白酒 250 g,浸泡1~2 天后涂擦。

（2）烟叶 1 份、水 90 份煎成汁涂擦,或者照疥螨病用药治疗。

任务实施

猪寄生虫的驱除

◆ 任务描述

某猪场现有 1 000 头存栏育肥猪,猪场要求做一次猪群寄生虫病的统一防治工作。请同学们根据寄生虫检测方法,按照本书任务 1.2 的驱虫实施方案,组织一次猪群寄生虫防治作业。

◆ 人员组织、材料准备

1. 人员组织　按照实际工作需要,进行分组分工,责任到人。

2. 材料准备

（1）猪群新鲜粪便,烧杯、量杯、漏斗、青霉素空瓶、载玻片,金属网、镊子、显微镜、刀、剪等。

（2）40%饱和食盐水、甘油、蒸馏水。

（3）常用驱虫药(左旋咪唑、苯硫丙咪唑、阿维菌素、伊维菌素等),口罩、工作服、水靴、搅拌设备等。

（4）工作记录笔、工作记录本(册)。

◆ 任务流程框图

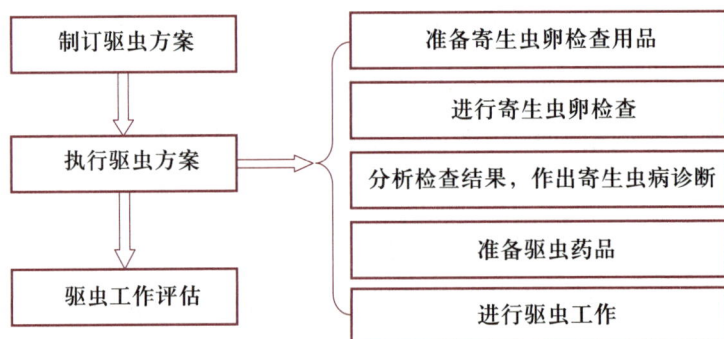

```
┌──────────────┐        ┌────────────────────────┐
│  制订驱虫方案  │        │   准备寄生虫卵检查用品    │
└──────┬───────┘        └────────────────────────┘
       │                ┌────────────────────────┐
       ↓                │    进行寄生虫卵检查       │
┌──────────────┐        └────────────────────────┘
│  执行驱虫方案  │───────→┌────────────────────────┐
└──────┬───────┘        │ 分析检查结果,作出寄生虫病诊断 │
       │                └────────────────────────┘
       ↓                ┌────────────────────────┐
┌──────────────┐        │     准备驱虫药品         │
│  驱虫工作评估  │        └────────────────────────┘
└──────────────┘        ┌────────────────────────┐
                        │      进行驱虫工作         │
                        └────────────────────────┘
```

◆ 实施步骤

详见表 3-2-1。

表 3-2-1　寄生虫驱除任务实施指导表

序号	任务分解	工作内容
1	准备寄生虫卵检查用品	根据诊断工作需要,对组内人员进行明确分工,有序参与各个环节的操作,明确在各操作环节中的人员防护注意事项,并做好记录。 对猪群各舍进行总体随机抽样,采集早上新排出的粪便,用一次性竹签取粪便中部粪样 1~2 g,置于干净小塑料袋内,并编号
2	进行猪群寄生虫卵检查	(1) 直接涂片法:在载玻片的中央滴上一滴甘油水溶液(甘油与等量水的混合液,如无甘油也可用生理盐水或清水代替),再用火柴杆或细玻璃棒挑取粪便少许,混合在甘油水中;然后将混合液中粗硬的粪渣挑出,把混合液涂成薄层,放在显微镜下观察。 此方法操作简便,当病猪严重感染吸虫、绦虫或其他寄生虫时可选用此法。 (2) 沉淀浓集法:取粪便约 5 g 置于玻璃杯内,加 10 倍量的水混合,仔细搅拌,并通过两层纱布或金属筛子滤入另一清洁玻璃杯内(最好是尖底量杯),将滤液静置 10~15 分钟后,将上层液体全部倒掉,在沉渣内另加入清水搅拌,再静置 10~15 分钟,如此反复冲洗,直到上层液体透明为止。 倒掉最后一次液体后,用毛细吸管吸取沉渣置于载玻片上,在显微镜下观察。因虫卵比水重,大部分虫卵沉于杯底,便于提取观察。此方法主要用于检查吸虫卵和棘头虫卵
3	分析检查结果,作出寄生虫病诊断	根据寄生虫卵检查结果,对猪群患寄生虫病状况进行分析,形成检查报告
4	准备驱虫药物	根据检查报告形成驱虫方案,确定驱虫对象、驱虫方法、驱虫药物及相应配比浓度,准备投放驱虫药物所需用具、设备。 按照驱虫方案确定的驱虫药物及配比浓度,准备好所需驱虫药。 按照驱虫方案,完成驱虫药物与饲料的搅拌,即准备投饲的驱虫料
5	进行驱虫工作	按照驱虫方案,用驱虫料饲喂猪群,对猪群进行驱虫

◆ 注意事项

(1) 注意操作人员的安全防护。

(2) 注意驱虫对猪只的安全及应激影响。

(3) 各小组成员间协调有序,组内团结互助。

(4) 完成工作后各组资料整理上交,用具设备清理归库。

任务反思

1. 猪常见其他寄生虫病有哪些?

2. 如何避免猪寄生虫病对人体健康的影响?

项　目　小　结

```
猪常         ┌─ 猪线虫病   ┌─ 任务  ┌──────────────────────────┐
见寄         │   的防治    ├─ 准备  │ 猪蛔虫病；猪肺丝虫病        │
生虫  ──┤            │       └──────────────────────────┘
病的         │            └─ 任务  ┌──────────────────────────┐
防治         │               实施  │ 猪寄生虫病的检测            │
            │                     └──────────────────────────┘
            │   猪其       ┌─ 任务  ┌──────────────────────────┐
            └─ 他寄       ├─ 准备  │ 猪棘头虫病；猪囊虫病；猪弓形虫病；│
               生虫       │       │ 猪疥螨病；猪虱            │
               病的       │       └──────────────────────────┘
               防治       └─ 任务  ┌──────────────────────────┐
                            实施  │ 猪寄生虫的驱除            │
                                  └──────────────────────────┘
```

项　目　测　试

一、填空题

1. 猪蛔虫一般寄生于猪消化道的_____ ,成虫为黄白色或_____色的线虫。

2. 猪肺丝虫成虫寄生于猪的_____ 内,大多在肺的_____ 边缘。

3. 猪棘头虫病的成虫通常寄生在猪的_____ 内,引起其发生_____ 炎症的寄生虫病。

4. 猪囊虫病是由人_____ 的幼虫,寄生于猪的肌肉,心、脑等器官中而引起的一类人猪共患寄生虫病。

5. 猪弓形虫在猪体内只发育为_____ 和_____ 两种形态。

6. 猪疥螨寄生在猪的_____ ,刺激局部痒感神经,引起患病部位_____ 。

7. 根据虫卵发生史使用杀虫剂驱杀猪疥螨时,一般首次用药后_____ 天,必须立即再次用药,才能杀灭由虫卵发育来的_____ ,保证治疗效果。

8. 猪虱对热敏感,因此,在炎热的_____ 较少发生,而在____ 季节虱病较为严重。

二、单项选择题

1. 猪蛔虫对(　　)危害最严重。

A. 仔猪　　　　　B. 中猪　　　　　C. 肥育猪　　　　　D. 种猪

2. 猪肺丝虫的生活史中,必须经过中间宿主(　　　),发育成感染性幼虫后,才对猪具有感染性。

A. 蚊　　　　　B. 苍蝇　　　　　C. 蚯蚓　　　　　D. 蟑螂

3. 下列为猪棘头虫中间宿主的是(　　　)。

A. 金龟子　　　B. 田螺　　　　　C. 钉螺　　　　　D. 苍蝇

4. 严重感染囊虫的猪肉俗称(　　)。

A. 米猪肉　　　　B. 黄膘猪肉　　　C. 水煮样猪肉　　　D. 豆渣肉

5. 猪弓形虫的终末宿主是(　　)。

A. 人　　　　　　B. 鸟　　　　　　C. 猪　　　　　　D. 猫

6. 疥螨从卵发育成成虫一般需要(　　)天。

A. 8~11　　　　　B. 15~20　　　　C. 20~30　　　　D. 30~60

7. 下列对猪疥螨无效的药物是(　　)。

A. 烟叶　　　　　B. 伊维菌素　　　C. 左旋咪唑　　　D. 敌百虫

8. 猪虱以猪体(　　)为营养。

A. 皮肤组织　　　B. 被毛　　　　　C. 皮屑　　　　　D. 血液

三、判断题

1. 猪蛔虫的发育中,以蚯蚓为中间宿主。　　　　　　　　　　　　　(　　)

2. 猪肺丝虫可感染人。　　　　　　　　　　　　　　　　　　　　(　　)

3. 预防猪棘头虫的主要措施是圈养生猪。　　　　　　　　　　　　　(　　)

4. 猪囊虫的终末宿主是人。　　　　　　　　　　　　　　　　　　(　　)

5. 猪弓形虫是一类细胞内寄生的原虫病。　　　　　　　　　　　　　(　　)

6. 猪疥螨病是一类体内寄生虫病。　　　　　　　　　　　　　　　　(　　)

7. 猪疥螨是一类接触性传染病。　　　　　　　　　　　　　　　　　(　　)

8. 猪虱虫卵需经12~15天才能孵出幼虫。　　　　　　　　　　　　　(　　)

9. 当患有猪虱的猪只发高烧时,猪体表的虱子会自行逃离猪体。　　　(　　)

10. 猪虱的治疗可按猪螨病的治疗方法处理。　　　　　　　　　　　(　　)

四、简答题

1. 猪蛔虫病的防疫措施有哪些?

2. 猪寄生虫卵检查的方法和注意事项有哪些?

项目 4

猪常见普通病的防治

　　猪普通病包括猪内科、外科、产科疾病，以及营养代谢性、中毒性疾病。这类疾病繁多，虽然不具传染性，但同样给养猪业带来严重的经济损失。饲养管理不善是普通病发生的主要原因，或直接发病或间接发病。值得注意的是，其中一部分普通病是由传染病或寄生虫病继发而来的，因而在普通病防治中，应分清主次，以治原发病为主。在临床诊断过程中，对猪普通病要详细辨别，分清原发、继发或混合感染，为制订准确有效的防治措施打好基础。

　　通过本项目的学习，可以了解常见猪普通病，如常见内科、外科、产科疾病，以及营养代谢性、中毒性疾病的发生发展规律，掌握防治常见猪普通病的有效措施。通过猪常见普通病的诊断与治疗操作实训，培养精益求精的工匠精神；通过对中毒性疾病的学习能够辩证地看待"有毒物"。

任务 4.1　猪常见内科疾病

任务目标

　　知识目标　能概述猪常见内科疾病。
　　技能目标　会进行猪灌肠操作。

任务准备

一、猪胃肠炎

　　猪胃肠炎是胃肠黏膜及黏膜下层发生的严重炎性疾病。由于胃和肠的解剖结构和生理功能密切相关,胃肠病变会相互影响,因此,胃肠的炎症多同时发生或相继发生。此病发病率及病死率都较高,应予以特别注意。

（一）病因

猪胃肠炎的病因为:突然改变饲料种类,喂给腐败、霉烂、变质等不洁的饲料或饮水,吃了混有大量泥沙的饲料,以及有毒草料;误用化学药品或误食农药,或胃肠受冰冻饲料、有毒物质的刺激;细菌感染、冬季受寒、感冒及长途运输等。滥用抗生素,造成肠道菌群失调引起二重感染时也可发生此病。此外,也见于猪丹毒、猪副伤寒、猪出血性败血病及疥螨病等继发引起。

（二）症状

猪胃肠炎的症状一般是:突然出现剧烈而持续的腹泻,排出物呈水样(图 4-1-1),有时伴有假膜、血液或脓性物,味恶臭,肛门松弛,排便失禁,出现里急后重;食欲下降或消失,常饮水,伴发呕吐,有时呕吐物中带有血液;精神委顿,喜卧,病初体温增高(40~41℃),皮温不均,耳尖及四肢冷感,鼻端发热,结膜发红,呼吸稍快;肛门及尾部沾有粪液,有的大便失禁;肠音增强,若腹泻时间长,肠音会逐渐消失。随着病情的发展,腹泻严重的可见眼窝深陷,呈失水状,四肢无力;最后阶段起立困难,呼吸、心跳加速而微弱,肌肉震颤,体温下降,随后全身衰竭而死。一般病情严重者 1~3 日死亡,较轻者可延至 1 周左右。剖检见胃肠黏膜充血、水肿,胃肠内容物消化不良。

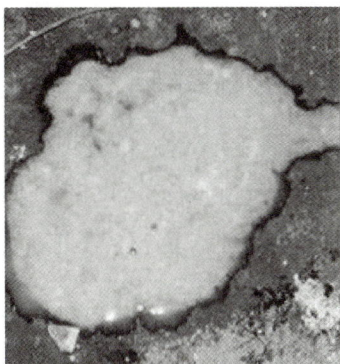

图 4-1-1　排出物为水样稀薄、带有气泡的粪便

猪胃肠炎
患猪症状图

（三）诊断

通过临床对病史及发病前饲养管理状况等信息收集整理,结合猪只临床表现的症状可以初步对该病作出诊断。确诊需要实验室对粪、尿及血样等做详细分析才能作出诊断。

（四）防治

1. 预防　加强饲养管理,防止喂给有毒食物及腐败、发霉饲料,注意饮水清洁,定期做好肠道寄生虫病的驱虫工作。在冬季应做好棚舍通风保暖工作,以防止感冒。

2. 治疗　清除胃肠的刺激物质,制止胃肠内容物的异常发酵,保护胃肠黏膜,防止自体中毒。

（1）为了制止胃肠内容物的腐败，达到消毒、收敛的目的，可灌服 0.1% 的高锰酸钾溶液 200~500 mL/头。对个别成年病猪，必要时可用蓖麻油 50 mL/头内服，以排除有害物质。

（2）内服磺胺脒或磺胺二甲基嘧啶，其他如土霉素、小檗碱（黄连素）等均可选用。在使用以上药物的同时，可投服药用炭 3~10 g/头。

（3）因严重腹泻而引起失水现象时，除充分供给饮水外，可静脉或皮下注射 5% 葡萄糖生理盐水 500 mL。

（4）如腹泻不止，可用碱式硝酸铋（次硝酸铋）、碱式碳酸铋（次碳酸铋）、鞣酸蛋白、药用炭及盐酸地芬诺酯，任选一种内服，剂量均为 2~5 g/头。

（5）当有腹痛不安或呕吐表现时，可内服颠茄酊 1~3 mL/头或复方颠茄片 2~4 片/头。必要时可肌内或皮下注射阿托品 2~3 mg/头。

（6）无论是早期还是晚期，肌内注射维生素 B_1、维生素 C 是有必要的。当出现酸中毒，静脉注射 5% 碳酸氢钠 100~200 mL/头。

（7）中药"白头翁汤"加味：白头翁 30 g，黄连 15 g，黄檗 20 g，秦皮 20 g，金银花 25 g，葛根 30 g，木香 15 g，藿香 15 g，甘草 8 g，水煎服。

二、便秘

便秘是由于肠功能紊乱，使粪便在肠内停留过久，以致过于干燥坚硬、不能正常排便的疾病。各种年龄的猪都有发生，便秘部位经常在结肠。

（一）病因

猪便秘的常见病因是：猪只长期舍饲，缺乏运动；饲料质量低劣，含过多粗纤维如粗糠、秸秆、藤秸、粗硬野草或泥沙等异物；饲养管理不善，饮水不足，青饲料不足，不喂食盐；突然改变饲料种类。另外，继发热性传染病也常见肠便秘。

便秘的发生分为原发性和继发性两类。原发多由饲养管理失调所致；继发多见于热性病、传染病、因手术或其他原因引起的肠粘连等，因此猪便秘发病原因甚广。

（二）症状

猪便秘的症状表现为：食欲减退或不食，常有排粪动作，但排粪量少；口渴想饮水，腹围增大，用手按压腹部有痛感。随着病情发展，病猪精神不振，眼结膜充血，腹部充实，体瘦的病猪可触摸到肠中坚硬的粪块；有的猪经常努责，可排出干硬少量粪块，粪块呈栗状粘连，表面附有白色黏液，多呈串珠状。便秘时间稍长，则直肠黏膜水肿，肛门突出；听诊腹部，肠蠕动音减弱或消失。便秘患猪体温一般不高，但也有部分体温升高的。肠中粪块压迫膀胱，可发生尿闭或排尿不畅。

（三）诊断

通过临床对病史及发病前饲养管理状况的了解，结合猪只临床表现的症状可以初步对该病病因作出诊断。确诊意义不大,一般不做实验室分析诊断。

（四）防治

1. 预防　合理搭配饲料,饮水充足,适量喂给食盐;种猪要坚持运动,饲喂要定时定量,特别是喂给适口性好的饲料时更要控制;要保证青饲料的供应。

2. 治疗

（1）对尚有食欲的患猪应暂停喂给粗饲料,多供饮水和青绿饲料,用温肥皂水灌肠;配合驱赶运动、腹部按摩,促使粪块排出。

（2）泻药可用硫酸钠或硫酸镁 50~100 g/头,配成 7% 溶液口服;或用油类泻剂如液状石蜡、植物油（菜油、花生油、蓖麻油）50~100 mL/头口服。

（3）当粪便开始软化,可用盐酸毛果芸香碱注射液 0.5~1 mL/头,皮下注射;或甲基硫酸新斯的明注射液 2~5 mL/头,皮下注射。粪便排通、便秘清除后,喂给稀粥或青饲料或麸皮水,少喂勤添。

（4）食欲不易恢复时可用健胃药,如人工盐、龙胆末、大蒜酊、大黄苏打片及健胃散等。为促使胃功能恢复,止吐可用胃复安（甲氧氯普胺,灭吐灵）内服,1 mg/kg 口服。

（5）机体虚弱,脱水严重,静脉或腹腔注射 5% 葡萄糖生理盐水 300~500 mL/头,同时注射维生素 C 和维生素 B_1。

（6）心脏衰弱时,可用强心剂。

（7）中药"麻仁承气汤"　火麻仁 50 g,厚朴 30 g,枳实 20 g,大黄 15 g,芒硝 50 g,（50 kg 体重猪的用量）,先煎前三药,后下大黄,药煎毕,芒硝一次性加入药中溶解,灌服。

（8）属于继发病者,以治原发病为主。

三、猪感冒

猪感冒是以上呼吸道炎性变化为主的急性全身性疾病,常在气候变化时发生,早春、晚秋多发,普通感冒不具传染性。

（一）病因

猪感冒主要是受寒引起,特别是早春、晚秋气候突变,猪体抵抗力降低时常见发生。如果饲养管理不当,猪舍卫生条件不好,阴暗,遭受贼风吹袭,或房漏遭受雨淋、圈舍潮湿等更易发生。

（二）症状

猪感冒表现为精神沉郁,喜卧,皮温不整,鼻端、耳尖及四肢末梢发凉,畏寒打战,皮肤紧缩;鼻塞流涕,时有喷嚏或咳嗽;多有眼眵,呼吸加快,病猪喜钻草窝;有时出现腹泻或便秘,轻者食欲下降,重者食欲废绝,体温正常或稍有升高。如治疗不及时,往往转成肺炎。

（三）诊断

通过临床对病史及发病前饲养管理状况的了解,结合气候变化、场舍布局、猪只临床表现的症状可以初步对该病作出诊断。

（四）防治

1. 预防　加强御寒保暖工作,防止贼风吹袭,圈舍保持清洁卫生、干燥,充分供给饮水,喂以易消化的青绿饲料。发现病猪应尽早治疗。

2. 治疗　病初给予镇痛退热药。

（1）安乃近、复方氨基比林 50~200 mg/头,或柴胡注射液 3~20 mL/头,肌内注射,每日 2 次。

（2）阿司匹林 1~3 g/头内服,每日 2 次。

为防止继发感染,在镇痛退热药中加入大剂量青霉素,可获良效。

（3）中药"荆防败毒散"　荆芥 30 g,防风 30 g,羌活 30 g,独活 30 g,川芎 20 g,柴胡 20 g,前胡 20 g,桔梗 10 g,薄荷 20 g,枳壳 15 g,茯苓 15 g,甘草 10 g,生姜 10 g,水煎服;或紫苏 30 g,生姜 20 g,葱头 20 g,水煎服。

咳嗽严重者,用紫苏 20 g,防风 30 g,荆芥 30 g,桔梗 20 g,杏仁 15 g,款冬花 15 g,紫菀 15 g,水煎服。

四、肺炎

肺炎是支气管或细支气管与肺小叶群同时发生炎症,其炎症病变仅限于个别或部分肺小叶,幼龄、老龄、体弱猪多见。

（一）病因

肺炎的主要病因是圈舍潮湿、猪群拥挤,气候剧变或多雨寒冷季节,均可使猪体抵抗力下降而患病。机械、化学物质的刺激也可导致发病。由于误咽或灌药不慎而使药液误入气管可引发异物性肺炎。此外,肺炎可继发于其他疾病,如猪丹毒、猪出血性败血症、肺结核、流感及副伤寒等;寄生虫病如疥螨也能继发本病。一些化脓性疾病如子宫炎、乳房炎,以及阉割后化脓等,其病原菌可经血液入肺而致病。

（二）症状

肺炎症状主要表现为呼吸加快,流鼻液,鼻液初为透明浆液,以后变为黄白稠液,且常干涸而附于鼻孔周围;病猪食欲废绝,体温升高至 40℃ 以上,出现弛张热型或稽留热型,心音增强,脉搏快而弱;大便初期无变化,随病情加重而变为干结,尿短而黄;听诊肺部有捻发音或水泡音,时见咳嗽;结膜充血发红,甚至红紫。

（三）诊断

通过临床对病史及发病前饲养管理状况等信息收集整理,结合猪只临床表现的症状可以初步对该病作出诊断。

（四）防治

1. 预防 平时加强饲养管理,避免猪只受寒、风、雨和潮湿等的袭击;喂给营养丰富、易消化的饲料;圈舍要通风透光,保持干燥;加强对能继发本病的传染病、寄生虫病的预防和根治。

2. 治疗

（1）10%磺胺嘧啶每千克体重 100 mg,肌内注射,首次用量加倍,每天 2 次,连用 2~3 天。

（2）常用青霉素、链霉素。仔猪:每千克体重青霉素 1 万~2 万 IU、链霉素 10~15 mg;大猪:每千克体重青霉素 1 万~2 万 IU、链霉素 200 万~300 万 IU。1 次肌注,1 天 2 次,连用 2~3 天,两药联合应用效果显著。

（3）四环素、卡那霉素、庆大霉素及恩诺沙星等均可选用。

（4）可的松配合使用能提高消炎效果,心脏衰弱时可注射强心药。

（5）当机体虚弱时,可注射 10%葡萄糖和维生素 C。

（6）中药"麻杏银翘石膏汤" 麻黄 15 g,杏仁 15 g,石膏 30 g,金银花 20 g,连翘 20 g,水煎服。

给病猪服药时,按操作要领实施,避免灌入气管内。

五、应激综合征

应激综合征是猪遭受不良因素(应激原)的刺激,而产生一系列非特异性的应答反应。本病在世界各地均广泛发生,在我国各地亦有发生,有些猪场还较突出,现已日益受到重视。

（一）病因

应激综合征与遗传因素密切相关。有研究证实本病的发生,与猪体和血型有关。应激敏感猪几乎都是体矮、腿短、肌肉丰满的卵圆形猪,杂交猪和某些血缘的瘦肉型纯种猪如兰德瑞斯猪、皮特兰猪、波中猪等,长白猪、大白猪、杂交白猪、金华猪及太湖猪等发病也较多,白猪多见。应激易感猪常常是由外界因素激发,如驱赶、抓捕、运输、过热、兴奋、惊吓、交配、混群、拥挤、打架、保定、外伤、噪声、电刺激、注射、药物麻醉及环境突变等。有些药物也可诱发本病。此外,分娩、泌乳、中毒感染以及硒和维生素 E 缺乏等都可能成为应激原,引起应激反应。

（二）临床症状

应激综合征的最初表现为震颤,特别是尾快速颤抖,肌颤时可发展为肌僵硬,使动物步履艰难或卧地不起;皮肤一阵阵发红,继而发绀;心跳加快,体温迅速升高,临死前体温可达 43℃以上;中期休克或虚脱,如不及时治疗,多数在 20~90 分钟内死亡,临床上称为"猝死症"。

慢性应激综合征,一般而言,应激原不大,但持续或间接反复引起,由于猪体不断地作出适应的努力,形成不良的累积效应,致使其防卫机能减弱,生理功能降低,容易继发感染,引发各种疾病。

(三) 剖检病理变化

剖检可见内脏有充血,由于肺水肿而在小支气管中有泡沫,部分病例胃肠有溃疡,其他无特征性病变。症状典型的猪死后迅速发生尸僵,但是,尸僵持续时间不长,肌肉很快发生自溶。60%~70%的病猪死后半小时内肌肉苍白、柔软,渗出水分增多。

(四) 诊断

通过临床对病史、是否长途运输或转群并群,以及发病前饲养管理情况等信息收集整理,结合猪只临床表现的症状可以初步对该病作出诊断。

(五) 防治

1. 预防　育种时剔除易感猪;尽量减少应激因素,注意改善饲养管理条件,猪舍避免高温、潮湿和拥挤;肥育猪运到屠宰场应停止喂食,让其充分休息,散发体温后再宰。

应激随时会发生,不可避免。在可能发生应激前饲喂电解质加多种维生素,或中药,组方如下:苍术 50 g,石膏 100 g,藿香 50 g,板蓝根 50 g,研末,按 1.5%~2% 添加料中喂服,可有效预防。

2. 治疗　轻症只要解除应激原,即可自行好转。如症状进一步发展,可肌注氯丙嗪每千克体重 2~3 mg。其他皮质激素、巴比妥钠、盐酸苯海拉明及维生素 C 等均可选用。

任务实施

猪灌肠操作

◆ **任务描述**

某猪场由于高热病的发生,导致猪群部分重病个体出现严重便秘现象。为帮助这部分猪只及时排出肠后段积粪,防止因积粪太久不能及时排出体内代谢物而引起有毒物质吸收入体内,造成自体中毒的严重后果,请对这部分猪只,通过后段肠管灌肠法,排出蓄积于后段肠管部的积粪,促进猪体早日康复。

◆ **人员组织、材料准备**

1. 人员组织　按照实际工作需要进行分组分工,责任到人。

2. 材料准备

(1) 灌肠器(或导尿管)、100 mL 注射器、听诊器、面盆、肥皂、保定绳、温热水等。

(2) 工作记录笔、工作记录本(册)。

◆ **任务流程框图**

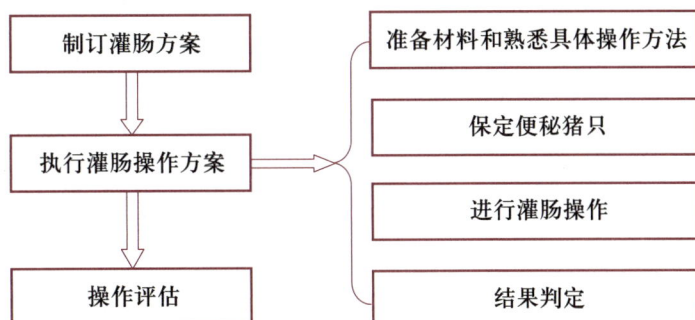

```
┌─────────────────┐         ┌──────────────────────────┐
│   制订灌肠方案   │         │  准备材料和熟悉具体操作方法  │
└────────┬────────┘         └──────────────────────────┘
         │
         ↓                  ┌──────────────────────────┐
┌─────────────────┐         │       保定便秘猪只        │
│  执行灌肠操作方案  ├────────→└──────────────────────────┘
└────────┬────────┘         ┌──────────────────────────┐
         │                  │       进行灌肠操作        │
         ↓                  └──────────────────────────┘
┌─────────────────┐         ┌──────────────────────────┐
│     操作评估     │         │       结果判定           │
└─────────────────┘         └──────────────────────────┘
```

◆ **实施步骤**

详见表4-1-1。

表 4-1-1 猪灌肠任务实施指导表

序号	任务分解	工作内容
1	熟悉猪灌肠方法及所需工具材料	组内各成员共同研讨猪便秘的诊断方法及操作要领
2	制订猪灌肠操作方案	根据灌肠工作需要,对组内人员进行明确分工,有序参与各个环节的操作,明确各操作环节中的人员防护注意事项,并做好记录
3	保定猪只	小猪可用保定网架对其进行保定,大猪一般采用鼻捻棒保定(图4-1-3)
4	准备灌肠用具及材料	调节好备用注射器;用面盆准备温肥皂水,水温稍超过体温,以40~50℃为宜,水温过低效果较差;将灌肠器置于肥皂水中浸泡软化,然后在置于肠内的一端(特别是端头)用肥皂涂布一层较厚重的肥皂泥备用
5	进行灌肠操作	将涂布肥皂泥端的球形灌肠器(图4-1-4A)缓慢稍捻转由肛门插入直肠内,根据猪只大小确定深度,一般小猪插入10~15 cm,大猪插入20~30 cm或更深;然后将进水端插入准备好的温肥皂水中,按压中间的橡皮球,一压一松,水即可进入直肠内。大猪因灌水较多,用球形灌肠器耗时较久,可改用漏斗形灌肠器(图4-1-4B)。用插入球形灌肠器的方法,将漏斗形灌肠器出水一端插入直肠,然后向漏斗内倒入温肥皂水,同时提高漏斗高度,可加速温肥皂水的浸入。根据猪只的大小及体况、便秘粪球的干燥程度确定灌水量的多少及灌肠速度,一般小猪300~400 mL,大猪600~1 200 mL;灌肠速度不宜过快,尤其对粪球特别干燥的猪只更应缓慢灌肠,以有利于肥皂水充分渗入干燥的粪球内,软化粪球和润滑肠壁,提高直肠壁的兴奋性。为了使温肥皂水在肠中多停留一段时间,灌肠结束后,可用手压迫短时堵住肛门,不让灌入的温肥皂水流出,或者将猪两后肢提高,水液则尽量向前渗透。在实践中,深插、温肥皂水在直肠内停留5~10分钟的临床效果,比浅插、边灌边流更理想。灌肠后即可见患猪排出干结粪球,严重者需要多次灌肠才能完全排出积粪及促进直肠壁蠕动兴奋性的恢复。如果没有灌肠器,可用导尿管代替,即用导尿管插入肛门,用注射器不断向肠中注入肥皂水,一样可达到治疗目的

图 4-1-3　鼻捻棒保定

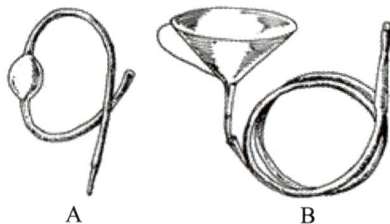

图 4-1-4　灌肠器

A. 球形　B. 漏斗形

◆ **注意事项**

（1）注意操作人员的安全防护。

（2）注意对猪只的安全及应激影响。

（3）水温要略高于猪的正常体温,否则效果较差。

（4）灌水量过少达不到治疗效果;灌水量过多,又增加了腹压,所以应根据猪只大小确定适宜灌水量。

（5）温肥皂水最好在肠中多保留一会,简单办法是将后躯抬高,使水液向深处浸透,效果较理想。

（6）各小组成员间协调有序,团结互助。

（7）完成工作后各组资料整理上交,用具设备清理归库。

任务反思

1. 常用的灌肠方法及注意事项有哪些?

2. 常见的猪内科疾病有哪些?

任务 4.2　猪常见外科、产科疾病

任务目标

知识目标　1. 了解猪常见外科及产科疾病。

　　　　　2. 掌握猪疝、难产、乳房炎的发生机制及防治措施。

技能目标　会运用临床诊断方法对猪疝、难产、乳房炎进行诊断,并能针对性地对猪常见外科及产科疾病进行防治操作。

任务准备

一、猪疝

猪疝是猪腹腔内的脏器移位，多为小肠经腹壁天然或意外发生的孔口，全部或部分漏于皮下或邻近腔道，称为疝，也叫"疝气"。常见的有腹股沟阴囊疝、脐疝和腹疝。疝由疝孔、疝囊、疝内容物组成。疝孔是疝内容物及腹膜脱出时经由的孔道；疝囊通常由腹膜、腹壁筋膜和皮肤构成；疝内容物在脐疝、腹壁疝多为小肠和网膜，有时还有大肠，在腹股沟疝多为小肠，但有时膀胱、子宫也混在其中。

（一）病因

腹股沟阴囊疝以鞘膜内疝气较为常见，多见于小公猪（图 4-2-1）。发生的原因是腹股沟管的腹环宽大，大多与遗传或近亲繁殖有关，有的在阉割后发生。脐疝常因脐孔闭锁不全或脐炎而形成，多发生于仔猪（图 4-2-2）。腹壁疝多见于外伤，如跌伤、撞伤或由于母猪踩伤仔猪腹部，或小母猪因阉割切口太大而造成。

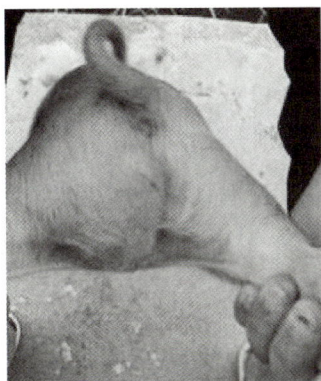

图 4-2-1　猪腹股沟疝

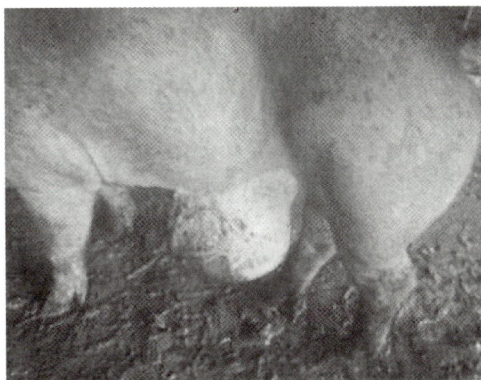

图 4-2-2　猪脐疝

（二）症状

猪疝常表现为患部膨隆突出，触诊内容物柔软，手可感触圆形或椭圆形的疝孔（疝轮）。病情轻的，肠可缩回腹腔，饱食、排粪尿、鸣叫及挣扎时又逸出，称为可复性疝；病情重的，肠与囊壁粘连，不能缩回腹腔。也有因疝孔狭小，疝内容物嵌在疝孔外的，称为嵌顿性疝，此疝伴有轻度腹痛症状。如疝囊内的肠阻塞或坏死，则病猪不安、厌食、呕吐、排粪较少，并继发肠臌气，甚至死亡。

疝的结构一般包括疝囊、疝内容物和疝孔三部分（图 4-2-3）。疝囊由皮肤、肌层和腹膜三层结构组成；疝内容物一般为腹腔内的小肠、网膜等脏器或组织；疝孔是疝内容物游离出腹腔的孔隙（图 4-2-4）。

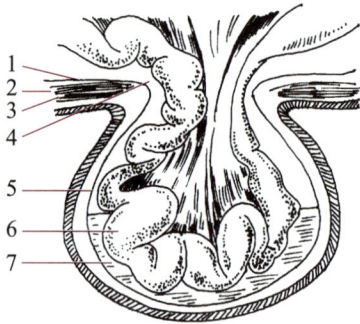

图 4-2-3 疝的结构示意图
1. 腹膜 2. 腹壁肌 3. 皮肤 4. 疝孔
5. 疝囊 6. 疝内容物 7. 疝液

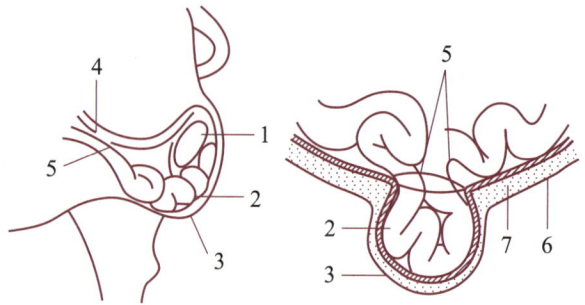

图 4-2-4 猪腹股沟疝和脐疝剖面对照
1. 睾丸 2. 肠管 3. 阴囊及疝囊皮肤
4. 腹股沟内环 5. 疝孔 6. 皮肤 7. 浅筋膜

（三）诊断

运用临床诊断方法对患猪的临床表现进行系统和局部诊断,基本能够对本病确诊,一般不用实验室确诊。在临床诊断过程中,注意局部囊肿、脓肿、血肿及肿瘤等与疝病的鉴别诊断。

（四）防治

1. 预防 凡患有疝的公母猪均不能作种用,应淘汰为育肥食用。避免近亲繁殖,不良的公、母猪应有计划地加以淘汰;小母猪阉割时,切口避免过大,断脐、阉割要彻底消毒;加强管理,不要造成腹壁损伤。

2. 治疗 可用下列手术整复疗法。疝气手术整复治疗的原则是,术前禁食一天,侧卧或仰卧保定,局部剪毛、消毒,用 0.5%～1%普鲁卡因溶液 10～15 mL 包围疝囊浸润麻醉,分别按照脐疝、腹壁疝和腹股沟疝、阴囊疝的手术要求进行手术,脐疝和腹壁疝的手术方法基本相同;腹股沟疝和阴囊疝的手术方法相近。

在手术修复疝时,一般会有以下三种情况:

（1）疝内容物能顺畅返回腹腔,这种可复性疝可以切开皮肤,钝性分离整个疝囊,将疝内容物、疝囊一并送回腹腔。整个手术不暴露疝内容物,然后在疝轮结缔组织外围进针,牢固地缝合封闭疝孔,缝合皮肤及皮下组织、肌肉(图 4-2-5)。

（2）疝内容物不能返回腹腔,出现疝内容物之间或疝内容物与疝囊壁发生粘连,这种情况则需要切开疝囊,对粘连部位进行分离,然后在肠壁及腹膜上涂布植物油润滑,送回腹腔。若疝孔狭小,小肠嵌顿在外,需避开小肠,用刀将疝孔扩大,再将小肠送回腹腔,缝合疝环。疝环用纽扣状缝合法闭合,再结节缝合皮肤,肌内注射青霉素。

（3）疝内容物不能返回腹腔,出现疝内容物坏死现象,这是疝发展到最严重的病变,这种情况需要切除坏死部,对肠管进行吻合术,肠系膜进行必要的缝合,冲洗干净,涂布植物油润滑,送返回腹腔,封闭疝孔,缝合疝囊,结节缝合皮肤。禁食 3～5 天,静脉补充营养及输入抗生素,防止手术感染的发生。

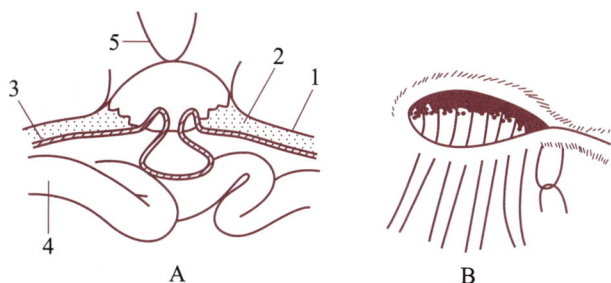

图 4-2-5　腹壁疝结构及疝孔缝合示意图

A. 整复及缝合疝孔切面　B. 脐、腹壁疝纽扣缝合平面

1. 皮肤　2. 肌肉　3. 腹膜　4. 肠管　5. 结扎线

（五）注意事项

（1）皮肤切口比疝孔稍长，切开疝囊用力要轻巧，不能用力过重。意外切开疝囊，肠管涌出，应尽快将肠还纳入腹腔，若在外停留过久，容易使肠淤血、粘连。

（2）尽量将疝囊与筋膜分离直至疝轮，分离不彻底，肠内容物及疝囊不易整复入腹腔内。

（3）疝环必须用纽扣缝合才较牢固，如果改用结节缝合或连续缝合，阻挡不住腹内压力，缝合线易将疝环拉裂，导致手术失败。

二、猪直肠脱

猪直肠脱是猪直肠末端黏膜或直肠后段全层肠壁脱出肛门而不能自行复位，俗称"脱肛"。

（一）病因

猪直肠脱常由于慢性便秘或下痢引起。此外，母猪妊娠后期腹压增高，肛门括约肌松弛；或机体营养不良，运动不足，直肠壁与周围组织松弛，紧张性下降；或因难产过度努责而引起。小猪发育不良或维生素缺乏也常发生本病。

（二）症状

病初常在排粪时直肠黏膜翻出，呈半圆球状或圆柱状（图 4-2-6），初期轻者尚能自行缩回。脱出时间较长，常被泥土、粪便污染，如伴有直肠套叠时，脱出的肠较厚而硬，且向下弯扭。病猪不断作排粪姿势，频频努责。肠黏膜发炎后即不能自行恢复，黏膜淤血发生肿胀，呈红紫色，糜烂，甚至引起创伤和撕裂（图 4-2-7）。轻者无全身变化，体温正常；重者体温升高，可能出现全身症状。

（三）诊断

根据直肠脱出的临床表现，就能对本病确诊。

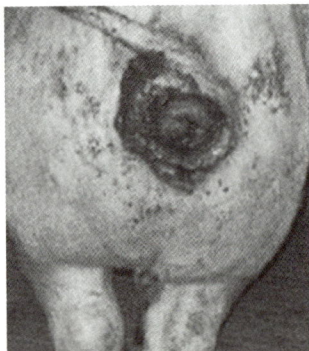

图 4-2-6 直肠外突

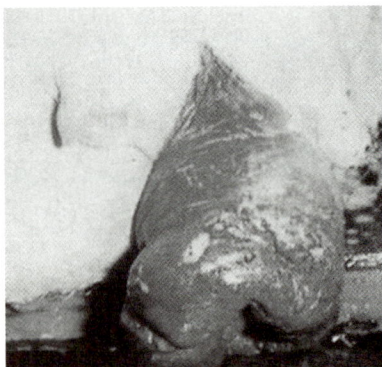

图 4-2-7 直肠脱出,黏膜肿胀破损

(四) 防治

1. 预防 改善饲养管理条件,防止便秘或下痢。体质瘦弱的猪应饲喂营养丰富的全价饲料。疾病发生后应注意局部清洁卫生,猪舍多铺垫草,保护直肠脱出部分不致损伤。喂给多汁的青绿饲料及饮水。

2. 治疗 直肠脱出后应及时手术整复。站立或横卧保定,尾用细绳拴住,拉至颈部固定。先用 0.1% 高锰酸钾溶液洗净脱出肠上的污物,再用植物油润滑黏膜,并用手搓揉至软,小心地从垂脱的基部开始,不断将直肠推入肛门内。肠若水肿严重,可用针扎刺水肿的黏膜后,用纱布包裹,挤出水肿液,使肠缩小后再整复。肛门周围作荷包缝合(图 4-2-8),脱肛整复后荷包缝合打结不可过紧,以免引起排粪障碍。若脱出时间长,黏膜溃烂坏死,需进行直肠切除手术。脱出的肠管在外暴露时间过长,损坏严重

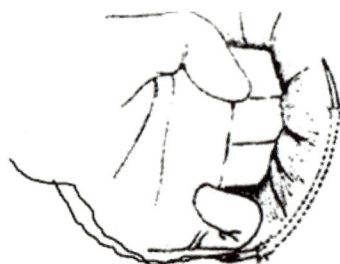

图 4-2-8 荷包缝合手法
示意图

或严重感染破溃,应将肠管受损部分切除,进行肠管断端吻合处理(图 4-2-9 至图 4-2-12),还纳回腹腔。

术后连续肌内注射青霉素 2~3 天。护理期间,给予容易消化的饲料,多给饮水。7~10 天后即可拆线。

机体虚弱者用中药"补中益气汤":党参 40 g,黄芪 40 g,白术 30 g,陈皮 15 g,当归 15 g,炙甘草 20 g,升麻 10 g,柴胡 10 g,水煎服。

三、猪湿疹

猪湿疹发生于皮肤,初期表现红斑、丘疹,随后逐渐成为水疱,干燥结痂,整个病程都有瘙痒症状。此病常发生于仔猪和母猪。一般春季、夏季多发。

(一) 病因

湿疹的发生与营养有密切关系,如饲料单纯,矿物质及维生素不足;猪舍潮湿不洁、阳光不

足可促使此病发生;慢性下痢、其他寄生虫的幼虫穿入皮肤,以及外伤、涂擦刺激药、蚊子叮咬、猪应激综合征寄生等因素均可诱发本病。

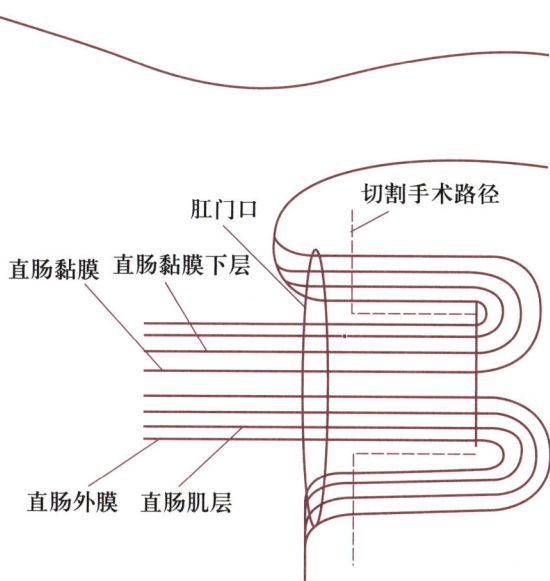

图 4-2-9　直肠脱出部分切除部位示意图

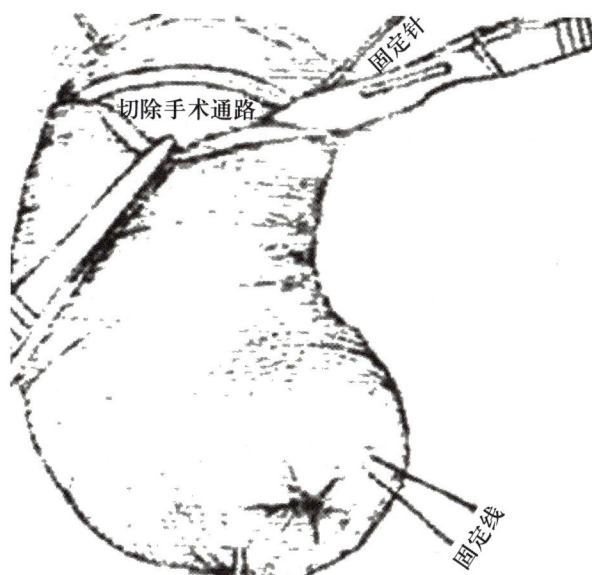

图 4-2-10　直肠脱出部分切除通路及固定线示意图

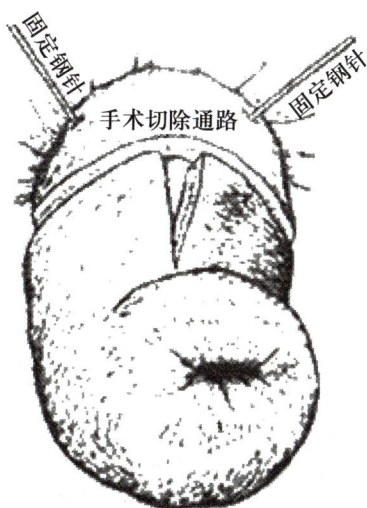

图 4-2-11　直肠脱出部分切口示意图

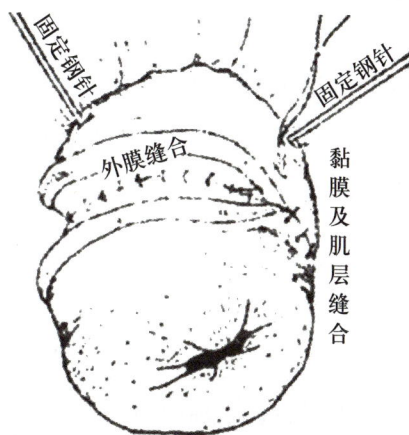

图 4-2-12　直肠脱出切除部分缝合示意图

(二)症状

猪湿疹的急性初期在耳根、头面及大腿内侧等处发生红斑、丘疹或小水疱,病猪不停地在墙壁、食槽等处擦痒。丘疹及水疱擦破后,附着污秽物使皮肤被覆一层黑色的黏性脂肪样苔,病变逐渐扩展到全身,最后逐渐干燥,粘住皮毛,变成鳞屑或痂皮。时间久后,转为慢性,其特点是病程较长,易于复发,渗出物少;患部皮肤肥厚而有皱褶,皮毛无光,机体逐渐消瘦。

(三)诊断

一般根据病史情况和临床症状表现,可对本病做出初步诊断。确诊需做实验室病原体检测。湿疹不具传染性,没有明显的癣斑分界,痒感表现较轻,不形成局部被毛因剧烈擦痒而齐毛根与皮肤接近处折断现象。另外也可通过病原体实验室检测,与真菌性皮炎、疥螨进行区别。

（四）防治

1. 预防　经常保持皮肤清洁卫生,排除发病原因,注意治疗原发疾病。供给营养丰富的全价饲料和青绿多汁饲料。猪舍保持通风干燥。

2. 治疗

（1）患病初期,每只猪肌内注射维生素 B_2 及 B_6 各 5~10 mg、异丙嗪（非那根）5~10 mg/头、20%磺胺嘧啶钠 5~10 mL/头,每天 1 次,连用 3~5 天。

（2）瘙痒不安时,可用 1%~2%苯酚、乙醇涂擦患部止痒。

（3）脱敏多用苯海拉明 40~60 mg/头;或用异丙嗪 50~100 mg/头,肌内注射。

（4）中药　蒲公英 30 g,地丁草 30 g,绿豆衣 20 g,金银花 30 g,玄参 15 g,水煎服。配合葎草（俗称小锯锯藤、五爪龙）60 g,明矾 15 g,煎汤洗患处;或辣蓼（适量）煎汤洗患部,疗效更佳。

四、猪难产

母猪在分娩过程中,胎儿不能顺利娩出,称为难产。若不及时治疗,不仅可引起母畜生殖器官疾病,甚至可造成母仔死亡。母猪分娩是否顺利,取决于产力、产道和胎儿三个因素。如果母猪有足够的产力,正常开张产道和胎儿姿势正常,三者互相适应,则分娩顺利,如果其中之一不正常,就可能发生难产。

（一）病因

猪的难产常因饲养管理不合理,如饲料搭配不适当、母猪过肥、衰弱及尚未充分发育就过早交配等原因造成。此外,难产也可由胎位不正（图 4-2-13）、胎儿过大、胎儿畸形及母猪骨盆或子宫颈口狭窄造成。

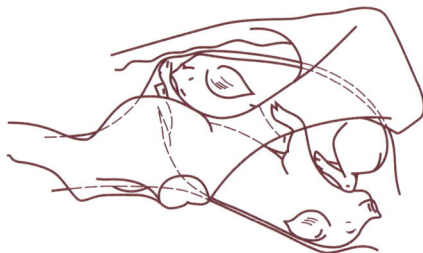

图 4-2-13　两胎儿同时进入产道难产

（二）症状

怀孕期已满,胎膜已破,羊水流出,尾根及周围组织松软,阴门水肿,母猪阵发努责,表示开始分娩。分娩过程中若遇难产,母猪时起时卧,痛苦呻吟,骚动不安,虽有分娩努责,但不能顺利产出小猪;有时产出 1~2 头小猪后,间隔时间很长,不再继续产出仔猪,时起时卧;如分娩时间过久,母猪则表现衰竭,睡卧不起,呼吸加深加快,不吃食;初期皮温增高而发热,后期努责微弱或不见努责,体温降低,心跳减弱;重者发生死亡。

（三）诊断

一般根据病史情况和临床症状表现，就可对本病做出明确诊断。

（四）防治

1. 预防 预防母猪难产，应严格选种选配，加强妊娠期间的饲养管理，加强运动，给予营养丰富的饲料。猪舍应保持通风清洁卫生，环境安静。经常注意母猪健康状况，发现难产应区别不同情况进行助产。

2. 治疗

（1）由于胎儿过大或母猪产道狭窄，使胎儿难以顺利通过骨盆而造成的难产，这种情况多见于初产母猪。助产时如破水已久，产道干燥，可将油类（如液状石蜡、植物油）灌入产道后施行牵引术，用手伸入产道拉出胎儿。注意不要损伤产道。

（2）两个胎儿同时挤入产道，并排在骨盆入口处而造成的难产，检查时手须涂上润滑油，缓缓伸入产道，可感胎儿四条前肢或四条后肢，或二前肢二后肢。有时可触及胎儿的头和另一胎儿的两后肢等。助产时先将后进入产道的那个胎儿推入子宫内，然后再将另一胎儿拉出。只要将第一个较大的胎儿拉出，后面的胎儿就顺产了。以上方法均不能达到拉出胎儿的目的时，应尽早做剖宫产手术。

（3）如果胎儿姿势不正，需进行矫正术。

五、产后缺乳

产后缺乳是指产后乳汁减少或全无的疾病，是母猪产后常见病之一。多见于体质瘦弱、早配的母猪。因母体缺乳，则仔猪发育不良，甚至衰弱而死。

（一）病因

产后缺乳多因母猪营养不良，蛋白质及维生素、矿物质缺乏，机体虚弱，消瘦；也有因新母猪早配、早产引起。产后母猪受惊、受寒、受热，或热性疾病及内分泌失调，均可引起缺乳或无乳。此外也有因遗传因素引起缺乳的。

（二）症状

病猪乳房松弛，小而干瘪起皱褶，挤不出乳汁，或奶水稀薄如水样；仔猪吃奶后饥饿嚎叫不安睡；母猪由于奶少常怕仔猪咬伤乳腺而伏卧于地拒绝哺乳；以后仔猪逐渐消瘦、贫血，无力站立，甚至衰竭死亡。

（三）诊断

一般根据病史情况和临床症状表现，就可对本病做出明确诊断。

（四）防治

1. 预防 加强饲养管理，适当运动，充分供给营养丰富的饲料；注意选种，不符合种用的母猪应予以淘汰；母猪喂乳时切忌惊吓，防避风寒及暑热；母猪产后每日按摩乳房数次，在产后

12~14小时即可排乳,如果因乳头管不通,可让仔猪吸通或用乳导管带注射器吸通。

2. 治疗

(1)益气生乳灵 当归30 g,黄芪40 g,白术20 g,党参30 g,王不留行50 g,漏芦30 g,五味子15 g,升麻15 g,麦冬30 g,黄酒、红糖各120 g,水煎服。

(2)通乳丹 党参40 g,黄芪50 g,当归40 g,麦冬30 g,通草20 g,桔梗20 g,水煎灌服,每日2次,连服2~3剂。

(3)下乳涌泉散 生地30 g,白芍30 g,川芎20 g,当归30 g,柴胡20 g,青皮30 g,天花粉30 g,漏芦30 g,桔梗20 g,通草15 g,炮甲珠15 g,王不留行40 g,甘草10 g,水煎灌服,每日2次,连服2剂。

六、产褥热

产褥热是母猪抵抗力弱、产后因子宫感染细菌而引起的高热,如不认真防治,可发展成子宫炎,甚至造成败血症死亡,因而要引起重视。

(一)病因

产褥热缘于助产时消毒不严格,带进污物或损伤产道;或胎儿过大造成子宫损伤,因感染细菌而发病。致病菌主要是溶血性链球菌、葡萄球菌、化脓棒状杆菌及大肠杆菌,而且多为混合感染。此外,胎儿腐败、胎衣不下,以及阴道、子宫脱出经整复后消毒不严,导致化脓感染等,均可致此病发生。

(二)症状

产褥热症状表现为产后不久病猪体温升高至41~41.5℃,呈稽留热,寒战;减食或完全不食;泌乳减少,乳房缩小,呼吸加快;脉搏快而弱,常卧地不起,衰弱无力,时时磨齿,四肢末端及耳尖发冷;随着病情发展,出现腹泻,粪便常有腥臭味。有时阴道中流出臭味分泌物,或混有组织碎片。

(三)诊断

一般根据病史情况和临床症状表现,就可对本病做出明确诊断。

(四)防治

1. 预防 加强猪舍卫生工作,母猪产前圈舍应垫上清洁干草。助产时注意严格消毒,切勿损伤产道,如有损伤应及时处理。

2. 治疗

(1)0.1%高锰酸钾或0.1%依沙吖啶溶液冲洗子宫,冲洗完毕需将余液排除。选用磺胺类药或青霉素,必要时加用链霉素,肌内注射,1天2次,连用2~3天,加大剂量效果较好。

(2)为帮助子宫收缩,排出恶露,可应用垂体后叶素20~40 IU肌内注射。

（3）为了加强肝的解毒功能，防止酸中毒，可静脉注射 10% 高渗葡萄糖溶液 200～300 mL/头、5% 碳酸氢钠溶液 60～100 mL/头，配合肌内注射维生素 C。

（4）用下列中药方防治效果也较好。生化汤加味：桃仁 20 g，川芎 25 g，当归 30 g，黑姜 20 g，甘草 10 g，金银花 30 g，连翘 30 g，鱼腥草 50 g，水煎，加黄酒 60 mL、童便 1 碗喂服。

七、产后瘫痪

产后瘫痪是以母猪产后近期内发生的四肢运动功能减弱或丧失为特征的一种疾病。

（一）病因

引起产后瘫痪的主要原因是饲料品种单一，矿物质缺乏，特别是钙、磷不足，或钙磷比例失调，导致母猪后肢或全身无力，甚至骨质发生变化；蛋白质饲料不足，饲养管理不当，母猪特别瘦弱，也可发生产后瘫痪。此外母猪分娩时由于胎儿过大，强力拉出胎儿，使骨盆神经受伤也能引起；若产后护理不好，冬季圈舍寒冷潮湿也可发病。

（二）症状

病猪于产后 2～5 天食欲稍有减退，泌乳量减少，后躯无力，站立不稳，行走摇晃，肢体震颤，继而卧地不起，后半身麻痹（图 4-2-14）；严重病例常见昏迷症状，病初粪便干硬而少，以后停止排粪、排尿，食欲下降或废绝；体温一般正常或略有升高；有时母猪伏卧时对周围事物全无反应，也不让小猪吃奶，卧地日久，后躯肌肉萎缩发生褥疮。

图 4-2-14　病猪站立不稳或不能站立

（三）诊断

一般根据病史情况和临床症状表现，就可对本病做出明确诊断。

（四）防治

1. 预防　妊娠母猪后期合理搭配精饲料，加喂骨粉、蛋壳粉、蛎壳粉、鱼粉和食盐。冬季要保证圈舍温暖、干燥、通风，光照要足。助产时要小心操作，不能损伤产道。

2. 治疗　以补充钙剂为主：

（1）10% 葡萄糖酸钙 80～120 mL/头，肌注或静脉注射，隔日再用药 1 次。同时肌注维生素 D_3，4～6 mL/头；或维丁胶性钙 10～15 mL/头，每天 1 次，连用 3～4 天。

（2）发生便秘可用温肥皂水灌肠，或内服芒硝（配成 7% 浓度）40～60 g/头。

（3）因产道损伤引起的，可用中药"血竭散"　血竭 20 g，当归 30 g，没药 20 g，巴戟天 20 g，补骨脂 20 g，葫芦巴 20 g，小茴香 15 g，白术 20 g，牵牛子 15 g，木通 15 g，藁本 10 g，川楝子 10 g，水煎，加醋 100 mL 喂服。

（4）因瘦弱缺钙兼风湿引起，用"独活寄生汤"　党参 40 g，当归 30 g，白芍 30 g，川芎 20 g，熟地 25 g,茯苓 20 g,防风 30 g,细辛 10 g,桑寄生 30 g,杜仲 30 g,牛膝 30 g,桂心 15 g,甘草 6 g,水煎服,连服 2~3 剂。

八、乳房炎

乳房炎指母猪乳腺的炎症,是哺乳母猪较为常见的一种疾病。

(一) 病因

由于母猪腹部松垂,乳房经常与粗糙地面摩擦损伤,或因仔猪抢吃奶而咬伤乳头,或因圈舍潮湿、天气过冷、乳房冻伤等,均为微生物的侵入创造了条件。常见的细菌为链球菌、葡萄球菌、大肠杆菌和铜绿假单胞菌。若卫生条件差,细菌直接从乳管感染;母猪在分娩前后突然喂给大量发酵饲料,泌乳过多而致乳汁积滞,也常会引起乳房炎。此外,胎衣滞留、子宫炎也常继发乳房炎。

(二) 症状

急性乳房炎可见乳腺患部发红、肿胀、发热及疼痛,乳汁排出不畅,泌乳减少或停止,乳汁稀薄,内含乳凝块或絮状物,有的混有血液或脓汁,随病情恶化,则化脓溃烂,流出腥臭脓液。严重者,常伴有食欲减退、精神不振、体温升高等全身症状。慢性乳房炎乳腺组织弹性降低,触摸有硬结,或整个乳腺变硬,泌乳减少,甚至丧失泌乳能力。有的炎症消退后则乳房缩小,俗称"死奶子",终身无乳,多无全身症状。乳房炎有的发生于一个乳腺,也有的发生于几个或全部乳腺。

(三) 诊断

一般根据病史情况和临床症状表现,就可对本病做出明确诊断。

(四) 防治

1. 预防　圈舍保持通风干燥,清洁卫生。母猪分娩前圈舍多铺垫草,要适当减少多汁饲料和精料。分娩后注意乳房的消毒(常用 0.1%高锰酸钾溶液消毒),让仔猪尽早吃上初乳。要尽量保证每只仔猪都有乳头,避免发生抢奶吃而咬伤乳头。母猪喂奶时不能受惊吓,仔猪断奶前最好做到逐渐减少喂奶次数。

2. 治疗

(1) 青霉素 400 万~600 万 IU /头、链霉素 2~3 g/头,混合肌注,每天 2 次,连用 3 天。

(2) 10%磺胺嘧啶钠 20~40 mL/头,肌注,每天 2 次,连用 3 天;或用小诺米星、卡那霉素、庆大霉素、四环素等。

(3) 乳房局部封闭。

(4) 瓜蒌牛蒡汤　瓜蒌壳 60 g,牛蒡子 30 g,连翘 30 g,金银花 30 g,栀子 20 g,天花粉 40 g,柴胡 30 g,皂角刺 15 g,甘草 10 g,水煎服。蒲公英、地丁草、车前草各 30~50 g,水煎,并用鲜草敷患部。

（5）芙蓉花 120 g，蒲公英 9 g，凌霄花 60 g，水煎服，渣敷患处。

（6）金银花 30 g，连翘 30 g，蒲公英 50 g，地丁草 30 g，玄参 20 g，黄芩 20 g，水煎服。

九、猪子宫内膜炎

猪子宫内膜炎是母猪产后子宫黏膜内膜发炎、阴道内流出黏性或脓性分泌物，如不及时治疗，炎症易于扩散，常转为慢性，成为导致不孕的主要原因之一。

（一）病因

猪子宫内膜炎发生的原因是：分娩时消毒不严；或经人工助产、子宫从阴道脱出整复中消毒不严，带进污物，细菌侵入产道所引起，常见的细菌有双球菌、葡萄球菌、链球菌、大肠杆菌等；也可由于产道损伤或部分胎衣残留所致；在人工授精时消毒不严格，或直接交配时公猪先与患子宫内膜炎的母猪交配，再与健康母猪交配，也能引起该病发生。此外，布氏杆菌、副伤寒等传染病，也常继发子宫内膜炎。

（二）症状

按病的经过可分为急性子宫内膜炎与慢性子宫内膜炎。急性子宫内膜炎多见于产后，病猪食欲减少或停止，体温升高，鼻盘干燥，时常表现努责，从阴道中流出多量黄白色或褐色有臭味的分泌物，常杂有胎衣碎片；乳汁减少，母猪不愿哺乳。慢性子宫内膜炎阴道内长期流出少量混浊分泌液，多由于急性子宫内膜炎未及时或未彻底治疗转变而来；有的子宫黏膜由于炎症的慢性刺激会逐渐增厚，病猪在发情时从阴道流出分泌物，虽然定期发情，但屡配不孕。慢性子宫内膜炎也有因子宫颈紧闭而分泌物滞留于子宫内，常伴有食欲减少、呼吸加深加快、精神委顿等全身症状。

（三）诊断

一般根据病史情况和临床症状表现，就可对本病做出明确诊断。

（四）防治

1. 预防　猪舍应保持清洁干燥，母猪临产时要调换清洁垫草。在助产时注意严格消毒，操作要轻巧细致；产后加强饲养管理，圈舍要求清洁卫生；人工授精要严格遵守消毒规范，在处理产褥热取完胎儿后要严格消毒，胎衣排出后将广谱抗生素直接投入子宫腔，可预防子宫内膜炎的发生。

2. 治疗　治疗母猪子宫内膜炎，以清除子宫腔内的分泌物和抗菌消炎为主。具体治疗方法如下：

（1）分泌物不多时冲洗液常用 0.1% 依沙吖啶或 0.1% 高锰酸钾 300~500 mL；冲洗完后需将余液导出，并隔半小时后用 1 g 四环素或土霉素加蒸馏水 100 mL 注入子宫，一般每隔 1~3 天冲洗一次。

（2）如有大量渗出物或脓液，用高渗盐水冲洗，当脓液减少后，再用上法冲洗。同时也可配合使用子宫收缩剂,如垂体后叶素(20~40 IU)等来排出内容物。

(3)为达到抗菌、消炎的目的,在冲洗的同时注射或口服磺胺类药物,或注射青霉素(必要时可加用链霉素),能获得很好的效果。

(4)中药治疗

● 急性子宫内膜炎,用"止带方":猪苓 25 g,泽泻 25 g,黄檗 20 g,栀子 20 g,茯苓 20 g,车前子 30 g,茵陈 30 g,赤苓 20 g,丹皮 15 g,牛膝 15 g,水煎服。

● 慢性子宫内膜炎,用"完带汤":党参 30 g,白术 20 g,白芍 30 g,荆芥穗 30 g,山药 30 g,苍术 30 g,车前子 30 g,柴胡 15 g,陈皮 15 g,升麻 15 g,甘草 8 g,水煎服。

任务实施

一、猪阴囊疝的诊断与治疗

◆ **任务描述**

某猪场有一仔猪发生猪阴囊疝,请先查阅相关猪阴囊疝发病原因及病变机制、处理方法及处理后的护理要求,再对患病猪进行处理。保证整个处理过程安全有序进行,患猪恢复健康。

◆ **人员组织、材料准备**

1. 人员组织　按照实际工作需要进行分组分工,责任到人。

2. 材料准备

(1)手术刀柄、刀片、持针钳、三棱缝针、圆刃缝针、缝线、注射器、针头、乙醇、碘酒、普鲁卡因溶液、青霉素、磺胺消炎粉等。

(2)阴囊疝患猪 1 只。

(3)工作记录笔、工作记录本(册)。

◆ **任务流程框图**

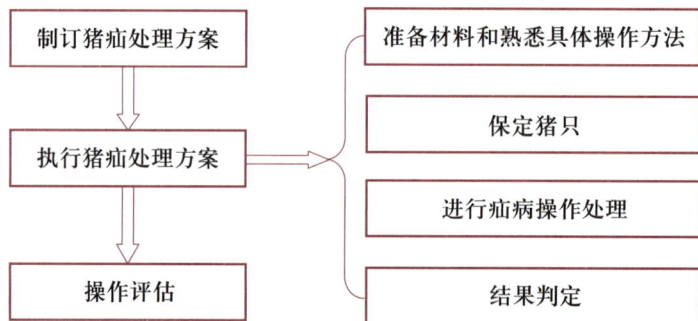

```
┌──────────────┐          ┌────────────────────────┐
│ 制订猪疝处理方案 │          │ 准备材料和熟悉具体操作方法 │
└──────────────┘          └────────────────────────┘
        │                           
        ▼                           ┌────────────┐
┌──────────────┐                   │  保定猪只   │
│ 执行猪疝处理方案 │─────────┐         └────────────┘
└──────────────┘          │         ┌────────────┐
        │                 ├────────▶│ 进行疝病操作处理 │
        ▼                 │         └────────────┘
┌──────────────┐          │         ┌────────────┐
│  操作评估    │          └────────▶│  结果判定   │
└──────────────┘                   └────────────┘
```

◆ **实施步骤**

详见表 4-2-1。

表 4-2-1　猪阴囊疝处理任务实施指导表

序号	任务分解	工作内容
1	熟悉猪阴囊疝处理的方法及所需工具材料	组内各成员共同研讨猪阴囊疝的诊断方法及操作要领
2	制订猪阴囊疝处理操作方案	根据诊断工作需要,对组内人员进行明确分工,有序参与各个环节的操作,明确各操作环节中的人员防护注意事项,并做好记录。对患猪术前停食 1~2 餐
3	保定猪只	根据处理方案的不同,采用倒立保定或仰卧保定
4	准备猪阴囊疝手术处理器械及材料	按手术处理猪阴囊疝方案的要求进行手术器械、药物等材料的术前准备工作
5	进行猪阴囊疝手术处理	(1)确定术部,对术部进行隔离、消毒、麻醉等; (2)根据具体病变程度,手术修复猪阴囊疝局部病变

◆ **猪阴囊疝的诊断及手术操作**

1. 猪阴囊疝的诊断　腹股沟阴囊疝多见于小公猪,疝气轻微时不易被发现,随时间推移,仔猪的摄食量逐渐增加,消化器官发育成长,腹内器官组织在腹压的作用下,向阴囊内脱出得更多,疝逐渐增大,凸出于体表。在临床上,应注意疝气与局部炎症、脓肿、肿瘤相区别(表4-2-2),防止误诊。治疗此病最有效的办法就是手术整复。

表 4-2-2　疝与局部炎症、脓肿、肿瘤的区别

类型	按压复位	热、痛反应	捻压表现
疝	能	无	有空气流蹿动,可压回腹腔,并感触到疝孔
局部炎症	不能	有	肿胀局部质地坚实,拒绝捻压
局部脓肿	不能	不明显	有揉生面团感
皮下肿瘤	不能	无	肿胀局部质地坚实,不因捻压而变形

2. 方法及步骤

(1)术前患猪停食 1~2 餐。将患猪倒提保定,或用仰卧保定,并使后躯抬高。

(2)2 月龄以上的较大仔猪,术部在阴囊或腹股沟管皮下环处(图4-2-15)。术部涂擦碘酒、乙醇消毒,用 0.5%~1% 普鲁卡因溶液作浸润麻醉,切口与猪体矢状面相平行,在疝囊表面作一纵行的切口,5~10 cm。分离总鞘膜至腹股沟内环处,将肠内容物送回腹腔。再将总鞘膜拉到切口外,扭转总鞘膜,在距腹股沟内环 3~4 cm 处用缝线穿过扭转的总鞘膜,然后结扎,将结扎线的两端分别闭合腹股沟管。然后在结扎线之上 1~1.5 cm 处剪断总鞘膜和缝线。

（3）创口内撒上磺胺消炎粉，最后结节或连续缝合皮肤切口，外涂碘酒，肌内注射青霉素。手术完毕。

（4）1 月龄以下未阉割的患猪不作麻醉，按照阉割方法保定，阴囊消毒后，切开总鞘膜。由于患猪不能作种用，此时可先将睾丸切掉，用手固定总鞘膜，并将其拉直扭转，至接近于腹股沟管内环，此时疝内肠自然推回腹腔，用缝线穿过总鞘膜，进行结扎（图 4-2-16）。在结扎线上 1~1.5 cm 处剪去总鞘膜和结扎线（图4-2-17），切口内撒上磺胺消炎粉，皮肤切口外涂碘酒消毒。切口不予缝合，肌内注射青霉素。整个手术完毕。

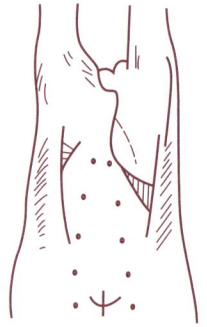

图 4-2-15 腹股沟疝
手术切口部位示意图
（以虚线表示部位）

（5）左右两侧同时发生疝气的也有，可先手术整复一侧，再按同法手术整复另一侧，猪只不受任何影响。仔母猪也有极少数发生腹股沟疝气的，皮肤切口不是阴囊，而是腹股沟（即疝囊处），手术整复方法与上述相同。

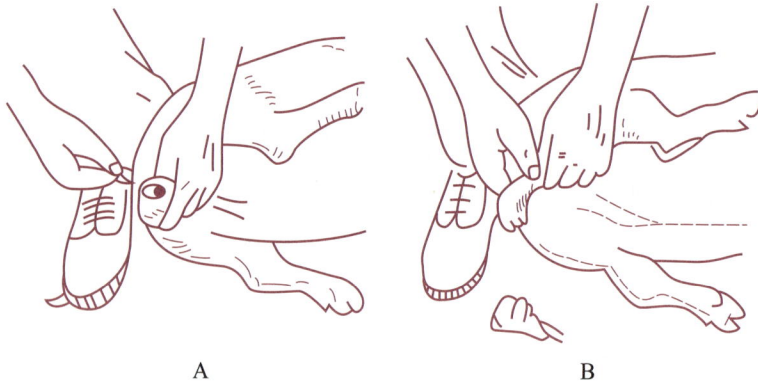

图 4-2-16 阴囊疝的去势示意图

A. 切开阴囊　B. 包睾扭转鞘膜

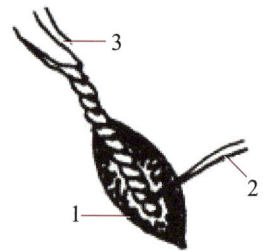

图 4-2-17 鞘膜管封闭示意图

1. 皮肤切口　2. 结扎线　3. 扭转的鞘膜管

◆ 注意事项

（1）阴囊疝术部皮下浅层只有疏松浅筋膜，不存在肌肉，皮肤切开即见血管。为了手术成功，切开皮肤用力要轻，不得切破里层总鞘膜，否则，易损伤疝内容物而使手术失败。

（2）皮肤切开后，全靠两手分离整个阴囊鞘膜，直至腹股沟内环口，整个手术不能见疝内容物。如果分离中用力过重，阴囊总鞘膜破裂，疝内容物（多为肠）冒出，此时需小心将内容物还纳腹腔内，再行手术。

（3）疝内容物还纳后，总鞘膜要扭转，结扎须在接近腹股沟内环处，并且将缝线穿过鞘膜后再结扎。如果作一般环绕结扎，结扎线容易滑脱，所以需要贯穿总鞘膜进行环绕结扎。如果手术失败，必须间隔半月后，再做第二次手术，手术方法同上，只是粘连处的分离难度加大。

（4）注意操作人员的安全防护。

（5）注意对猪只的安全及应激影响。

（6）严格按照手术操作要领进行具体操作。

（7）各小组成员间协调有序,团结互助。

（8）完成工作后各组资料整理上交,用具设备清理归库。

二、猪难产的诊断与处理

◆ 任务描述

有一头已到预产期的母猪迟迟不见生产,疑似胎向不正,畜主非常着急。请到现场为该畜主的母猪进行诊断和及时处理,以尽可能挽回畜主的损失。

◆ 人员组织、材料准备

1. 人员组织　按照实际工作需要进行分组分工,责任到人。

2. 材料准备　产科钳、产科钩(图 4-2-18)、产科导杆、套绳(图 4-2-19、图 4-2-20)、肥皂、注射器、母猪骨盆局部解剖关系图等。

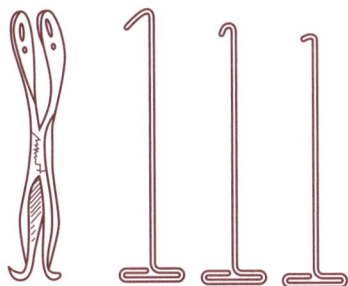

图 4-2-18　产科钳、产科钩

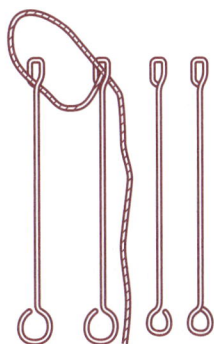

图 4-2-19　产科导杆、套绳

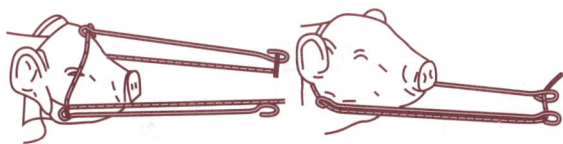

图 4-2-20　产科导杆和套绳的使用方法

◆ 任务流程框图

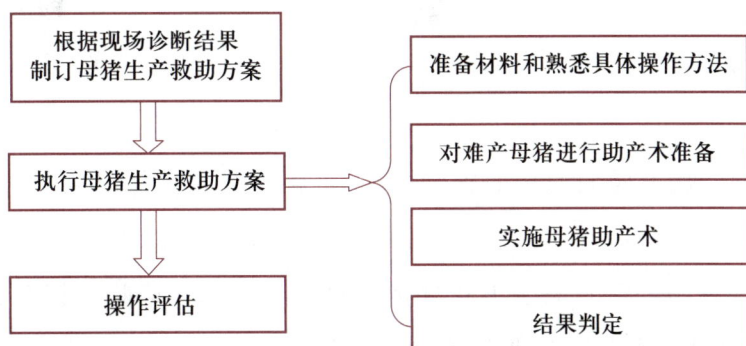

根据现场诊断结果制订母猪生产救助方案 → 执行母猪生产救助方案 → 操作评估

准备材料和熟悉具体操作方法

对难产母猪进行助产术准备

实施母猪助产术

结果判定

◆ **实施步骤**

详见表 4-2-3。

表 4-2-3　猪难产救助任务实施指导表

序号	任务分解	工作内容
1	熟悉母猪难产处理的方法及所需工具材料	组内各成员共同研讨猪难产的诊断方法及操作要领
2	制订猪难产救助操作方案	根据难产救助工作需要,对组内人员进行明确分工,有序参与各个环节的操作,明确各操作环节中的人员防护注意事项,并做好记录
3	保定难产母猪	根据处理方案的不同,采用适宜的保定方法
4	准备母猪难产救助处理器械及材料	按难产救助处理方案的要求,进行器械、药物等材料的准备工作
5	开展对难产母猪的救助工作	(1) 非手术助产处理:针对由于胎位不正、产力不足等因素引起的难产,可选用非手术助产方法进行处理。 (2) 剖腹手术处理:针对胎儿过大、产道狭窄等原因引起的难产,一般采取手术处理

◆ **猪难产的救助方法**

1. 胎向不正　胎儿在母猪产道内的正常胎向为纵向胎向(图 4-2-21),异常胎向有竖向和横向。竖向和横向胎向根据胎儿背侧或腹侧向产道,又可分为腹竖向、背竖向和背部前置横向(图 4-2-22)、腹部前置横向(图 4-2-23)。

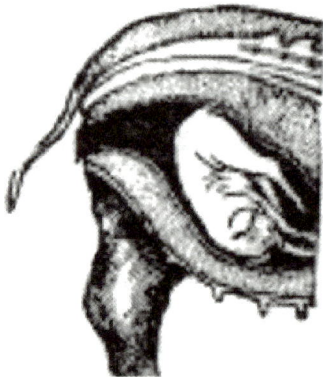

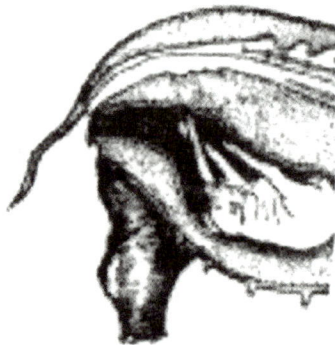

图 4-2-21　纵向　　　　图 4-2-22　背部前置横向　　　　图 4-2-23　腹部前置横向

(1) 腹竖向胎向　胎儿竖向腹部前置,检查时可触及胎儿身体纵向与母体纵轴上下垂直,腹侧朝向产道出口。如胎膜已破,胎儿竖立四肢进入产道。检查时常可触及胎儿四肢和腹壁朝向出口(图 4-2-24)。纠正时,右手五指并拢伸直,伸入产道,将胎儿相对较产道前部的部分往子宫方向推,使胎儿变为正生上位胎位或倒生下位胎位,对倒生下位胎位的胎儿再进行胎位矫正,使其转变为倒生上位胎位,最后握住胎儿位于产道后部的部分(两前肢及头或是两后肢),缓缓拉出。

(2)背竖向胎向　胎儿竖向背部前置,检查时可触及胎儿身体纵向与母体纵轴上下垂直,背朝向产道出口(图4-2-25)。纠正时,将胎儿位于产道前部的一端向子宫方向推进,使胎儿的纵轴与母体纵轴平行,并将胎位矫正为正生上位或倒生上位的胎位姿势,最后用手握住胎儿位于产道后部的部分(两前肢及头或两后肢),缓缓拉出。

图 4-2-24　胎儿竖向腹部前置示意图　　　图 4-2-25　胎儿竖向背部前置示意图

猪只竖向难产不很常见,一旦发生,只要按上述方法助产,一般容易成功。

(3)胎向不正还有横向(背部前置的横向和腹部前置的横向)胎向,是指胎儿的纵轴与母体的纵轴呈水平垂直的一种胎向。这种胎向的胎儿,母体也不能正常分娩,必须进行胎向矫正,方法与竖向胎向相似。

2. 胎位不正　可分为侧胎位和下胎位(图4-2-26、图4-2-27)两种。下胎位时,以手握住两后肢,将胎儿扭转180°,使胎儿变为上胎位,然后缓慢拉出。如果胎儿一部分已进入产道,而扭转困难时,可将胎儿向子宫方向推至骨盆口之前或推回子宫内,再进行胎位矫正。

图 4-2-26　正生下胎位图　　　　　图 4-2-27　倒生下胎位图

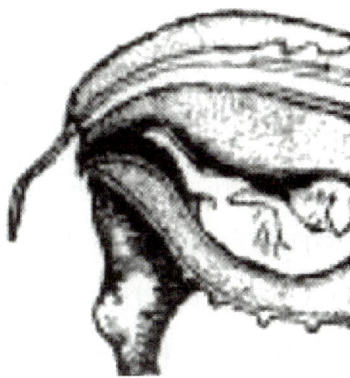

3. 胎势不正　前肢胎势不正的肩关节屈曲(图4-2-28A)及肘关节屈曲,只要分娩正常,阵缩和努责有力,则不影响产出。仅腕关节屈曲(图4-2-28B),有时需要助产,可用手或产科钩矫正不正前肢。如果已进入产道,而矫正困难时,推回后再进行矫正拉出。

后肢姿势不正,在猪倒生时,若跗关节屈曲(图 4-2-28C),可将手伸入产道,用食指和中指夹住一后肢,用中指和无名指夹住另一后肢,将两只跗关节握在掌中,然后慢慢拉出;髋关节屈曲时(图 4-2-28D),手伸入子宫内,握住不正肢,通过矫正即能将胎儿拉出。

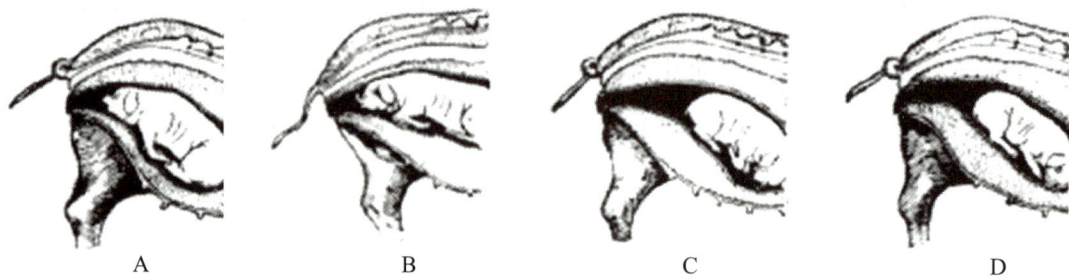

图 4-2-28　难产不正姿势示意图

A. 肩关节屈曲　B. 腕关节屈曲　C. 跗关节屈曲　D. 髋关节屈曲

总之,凡胎势不正,矫正时使胎儿前置部分变为正常胎向或下胎位头前置及下胎位尾前置,均可将胎儿拉出。

凡经手矫正肢节不成功时,则借助产钩矫正。

◆ 注意事项

(1) 注意操作人员的安全防护。

(2) 注意对猪只的安全及应激影响。

(3) 助产时母猪外阴附近用 0.1% 高锰酸钾溶液冲洗消毒。术者手指甲剪短磨平,消毒后涂上油伸入产道助产。产道内灌注温肥皂水有助于助产。

(4) 手伸入产道,抓住胎儿后,应随母猪努责时拉出,当母猪虚弱无力努责,可肌内注射强心剂,必要时静注葡萄糖溶液。

(5) 助产完毕,向子宫内投放广谱抗生素,如土霉素 4~8 g。若助产无效,应尽早进行剖宫手术取胎。

(6) 如果产道有损伤,则按损伤处治,即先用 0.1% 高锰酸钾液冲洗产道,然后伤口涂擦青霉素、红霉素或磺胺油膏,肌内注射青霉素、链霉素。

(7) 各小组成员间协调有序,团结互助。

(8) 完成工作后各组资料整理上交,用具设备清理归库。

三、猪乳房炎的诊断与治疗

◆ 任务描述

现有一头分娩 1 周左右的母猪,乳房膨大,吃食基本正常,但拒绝哺乳幼猪仔,小猪饥饿难耐,围着母猪转,畜主非常着急。请到现场帮助畜主调理好母猪的异常状态,尽可能挽回畜主的损失。

◆ **人员组织、材料准备**

1. 人员组织　按照实际工作需要进行分组分工,责任到人。

2. 材料准备　注射器、针头、脱脂棉、乙醇、碘酒、普鲁卡因注射液、青霉素、生理盐水或注射用水、毛巾、面盆等。

◆ **任务流程框图**

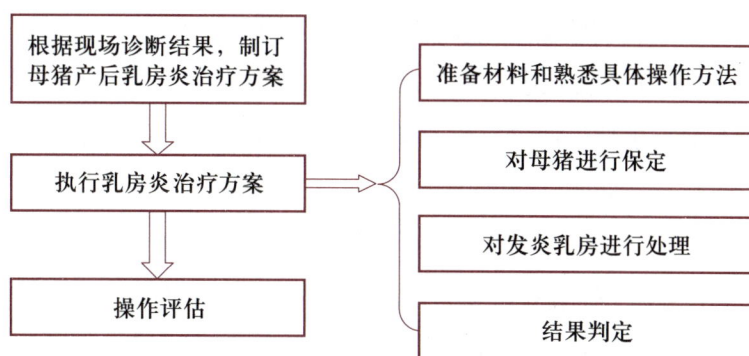

根据现场诊断结果,制订母猪产后乳房炎治疗方案 → 执行乳房炎治疗方案 → 操作评估

执行乳房炎治疗方案 → 准备材料和熟悉具体操作方法 / 对母猪进行保定 / 对发炎乳房进行处理 / 结果判定

◆ **实施步骤**

详见表4-2-4。

表4-2-4　猪乳房炎处理任务实施指导表

序号	任务分解	工作内容
1	熟悉母猪乳房炎处理的方法及所需工具材料	组内各成员共同研讨猪乳房炎的诊断方法及操作要领
2	制订猪乳房炎处理操作方案	根据工作需要,对组内人员进行明确分工,有序参与各个环节的操作,明确各操作环节中的人员防护注意事项,并做好记录
3	保定患病母猪	根据处理方案的不同,采用适宜的保定方法
4	准备母猪乳房炎处理器械及材料	按猪乳房炎处理方案的要求,进行器械、药物等材料的准备工作
5	开展母猪乳房炎处理工作	(1) 全身处理:对患病母猪进行镇静处理,缓减本身处于高度紧张状态给母猪带来的精神压力,减小对母猪局部处理时带来的额外应激。 (2) 局部处理:有针对性地对患病乳腺进行处理,降低局部压力及消除致炎因素

◆ **母猪乳房炎的局部处理方法**

(1) 用生理盐水或注射用水将普鲁卡因稀释成0.25%或0.5%溶液30~60 mL,再将160万~240万IU青霉素溶解其中;猪横卧保定,环绕发炎的乳房基部(健康猪任选一乳房),找3~5点(图4-2-29),先用碘酒、乙醇消毒,针头垂直(稍朝乳房方向)刺入2~3 cm深。每点注入配好的普鲁卡因溶液6~12 mL。

（2）注药时针头向左右摆动,使药液向四周扩散;注完药液,拔针消毒。每天注射封闭 1 次,连用 2 日。

（3）乳房温敷疗法一般在炎症急性期过后才使用。母猪站立或横卧保定,用毛巾叠成 3~4 层,在温水中浸湿,压去过多的水（水温要求 50~60℃,也可将水改成醋,或用活血化瘀中药煎汁）,将患病乳房、乳头全部盖住,毛巾与乳房必须贴紧,待毛巾温度降低时重新用温水浸湿再敷,如此反复操作 10~20 分钟,每天可敷 2~3 次,连敷 2

图 4-2-29　乳房外测封闭点
（以黑点表示）

天。因温热刺激,可使血管扩张,加快血液循环,促进炎症消散,同时还有镇痛效果,但是出血性乳房炎禁用此法。

◆ 注意事项

（1）乳房炎封闭疗法,是利用麻醉药,通过局部注射阻断炎症区向中枢传递,既可减轻疼痛,又能改善神经营养,从而达到消炎目的;加上青霉素抗菌,这样的双重作用,效果更佳。但要注意购买正品药,配药浓度要准确,才能保证疗效。

（2）普鲁卡因配上青霉素,严禁再加链霉素,因为链霉素会加大普鲁卡因的毒性。

（3）乳房炎初期红肿热痛,要用冷敷不用热敷。冷敷可收缩血管,使渗出作用降低,加强散热,进而降低神经的兴奋和传导性,达到止痛消炎效果。

任务反思

1. 猪有哪些常见外科、产科疾病?
2. 猪疝的诊断和防治要点是什么?
3. 猪难产的诊断和防治要点是什么?
4. 猪乳房炎的诊断和防治要点是什么?

任务 4.3　猪常见营养代谢性疾病

任务目标

知识目标　了解猪常见营养代谢性疾病。

技能目标　会运用临床诊断方法对仔猪低血糖症进行诊断,并能进行相应的防治操作。

任务准备

一、佝偻病和软骨症

佝偻病是由于维生素 D 缺乏和钙磷代谢障碍而引起的仔猪骨组织发育不良的一种非炎性疾病;**软骨症**是成年猪由于钙磷代谢障碍,引起骨组织进行性脱钙的营养代谢疾病。

(一)病因

佝偻病主要由于妊娠母猪体内矿物质(钙、磷)或维生素缺乏,影响胎儿骨组织的正常发育;或在仔猪断奶前后,饲料调配不当,钙和磷含量不足或比例失调,维生素 D 缺乏;或因猪舍光照不足,使仔猪皮肤中的维生素 D 原不能转变为维生素 D;或患胃肠疾病影响钙磷的吸收利用。

此外,母乳不足或断奶过早、寄生虫病、先天发育不良等也能促进佝偻病的发生。日粮中蛋白质饲料过多,在体内形成大量酸类,与钙形成大量不溶性钙盐,可继发本病。

成年猪骨软症是由于遗传、营养、管理等多种因素综合作用的结果,其中以遗传因素较为重要。营养不全、钙的吸收与利用不足也是一个原因。

(二)症状

佝偻病患病初期,仔猪喜啃咬饲槽、墙壁、泥土,继而喜卧,常发生跛行,步样强拘,行走困难,有时突然倒地。病情严重时长骨变形,关节肿胀(图 4-3-1),触之疼痛,有的不能起立,跪卧采食。成年猪早期运步强拘,拱腰;中期喜卧,哄赶时嚎叫,站立拱腰,蹄尖着地,步幅短小;后期严重时高度跛行,甚至卧地不起,有的因机体虚弱而继发褥疮,死于败血症。

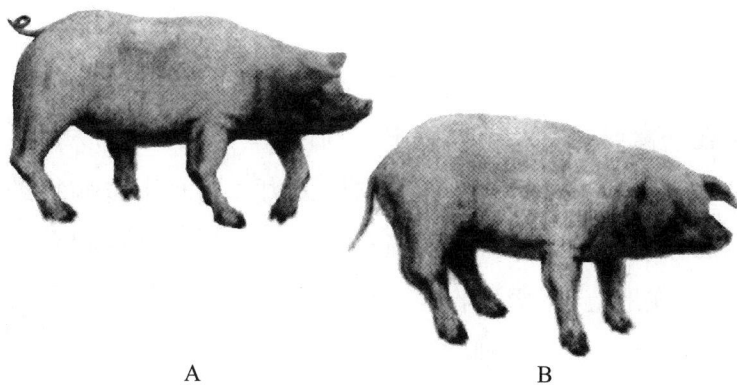

A   B

图 4-3-1　猪佝偻症(A)、软骨症(B)

(三)诊断

一般根据病史情况和临床症状表现,就可对本病做出初步诊断。

（四）防治

1. 预防　加强怀孕母猪、哺乳母猪、仔猪的饲养管理,给予含钙、磷充足且比例适合的饲料,如豆科牧草和其他多种青绿饲料,加喂钙粉;母猪要从选种入手;有条件的应加强室外运动和放牧。

2. 治疗　佝偻病的治疗主要以补充维生素 D 为主,治疗软骨症则以补钙或调整钙磷比例为主:

（1）10%葡萄糖酸钙仔猪 20 mL/头,成年猪 50~100 mL/头,静注或肌注,连用 3 天。

（2）多维钙片每千克体重 0.3 mg 口服,每日 2~3 次,直至痊愈。在服用钙剂的同时,肌注维生素 D_3 2~6 mL/头,或维丁胶性钙 5~15 mL/头。

（3）中药"苍术牡蛎散"　苍术 200 g,牡蛎 100 g 为末,仔猪 5~10 g/次,每天口服 2 次,连用数日,成年猪加大用量。

二、仔猪低血糖症

仔猪低血糖症是新生仔猪血糖低于正常值而引起的中枢神经系统机能活动障碍的营养代谢病,常发生于 1—4 日龄的仔猪,也有延至 7 日龄的。此病是 1 周龄内小猪营养代谢性疾病死亡的主要原因。

（一）病因

由于对妊娠母猪饲养管理不当,使母猪缺乳或无乳,导致新生仔猪摄取的营养不足;或新生仔猪在母体内生长发育不充分,造成营养不良性低血糖症。此外,新生仔猪受寒冷刺激后,为维持正常体温而增加体内糖原的消耗,使体内储存的糖原减少,当回温后随着所需能量的增加,则易发生低血糖症。乳猪患有大肠杆菌病或患有先天性震颤而无力吮乳,都可促使本病发生。

（二）症状

仔猪低血糖症常在一窝或几窝新生仔猪中,生后 2~3 天内(个别为 7 天)突然发病,表现为停食,卧地不起,精神委顿,被毛干枯无光,四肢软弱无力。约有半数病猪卧地后出现阵发性痉挛,呈现头向后仰,四肢作游泳状,有时伸直,瞳孔散大,口微张,并从口角流出少量泡沫。有的肢体轻瘫,不能负重而卧在地上,痉挛性收缩,感觉迟钝或消失,体表冰冷,对周围事物无反应。体温多偏低,大都在发病后两小时(个别拖延到 1 天)内昏迷而死。

（三）诊断

一般根据病史情况和临床症状表现,就可对本病做出初步诊断。

（四）防治

1. 预防　加强母猪的饲养管理,以保证母猪在妊娠期内供给胎儿足够的营养和在分娩后有充足的乳汁。当母猪乳汁不足时应尽快催乳,或将仔猪寄养于其他母猪处哺乳;保持圈舍清洁卫生和适宜的温度,以防新生仔猪受寒和消化障碍;在仔猪出生后 4~12 小时内给予 5% 的葡萄糖溶液口服;加强仔猪护理,防止受寒和压死。

2. 治疗　以补糖为主,辅以其他疗法:

(1)腹腔注射 10% 葡萄糖溶液 20~30 mL,也可口服葡萄糖。

(2)促进糖原异生,可配合使用肾上腺皮质激素,如地塞米松 0.5~1 mg/头,一次肌内注射;或醋酸可的松注射液 2~4 mg/头,一次肌内注射,可提高疗效。

三、异嗜癖

异嗜癖是由于代谢机能紊乱、味觉异常引起,常吃不该吃的东西;多发生于仔猪和母猪,且多发生在冬季和早春。

(一)病因

母猪饲养条件较差,营养不足,加之仔猪饲料配合不当,缺少矿物质类及维生素,如钠、铜、钴、锰、钙、铁、硫等矿物质,特别是钠盐不足,通常异嗜带碱性的物质,也有因 B 族维生素的缺乏或仔猪患有其他疾病,如慢性胃肠炎、软骨症、寄生虫病、矿物质吸收利用障碍及毒素作用等而引起。

(二)症状

仔猪喜啃泥土、栏木、砂石、墙上石灰及垫草等,食欲降低,消瘦,被毛无光,生长不良;仔猪相互啃咬尾巴、耳朵,断奶后的仔猪、架子猪相互啃咬对方耳朵、尾巴和鬃毛时,常可引起相互攻击和外伤;母猪一般还见产后吃胎衣、咬食乳猪等。

异嗜癖慢性经过,对早期和轻型的患猪,若能及时改善饲养条件,积极治疗,很快就会好转,否则病程拖延很长,可达数月或更长时间;有的呈周期性好转与发病交替变化。

(三)诊断

一般根据病史情况和临床症状表现,就可对本病做出初步诊断。

(四)防治

改善配合饲料成分,适当补充矿物质与维生素。发生本病后,给予青绿饲料,在饲料中加入食盐及骨粉等;让猪只多接触新鲜土壤;有人运用氯化钴对异嗜癖进行防治,效果良好,剂量为 10~20 mg/头,硫酸铜配合氯化钴应用效果更好。此外,也可配合各种微量元素添加剂使用。

四、B 族维生素缺乏症

B 族维生素缺乏症是维生素 B_1、维生素 B_6、维生素 PP(烟酸)等多种缺乏的总称。B 族维生素易从水中丧失,很少或几乎不能在猪体内储存,因此,B 族维生素短期缺乏或不足会降低体内某些酶的活性,阻止相应的代谢过程,影响猪只机体健康。

（一）病因

B 族维生素的来源很广泛,在青饲料、麸皮、米糠、酵母及发芽的种子中含量最高,只是玉米中缺乏维生素 B_5(泛酸)。如果饲喂单一饲料,饲料搭配不合理;饲料被日光长久暴晒,或经加热处理、碱化处理,均可使猪体 B 族维生素缺乏,引起本病。大多 B 族维生素能通过机体消化道中的微生物来合成,但当猪消化功能长期障碍、腹泻等,会引起 B 族维生素不足。此病也有因继发其他病而引起的。

（二）症状

维生素 B_1 缺乏常致食欲减退或消失、腹泻、心跳增速、跛行,进而出现肌肉萎缩和四肢麻痹,消瘦,有时出现水肿,最后呼吸麻痹而死。不过临床上猪单纯缺乏维生素 B_1 的少见。维生素 B_2(核黄素)缺乏表现生长缓慢,消化紊乱,呕吐;皮肤粗糙,发生红斑及鳞屑,脱毛,溃疡等,特别在鼻、耳后、背的两侧、腹股沟及蹄冠易发生。维生素 PP 缺乏表现为无食欲,严重腹泻,皮炎,神经紊乱和贫血。维生素 B_5 缺乏表现生长不良,腹泻,咳嗽,脱毛,运动失调,食欲废绝。

（三）诊断

一般根据病史情况和临床症状表现,就可对本病做出初步诊断。

（四）防治

注意饲料多样化,饲喂中补给青绿饲料;日粮和配合饲料防止暴晒,禁止用碱处理,减少对饲料的加热,应在日粮中添加米糠、麸皮、酵母等;不宜过早断奶。为了预防 B 族维生素缺乏症,可在饲料中添加多种维生素,或直接添加硫胺素 3~4 g/t、泛酸钙 1.1~1.6 g/t。综合症状明显时,肌内注射复合维生素 B 注射液 2~4 mL/次,或配合使用维生素 B_2、维生素 B_5、维生素 PP;口服酵母 5~10 g/次。对继发引起的主要治疗原发病,同时辅助上述防治方法。

五、硒-维生素 E 缺乏症

硒-维生素 E 缺乏症是由于猪体内缺乏硒及维生素 E 所引起的以心肌营养不良、肌肉变性、渗出性素质和脑软化为主要病变的代谢性疾病,多发生于缺乏青饲料的冬末春初,以仔猪较为严重。硒-维生素 E 缺乏症较为普遍,目前,此症已引起国内外的普遍重视。

（一）病因

单纯的硒缺乏症或维生素 E 缺乏症并不多见。在临床中较为多发的是硒和维生素 E 的共同缺乏所引起的猪硒-维生素 E 缺乏症。硒在动物体内有多种功能,主要参与破坏已生成的过氧化物而起到保护细胞膜的作用;维生素 E 具有抗氧化作用。无论是硒缺乏还是维生素 E 缺乏或饲料中不饱和脂肪酸过多,均会导致细胞膜及亚细胞膜结构损伤,功能紊乱,引起机体发病。

（二）临床症状

硒-维生素 E 缺乏症多发生于 20 日龄左右的仔猪和 2—4 月龄的小猪,患猪营养良好,在同窝仔猪中身体健壮而突然发病。发病时体温一般无变化,食欲减退,精神不振,呼吸急促,喜卧,如果是白猪,还可见到皮肤苍白,常突然死亡;病程稍长者,后肢强硬,拱背,行走摇晃,肌肉发抖,步幅短而呈痛苦状,有时两前肢跪地移动,后躯麻痹,部分仔猪出现转圈运动或头向侧转,心跳加快,心律不齐,最后因呼吸困难、心脏衰弱而死亡。

(三)剖检病理变化

剖检可见心包积水,心肌色淡(图4-3-2),尤其左心肌变性最为明显。有的可见心肌斑点、出血(图4-3-3),外观呈紫红色如桑葚状;肝呈紫黑色(图4-3-4),肿大1~2倍,质脆易碎,呈豆腐渣样;骨骼肌,特别是后躯臀部肌肉和股部肌肉色淡(图4-3-5),呈灰白色条纹,膈肌呈放射状条纹,切面粗糙不平,有坏死灶;2—4月龄小猪则见皮下组织及内脏黄染。

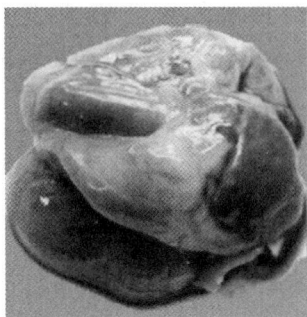

图4-3-2 心肌色淡,心冠水肿, 心耳紫红色

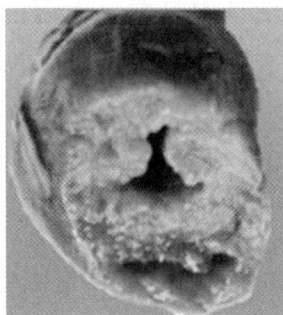

图4-3-3 心肌出血、变性,质软

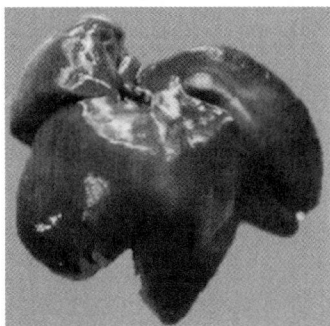

图4-3-4 肝大,呈紫黑色

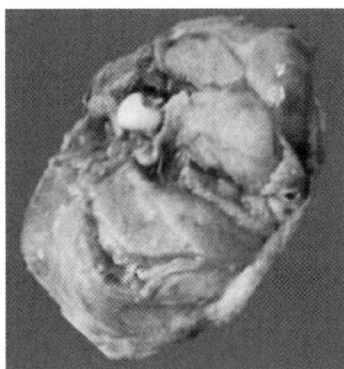

图4-3-5 臀肌变性,色淡

(四)诊断

一般根据病情和临床症状表现,就可对本病做出初步诊断。

(五)防治

1. 预防 增加青饲料与富含硒及维生素E的饲料(如苜蓿、麦麸、小麦胚油及鱼粉等),并做到饲料比例搭配均匀,同时应防止饲喂发霉饲料及变质的油脂饲料。在本病多发地区,用亚硒酸钠溶液肌内注射,有预防作用。仔猪出生7天内、断乳时和断乳后1个月各注射1次0.1%亚硒酸钠溶液2~5 mL/头和维生素E 10~15 IU/kg。在母猪妊娠和哺乳期,每半月口服或皮下注射 1～1.5 mg/头硒制剂。

2. 治疗　可选用硒及维生素 E 制剂,如 0.1%亚硒酸钠注射液,20 日龄仔猪 1～2 mL/头;2—4 月龄 3～4 mL/头;或亚硒酸钠-维生素 E 1～3 mL/头(每毫升含硒 1 mg、维生素 E 50 IU),隔 20 日再注射 1 次。

六、锌缺乏症

锌缺乏症是由于锌缺乏引起的表皮受损的一种慢性营养代谢病。临床上以猪只皮肤痂皮增厚和皲裂、繁殖障碍及骨骼发育异常为特征,使之生长发育迟缓,生产性能降低。

(一) 病因

锌是动物生命活动中起重要作用的微量元素,是多种酶的重要组成成分和激活剂。锌同时参与体内蛋白质合成及核糖核酸(RNA)、脱氧核糖核酸(DNA)的代谢,也是胰岛素的重要成分。锌的需要量,猪体为 0.005%～0.008%。土壤与饲料中锌含量不足是发生本病的主要原因。国内外大量试验表明,高钙日粮可诱发缺锌症,铁、碘、维生素 D 及半纤维素等含量过多均能影响锌的吸收利用。

此外,锌缺乏与遗传因素和日粮中铜含量不足也有关系。

(二) 症状

猪体缺锌,则食欲减退,消化功能减弱,腹泻,贫血,生长发育停滞;猪股骨变小,韧性降低;长骨随缺锌程度的不同而成比例缩短、变粗,形成骨短粗症;母猪产仔减少,或性周期紊乱,不易受孕,胎儿畸形,出现早产、流产、死胎;公猪精液质量下降,出现不育。锌缺乏的典型症状是皮肤角化不全,早期表现为腹下和股内侧发红,由红斑发展成丘疹,很快表皮变厚、结痂。这种病变在少数猪只局限于原发区域,但大多数猪能扩展至身体的大部分面积,有的扩展至整个体表,并呈对称性分布;痂皮裂开,形成大小和形状不同的角质,表皮组织圆丘,表面干燥、粗糙,有的病例在痂皮下有化脓灶,有的大片脱毛,轻度瘙痒。

(三) 诊断

一般根据病情和临床症状表现,就可对本病做出初步诊断。

(四) 防治

碳酸锌、硫酸锌或氧化锌均可作为有效的锌来源。锌的需要量受所饲喂蛋白质类型的影响,可饲喂豆饼作为蛋白源,钙的推荐量约为每千克体重 50 mg。在日粮中补加 54%亚油酸的大豆油,可防止本病的发生。猪日粮中加 0.02%的碳酸锌也可预防锌缺乏症。对皮肤病变可涂擦 10%氧化锌软膏,同时配合应用维生素 A 效果更佳。

对继发性缺锌的,要注重原发病的治疗。

七、铜缺乏症

铜缺乏症是由于日粮中铜含量不足引起的一种慢性代谢病。临床上以猪只贫血、心脏肥大和被毛褪色为特征。

（一）病因

饲料中铜含量不足或铜含量过高，铜的吸收利用率均会下降。此外硫、锰等元素和抗坏血酸都是铜的抵抗因子，如果过多，均不利于铜的吸收，易引起铜缺乏症。

（二）症状

猪的铜缺乏症表现为食欲减退或消失，腹泻，被毛无光；眼结膜色淡，贫血，精神不振；四肢发育不良，关节不能固定，骨及关节变形，甚至关节畸形，跗关节过度屈曲，呈蹲坐姿势，前肢弯曲，共济失调；重症时由于前肢不能负重，因而卧地难起。

（三）诊断

一般根据病情和临床症状表现，就可对本病做出初步诊断。

（四）防治

1. 预防　改善日粮组成，喂给全价饲料，肉猪或母猪饲料中铜添加量每千克体重 6 ~ 10 mg，20 kg 仔猪铜添加量每千克体重 12 ~ 15 mg。

2. 治疗　内服铜制剂可使症状很快消除。用硫酸铜 20 ~ 30 mg/头，溶于水内服，每天 1 次，连用 15 ~ 20 天，间隔 15 天再服，直至症状消失。如将铜与钴配合服用，可提高治疗效果。

八、铁缺乏症

铁缺乏症是由于猪只机体中铁缺乏而引起的一种以血红蛋白含量降低、红细胞数量减少、皮肤黏膜苍白、生长受阻为特征的疾病。若仔猪患病，则称仔猪营养性贫血。本病多发生于 1—4 周龄的仔猪，尤其在冬春两季多见。

（一）病因

仔猪出生 1 周左右对铁需要量较大，而且体内铁的储存量低，需要靠哺乳、觅食或掘土获得，如果因母乳中铁含量低微或乳汁不足，或因年幼还未开食，加上在用石头、砖块、水泥铺地的猪舍内饲喂仔猪，如不补饲铁剂，极易发生缺铁性贫血。实践证明，仔猪出生后血红蛋白低，则有较高的贫血率和病死率。仔猪慢性消化道疾病影响其从乳汁中吸收营养，可引起发病。成年猪如患有出血性或溶血性疾病、胃肠寄生虫以及某些慢性传染病时，可继发本病。

此外，饲料中缺乏铁、钴、锰、维生素 B_{12}、叶酸及蛋白质，也可发生本病。优良仔猪、猪杂交一代或其他早熟品种仔猪，由于生长发育快，尤其容易发生本病。

（二）症状

仔猪多在出生后 7 ~ 10 天发病。病猪精神沉郁，食欲减退，被毛粗乱无光泽，生长缓慢；白猪可见鼻端及四肢内侧，以及全身贫血苍白（图 4-3-6），皮肤松弛，肌肉紧张性降低；可视黏膜苍白、黄染，呼吸增数，脉搏加快，常发生腹泻。有的病猪会突然死亡，有的虽能成活，但多消瘦，弓背缩腹，躺卧倦怠，生长迟缓，增重缓慢。

（三）剖检病理变化

剖检可见皮肤及黏膜苍白,有轻度黄疸;肾实质色淡,变性;血液稀薄;肌肉,特别是骨骼肌和心肌色淡(图4-3-7);肝大,脂肪样变性,呈淡灰红色;肺水肿,气管内有多量泡沫样分泌物。

图 4-3-6 仔猪被毛粗乱无光泽,苍白

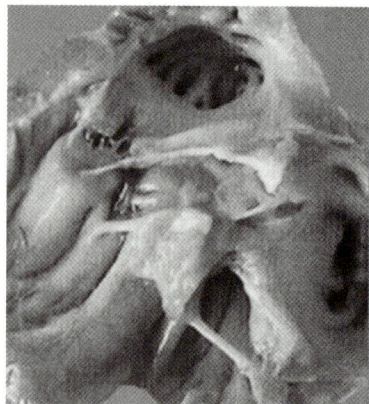

图 4-3-7 心肌色泽暗淡

（四）诊断

一般根据病情和临床症状表现,就可对本病做出初步诊断。

（五）防治

1. 预防 加强哺乳母猪饲养管理,给予富含蛋白质、矿物质和维生素的全价饲料,以保证充分供奶。仔猪应随同母猪到舍外活动或放牧,或在猪舍内放置红土或深层干燥泥土,让仔猪自由拱食。仔猪出生后 3～5 天可开始补饲铁剂,补铁方法参照治疗方法;也可用硫酸亚铁溶液:硫酸亚铁 45 g,硫酸铁 7.5 g,糖 450 g,水 2 L,每日涂擦于母猪的乳头上供乳猪舔食,或让仔猪自饮。

2. 治疗

（1）硫酸亚铁 2.5 g,硫酸铁 1 g,水 100 mL,按每千克体重 0.25 mL 口服,每日 1 次,连用 7～14 日。

（2）右旋糖苷铁深部肌内注射 2 mL/头。重症者隔 2 天注射 1 次,并配合应用叶酸、维生素 B_{12} 等。

（3）后肢深部肌内注射血多素(含铁 200 mg)1 mL/头。

（4）母猪产前 7 天至产后 20 天,添加 0.15%苏氨酸铁(氨基酸螯合铁),可通过胎盘迅速输送给胎儿,对预防仔猪缺铁性贫血较为有效。

🔖 任务实施

仔猪低血糖症腹腔注射

◆ 任务描述

现有一窝 2—3 日龄的初生仔猪 12 头,经初步诊断,该群仔猪患有初生仔猪低血糖症,请先查阅相关仔猪低血糖症的发病原因及病变机制、处理方法及处理后的护理要求,对患病仔猪进行及时合理的处理,并保证整个处理过程安全有序进行,患猪恢复健康。

◆ **人员组织、材料准备**

1. 人员组织　按照实际工作需要进行分组分工,责任到人。

2. 材料准备

(1)注射器、小针头(7号)、乙醇、碘酒、棉花、5%葡萄糖注射液。

(2)工作记录笔、工作记录本(册)。

◆ **任务流程框图**

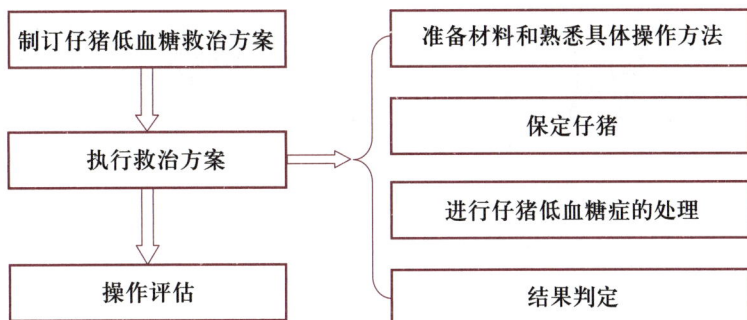

制订仔猪低血糖救治方案 → 执行救治方案 → 操作评估

执行救治方案 → 准备材料和熟悉具体操作方法 / 保定仔猪 / 进行仔猪低血糖症的处理 / 结果判定

◆ **实施步骤**

详见表 4-3-1。

表 4-3-1　仔猪低血糖症救治任务实施指导表

序号	任务分解	工作内容
1	熟悉仔猪低血糖症的处理方法及所需工具材料	组内各成员共同研讨仔猪低血糖症的诊断方法及操作要领
2	制订治疗仔猪低血糖症的操作方案	根据实际工作需要,对组内人员进行明确分工,有序参与各个环节的操作,明确各操作环节中的人员防护注意事项,并做好记录
3	保定猪只	根据处理方案,采用倒立保定
4	对患病仔猪进行救治处理	按仔猪低血糖症的救治方案要求,对患病仔猪进行腹腔注射补糖工作
5	进行仔猪处理后的护理	对刚进行完救治处理的仔猪及时保温和提供哺乳

◆ **仔猪低血糖症腹腔注射操作方法**

(1)先将葡萄糖液加温至 37~38℃(夏季可以不加温),用注射器吸入 20~30 mL,备用。

(2)由一助手将仔猪倒立保定(图 4-3-8),双后脚提起,以便使肠下移,腹部对着投药者,在髋结节水平线上,离乳头 2~2.5 cm 处(左右侧均可),严格消毒,左手握住膝部皱褶,右手持注射器,垂直皮肤,稍向下刺入腹腔,深 1~1.5 cm(图 4-3-9),刺入腹腔手上有空腔感觉,然后缓缓注入药液,注完压迫针孔并拔针,彻底消毒。

图 4-3-8　助手倒立保定仔猪　　　　图 4-3-9　腹腔注射部位示意

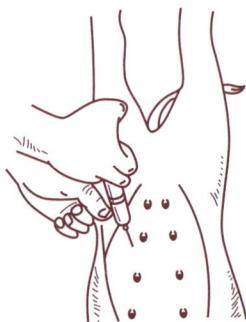

◆ **注意事项**

(1)操作时,一定要严格消毒,注射针头宜细不宜粗;粗则损伤组织过大,造成感染的机会增大,易导致腹膜炎、肠粘连等。用 5 号小儿头皮针代替,既方便好用,又安全保险。

(2)刺入腹腔时可用食指卡住刺入针头所规定的长短,**不能刺得过深,否则会刺伤胃肠、肝及膀胱,要特别注意**。

(3)药物温度要与体温一致,用药量也需控制,否则会造成感染性腹膜炎。

(4)倒立保定仔猪时,如果仔猪挣扎厉害、嘶叫,不要急于进针,需待仔猪安静下来后再进行腹腔注射。仔猪强力挣扎而强行进行腹腔注射时,针头会在腹腔内摆动而无法控制,容易导致腹腔内脏的损伤。

任务反思

1.猪有哪些常见营养代谢性疾病?

2.如何区别仔猪铁缺乏症和仔猪低血糖症? 怎样治疗?

3.试述仔猪低血糖症腹腔投药的方法。

4.腹腔投药治疗仔猪低血糖症应注意哪些问题?

任务 4.4　猪常见中毒性疾病

任务目标

知识目标　了解猪常见中毒性疾病。

技能目标　会对猪发生亚硝酸盐中毒进行紧急处理。

任务准备

一、酒糟中毒

高粱酒酒糟或啤酒酒糟等是酿酒后的副产物,量大而且价廉,常用作猪饲料,但饲喂酸败酒糟、饲喂量过多或饲喂方法不对,可造成酒糟中毒。

(一)病因

酒糟为酿酒原料的残渣,其中所含有毒物质源于不良酿酒工艺及发酵酸败,逐渐形成多种游离酸(如醋酸、乳酸、酪酸)和杂醇油(如正丙醇、异丁醇、异戊醇)等,醋酸是常见的有毒成分。如果多量长期饲喂酒糟,或突然改喂大量酒糟,或因对酒糟保管不严,被猪大量偷吃,很容易引起中毒。如果酒糟发生严重霉败变质,饲喂后也易引起中毒。

(二)症状

酒糟中毒的表现为:急性中毒病初兴奋不安,随之呈现一系列的胃肠炎症状,如食欲减退或废绝,腹痛,腹泻;心动快速,脉搏细弱,呼吸急促,甚至步态不稳或躺卧不起,终因四肢麻痹、呼吸中枢麻痹而死亡。

慢性中毒呈现消化不良,可视黏膜潮红、黄染,发生皮疹或皮炎,病部皮肤肿胀或坏死,有时发生血尿。怀孕母猪往往引起流产。

(三)剖检病理变化

剖检可见胃肠黏膜发生充血和出血;小结肠段可出现固膜性肠炎,直肠段则见出血和水肿,肠系膜淋巴结充血;肺充血和水肿;肝、肾肿胀,质地变脆;心有出血斑。

(四)诊断

一般根据病情和临床症状表现,就可对本病做出初步诊断。

(五)防治

1. 预防　新鲜酒糟能促进猪的食欲,帮助消化,是良好的猪饲料,在夏秋炎热季节应饲喂新鲜酒糟,喂量要适当。成年猪每天喂 1~1.5 kg,最好搭配一些青饲料混喂。酒糟量大,可保存于地窖坑内,上层盖好,避免日晒雨淋;或者装在饲料缸中压紧,缸口用塑料布包好,以隔绝空气。在轻微酸败变质的酒糟中,可加入石灰粉或石灰水,以中和醋酸,降低其毒性。一旦发现猪中毒,应立即停喂。

2. 治疗

(1)轻者一般不用治疗,停止饲喂酒糟,精心护理 2~3 天即可恢复健康;病重猪可肌内注射 10%安钠咖 5~10 mL/头,同时静脉或腹腔注射 5%葡萄糖生理盐水 500~1 000 mL/头。

(2)内服 1%碳酸氢钠(小苏打)水 1 000~2 000 mL/头,或用小苏打水灌肠。

(3)中药药剂 葛根 250 g,甘草 50 g,水煎服;或天花粉 30 g,葛根 40 g,金银花 30 g,水煎,加蜂蜜 100 g 分 2 次灌服。

二、棉籽饼中毒

棉籽饼中毒是由于棉籽(叶)饼中含有棉籽酚,或称棉籽毒,猪吃后造成中毒。

(一)病因

棉籽饼含有丰富的蛋白质、维生素等营养物质,常用作猪饲料,但也含有较高毒性的棉籽酚。棉籽酚在体内排泄缓慢,有蓄积作用,因此用未经脱毒处理的棉籽(叶)饼作饲料时,一次大量喂给或长期饲喂均可引起中毒。妊娠母猪及仔猪对棉籽酚更为敏感,仔猪也可因吃了以棉籽(叶)饼为饲料的母乳而中毒。

此外,日粮中如果缺乏蛋白质和钙、铁、维生素 A 等,均可增加猪对棉籽酚的敏感性。

(二)症状

猪食用棉籽饼中毒,表现为精神沉郁,行动困难,摇摆,常跌倒;病初体温变化不大,后期常升高;眼结膜初期充血,视觉障碍,失明;食欲降低或废绝,胃肠蠕动音减弱而便秘,粪球干小,常带黏液或血液。急性中毒者,特别是仔猪常表现卡他性胃肠炎。呼吸急促,常有咳嗽、流鼻涕,后期常发生肺水肿及心力衰竭。有的病例腹下或四肢水肿。病猪喜喝水,尿量少,或排尿困难,常出现血尿。母猪可发生流产。棉酚毒可通过母乳间接使哺乳仔猪发生中毒。严重中毒时,病猪一开始就呈现显著精神沉郁或兴奋,呻吟磨牙,肌肉震颤,常有腹痛现象,发病后当天或 2~3 天内死亡。

(三)剖检病理变化

剖检可见静脉淤血,结缔组织浸润,胸腔和腹腔有红色渗出液(图 4-4-1)。胃肠黏膜有卡他性或出血性炎症(图 4-4-2),淋巴结肿大;肾实质有出血性炎症病变,呈淡黄色(图 4-4-3),肿大,被膜下有出血点;膀胱黏膜充血、出血;肺充血、水肿(图 4-4-4),肺门淋巴结肿大,气管内有血样气泡和出血点;肝充血、肿大,胆囊扩张,充满胆汁,胆囊黏膜有出血点。

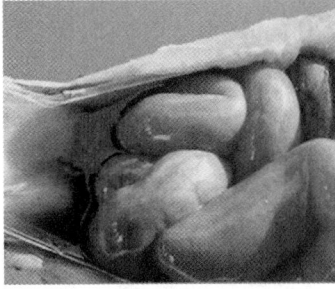

图 4-4-1　腹腔大量出血性透明积液

图 4-4-2　肠出血性炎症

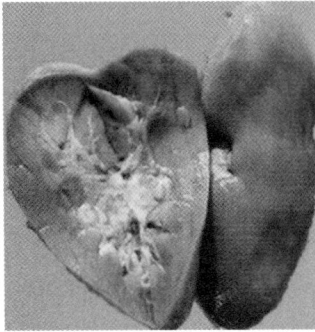

图 4-4-3　肾呈淡黄色

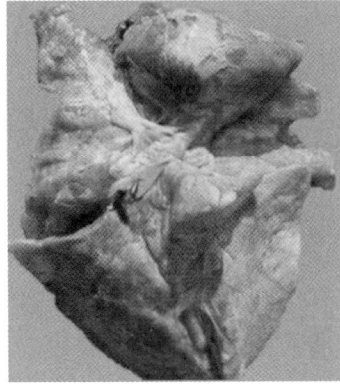

图 4-4-4　冠状静脉充血,肺水肿

（四）诊断

一般根据病情和临床症状表现,就可对本病做出明确诊断。

（五）防治

1. 预防　用棉籽饼喂猪时,应每天限制喂量。成年猪每天饲喂量不超过日粮的 5%,母猪每天不超过 250 g;怀孕母猪产前半个月停喂,产后半个月再喂。断奶仔猪如有其他蛋白质饲料饲喂时,最好暂不喂给棉籽饼。

在喂法上,不应长期连续喂棉籽饼。一般是喂 1 个月后,停止 7~10 天再喂。

棉籽饼减毒方法有以下两种:

（1）加热减毒法　榨油时最好能经过炒、蒸的过程,使游离的棉酚变为结合棉酚,生的棉籽饼、棉籽渣必须蒸煮 1 小时后再喂,棉叶必须晒干压碎,发酵后用水洗净,再用 5% 石灰水浸泡 10 小时后再喂。

（2）加铁去毒法　据报道,用 0.1% 或 0.2% 的硫酸亚铁溶液浸泡棉籽饼,棉酚的破坏率可达到 81%,但注意铁与棉籽饼要充分混合。猪饲料中每千克体重铁含量一般不超过 0.5 μg,所以,在猪正常日粮中添加未经减毒处理的棉籽饼不宜依赖饲料中的铁去除棉酚,并且,可因棉籽饼的添加,引起日粮中铁的损耗而缺铁。

2. 治疗　中毒初期可用以下方法治疗:

（1）0.1%高锰酸钾或 3%碳酸氢钠水溶液洗胃，或内服硫酸镁、芒硝等泻下。

（2）发生胃肠炎时，内服 1%硫酸亚铁溶液 100~200 mL/头，或内服磺胺脒 5~10 g/头、鞣酸蛋白 2~5 g/头。

（3）静脉注射 20%~50%葡萄糖液 100~300 mL/头，同时肌内注射强心剂。注射维生素 C、维生素 A 及维生素 D 都对治疗有促进作用。

（4）发生肺水肿时，可用 10%氯化钙溶液 20~30 mL/头、20%乌洛托品溶液 30~50 mL/头，混合后静脉注射。

（5）藕粉、面糊可保护胃肠黏膜，同时还有营养作用，1 天 2 次，每次 50~100 g/头，用温水调成稀糊状口服。当猪有食欲时，多喂些青饲料，并增加饲料中的矿物质，特别是增加钙的含量，对猪的恢复有较好的效果。

三、霉败饲料中毒

霉败饲料中毒是由于饲料发霉、腐败后生长真菌以致产生毒素，猪食后发生的中毒。

（一）病因

牧草、干草、青贮饲料或玉米、大麦、小麦、稻谷、棉籽、豆类制品及其他饼类，在含水量和温度适宜条件下，迅速生长真菌并产生毒素，猪采食后发生中毒。在众多霉败饲料中，霉玉米又十分突出。黄曲霉菌最适宜的繁殖温度为 24~30℃，最适宜繁殖的相对湿度为 80%以上。猪因食用霉玉米中毒病死率可达 66%。

（二）症状

猪黄曲霉饲料中毒 5~15 天出现症状。急性病例可在运动中死亡，或发病后 2 天内死亡，表现为精神委顿，不食，后躯无力（图 4-4-5），走路蹒跚，黏膜苍白，体温正常，粪便干燥，直肠出血，有时站立一隅，头抵墙脚。

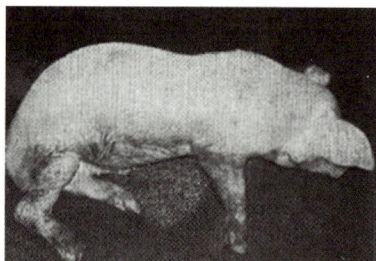

图 4-4-5　患猪消瘦衰弱，后肢无力

慢性病例表现为精神委顿，走路僵硬，头低垂，拱背，卷腹，粪便干燥；也有的呈现兴奋不安、冲跳、狂躁；体温正常，黏膜黄染。有的病猪眼、鼻周围皮肤发红，以后变为蓝色。小猪比大猪病死率高。

赤霉菌素中毒，母猪表现阴户肿胀，明显突出，阴唇哆开，黏膜轻度发红，甚至阴道脱出；乳房增大，小母猪可呈现发情，或延长发情时间；有的妊娠母猪表现为胎儿被吸收，或流产，或不孕；公猪或去势公猪可见包皮水肿和乳腺增大；也有的表现绝食，呕吐，增重停滞，消化不良，腹泻，尿血，便血，出血后凝血时间延长等。

（三）剖检病理变化

黄曲霉菌中毒，急性者主要表现为贫血、出血，胸腹腔大出血，肠、肌肉、肝、心及皮下等均可见出血;慢性中毒主要是肝硬化,黄色脂肪变性和胸腹腔积液,肾苍白、肿胀,淋巴结充血、水肿。

赤霉菌素中毒,母猪可见阴道和子宫间质性水肿,增厚,小母猪卵巢发育不全,乳房间质层水肿;有的可见肠、肝及肾坏死性损伤和出血。

（四）诊断

一般根据病史、日常饲喂的饲料情况和临床症状表现,就可对本病做出明确诊断。

（五）防治

1. 预防　防止饲料发霉的关键,是控制水分和温度,对子实类应尽早干燥处理,勿放置阴暗潮湿处。严重发霉饲料应全部废弃。至于轻度发霉饲料,可先磨粉,然后按 1∶3 比例加入清水浸泡,或用 10% 石灰水代替清水浸泡,反复换水,直至浸泡的水呈现无色为止。还可用碱处理法,用 1%~3% 氢氧化钠溶液煮沸被污染的饲料 2 小时,滤去氢氧化钠溶液,再经水泡,可减去毒量 96%。经过处理的饲料,食用时每头猪每天不超过 0.5 kg。

2. 治疗　发现中毒现象,应立即停喂发霉饲料,治疗如下:

（1）用 0.1% 高锰酸钾溶液口服,以破坏其毒素。

（2）用清水或弱碱水灌肠;或内服硫酸钠 40~60 g/头,泻下毒素。

（3）静脉注射 40% 乌洛托品 20~40 mL/头。

（4）解毒保肝,静脉注射 10%~20% 葡萄糖 100~300 mL/头;肌内注射维生素 C、维生素 B_1,配合注射强心剂。

四、亚硝酸盐中毒

亚硝酸盐中毒又称"饱潲症""饱潲瘟",是由于青绿饲料或野草调制不当,或因变质引起的中毒。

（一）病因

蔬菜中如青菜、小白菜、卷心菜、牛皮菜和甜菜,以及甘薯藤、萝卜叶、南瓜藤、玉米秆等均含有硝酸盐或亚硝酸盐,特别是生长期氮肥充足时,含量更高。由于调制不当,如慢火焖煮,或因霜冻、霉烂变质、堆放枯萎,硝酸盐在硝化细菌作用下还原为亚硝酸盐(亚硝酸盐毒性比硝酸盐大 15 倍),猪采食后即可中毒。一些野草,在连日阴雨、气温高、湿度大、光照少的环境里,亚硝酸含量提高,大量采集用作猪饲料也能引起中毒。

此外,有少数因饮喂了施有硝酸铵、硝酸钠等化肥过多的水田的水,或喂食沤肥过的农作物禾苗、蔬菜,同样也能引起中毒。

（二）症状

亚硝酸盐中毒猪常在采食后 15 分钟至数小时内发病。最急性者突然不安,流涎,口吐白沫,走路摇摆,肌肉震颤,或呈角弓反张,很快死亡。急性者结膜苍白或发绀,耳、鼻端及四肢发凉,并很快呈现紫色。严重时呼吸困难,瞳孔散大,全身衰竭或痉挛,昏迷窒息而死。怀孕母猪发生早产、弱胎或死胎。

（三）剖检病理变化

尸体膨胀(图 4-4-6),口鼻呈乌紫色,眼结膜呈褐色,血液暗褐如酱油状,凝固不良;各脏器淤血;胃肠各部有不同程度的充血、出血,黏膜易脱落;肝、肾呈暗红色;肺充血,气管和支气管黏膜充血、出血,管腔内充满带红色的泡沫状液体;心外膜、心肌有出血斑点。

（四）诊断

一般根据病史、日常饲喂的饲料情况和临床症状表现,就可对本病做出明确诊断。

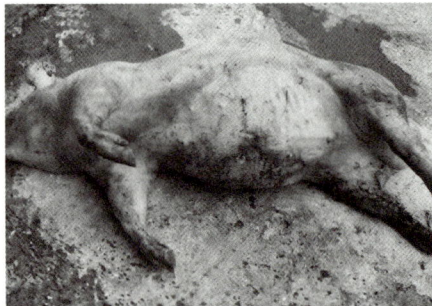

图 4-4-6　病死猪尸体膨胀

（五）防治

1. 预防　用青绿饲料喂猪时,最好新鲜生喂,既保留了营养成分,又不致使猪中毒。如果煮熟喂,应加足火力,敞开锅盖,迅速煮熟,并不断搅拌,不要闷在锅内过夜。煮饲料时,加入少量食醋,既可杀菌,又能分解亚硝酸盐。储存青饲料应摊开存放,不要堆积。发霉腐烂、霜冻、枯萎的青饲料应废弃不用。

2. 治疗　对症状较轻者,仅需安静休息,投服适量的糖水或牛奶、鸡蛋清即可恢复。严重者,应尽快剪耳、断尾放血,使用特效解毒剂:

（1）静注或肌注 1% 亚甲蓝溶液每千克体重 1~3 mg;或注射甲苯胺蓝每千克体重 5 mg。

（2）同时注射大剂量维生素 C 每千克体重 10~20 mg,以及静注 10%~25% 葡萄糖液 300~500 mL/头,兼有呼吸困难者,肌注尼可刹米等。禁止使用肾上腺素。

（3）口服 0.05%~0.1% 高锰酸钾溶液（或 1% 过氧化氢溶液）500~1 000 mL/头,以破坏胃内未吸收的亚硝酸盐。

五、食盐中毒

食盐中毒是由于饲喂食盐过多或饲喂不当造成的中毒性疾病。本病以神经症状和消化紊乱为临床特征。

（一）病因

食盐是动物体内不可缺少的物质之一,但过量长期饲喂,或者突然喂了大量的咸菜、咸鱼、腌腊肉水、盐面水、咸肉汤、菜汤、酱渣及菜卤等,都会导致钠离子潴留引起中毒。

此外,维生素 E 和含硫氨基酸等营养成分缺乏,可使猪对食盐的敏感性升高。

（二）症状

表现口渴,常找水喝,呕吐,口腔黏膜发红,腹痛,下痢或便秘。绝大多数呈现神经症状,兴奋不安,癫痫样发作,转圈,步行不稳,向前盲目行走或后退(图 4-4-7)。呼吸困难,体温可有轻度升高。鼻盘、眼球不断震颤。一般发作一阵后就停止,也有持续发作的。严重时瞳孔扩大,呼吸困难,全身肌肉痉挛,磨牙,倒地,一般在 1~2 天内死亡。耐过者要数天或 1~2 周才能恢复。

图 4-4-7　食盐中毒猪只
A. 兴奋不安,盲目直冲　B. 磨牙,口吐白沫,抽搐

(三)剖检病理变化

尸僵不全,血液凝固不全,呈糊状。肝、肾、脾、胃、肠等内脏器官淤血肿胀,有出血性炎症,在胃肠黏膜上有多处溃疡。大脑及延脑充血或出血,水肿。

(四)诊断

一般根据病情和临床症状表现,就可对本病做出明确诊断。

(五)防治

1. 预防　不宜长期大量喂给盐分多的物质,饲料中补充食盐一定要按照规定量给予,搅拌均匀。应经常保证供给清洁饮水。

2. 治疗

(1)痉挛和癫痫时可内服镇静剂,如苯巴比妥 0.1~0.5 g/头或溴化钾 5~10 g/头;或肌内注射氯丙嗪每千克体重 2~3 mg。

(2)静脉注射葡萄糖酸钙溶液 80~120 mL/头;或 5% 葡萄糖水 200~300 mL/头。

(3)心衰、肺水肿可注射 10% 安钠咖 3~10 mL/头;或静脉(腹腔)注射 20%~50% 高渗葡萄糖溶液。

急性中毒初期,应严格控制饮水,可用植物油导泻。

六、有机磷农药中毒

有机磷农药种类很多,对猪危害极大,如果猪只接触、吸入或误食,常引起神经生理功能紊乱,造成中毒。

(一)病因

常用的农药中,有机磷有对硫磷(1605)、甲基对硫磷(甲基1605)、内吸磷(1059)、甲基内吸磷(甲基1059)、乐果等。当猪接触、吸入或误食喷有有机磷农药的饲料、蔬菜、树叶及青草等,便可引起有机磷中毒的发生。此外,人为的投毒破坏活动,也偶有发生。

(二) 症状

一般在喂食后 1~3 小时内即出现症状,体温正常,精神沉郁,嘴里流出涎水或白沫,嗅有大蒜气味,全身肌肉发抖,抽搐,步行不稳,倒地,神经症状突出。时有腹痛,瞳孔缩小,心跳衰弱,心律迟缓,肠蠕动音亢进。如不及时抢救或治疗不当,常因呼吸麻痹而死。

(三) 剖检病理变化

常见有胃肠炎,胃肠黏膜散在有出血斑,呈暗红肿胀,且易脱落。胃肠内容物及腹腔散发大蒜气味。肝、脾大。肺水肿、充血,支气管内含有白色泡沫。

(四) 诊断

一般根据病史情况和临床症状表现,就可对本病做出明确诊断。

(五) 防治

1. 预防　应注意喷洒过有机磷制剂的蔬菜和农作物在 6 周内不得喂猪。喷药的器械和用具应随时处理,妥善保存,防止猪只舔食。健全对农药的购销和使用制度,落实专人负责,严防坏人破坏。用农药驱杀体内外其他寄生虫时,也要由兽医人员负责,不得擅自使用,以防意外的中毒事故发生。

2. 治疗　首先停止采食有毒草料,脱离环境,选用下列药物:

(1) 加大剂量肌内注射硫酸阿托品 5~10 mg/头,30~60 分钟注射 1 次,同时静注特效解毒剂解磷定 1~2 g/头。

(2) 内服 0.1%~0.5% 高锰酸钾溶液 50~100 mL/头。

(3) 增强解毒,静脉注射 5% 葡萄糖 100~300 mL/头。

(4) 镇痉,可用 1% 水合氯醛灌肠。心脏衰弱可用强心剂。

中毒轻者,若能及时停止采食,经过 12 小时后,可见病情缓解;如能耐过 24 小时,多有痊愈希望。但至完全康复则需 1 周左右。用药应连续 2~3 天,以巩固疗效。

七、磷化锌中毒

磷化锌是久经使用的灭鼠药和熏蒸杀虫剂,猪多半是由于误食灭鼠毒饵,或被磷化锌污染的饲料造成中毒。

(一) 病因

猪误食磷化锌毒饵、污染饲料,或被人投毒。磷化锌被吞食入胃后,在胃酸作用下,即释放出剧毒的磷化氢气体,并被消化道吸收而中毒。

磷化锌暴露于空气中,会散发出磷化氢气体,不仅可毒杀鼠类,也对人、畜有毒害作用。

(二) 症状

精神不振,食欲废绝,颤抖,呕吐,腹泻,腹痛,起卧不宁,呕吐物和粪便可嗅到大蒜气味,于黑暗处可见有磷光,心动迟缓。较重者可出现意识障碍,抽搐,呼吸困难。严重者可出现黏膜黄染、血尿、惊厥或昏迷而死。病程 2~3 天,轻者可耐过,其恢复期需 1 周左右。

(三)剖检病理变化

切开胃时,散发出带大蒜味的特异臭气,将其内容物移置在暗处时,可见磷光。全身静脉扩张,血液呈暗黑色。胃肠充血、出血,肠黏膜有脱落现象。肝大、质脆,肾肿大、淤血。肺间质水肿,气管内充满泡沫状液体。

(四)诊断

一般根据病史情况和临床症状表现,就可对本病做出明确诊断。

(五)防治

1. 预防　磷化锌要妥善保管。猪场用毒饵杀鼠时,应指定专人负责,妥善放置,防止被猪误食。同时做好饲料的保管和调制工作,防止将毒药混掺入饲料中。

2. 治疗　无特效药治疗,多数是对症治疗。

(1)早期灌服 1%~2%硫酸铁溶液 20~50 mL/头,使其催吐;或用 0.1%高锰酸钾 20 mL/头,隔 4~5 小时服 1 次,同时用芒硝缓泻,禁用油类泻剂。

(2)静脉注射 5%葡萄糖 300~500 mL/头,同时肌注强心剂和维生素 B_1。

(3)为防止血液中碱储量降低,可静脉注射 5%碳酸氢钠 30~50 mL/头。

任务实施

猪亚硝酸盐中毒急救

◆ 任务描述

现有一养猪场,在附近菜农处收集了大量剩菜叶,准备用来青贮。有一饲养员没有与猪场技术员汇报,私自用堆放在一旁待青贮处理的菜叶添饲猪只,补充青饲料,猪只疯狂抢食,很快将抛饲的菜叶吃完。但没过多长时间,便出现部分个体较壮的猪只流涎、口吐白沫、走路摇摆、倒地抽搐,饲养员迅速报告技术员。请根据饲养员提供的线索,对出现异常状况的猪只及时处理,尽可能挽救猪只生命,减少猪场的损失。

◆ 人员组织、材料准备

1. 人员组织　按照实际工作需要进行分组分工,责任到人。

2. 材料准备

(1)注射器、三棱针、乙醇、碘酒、棉花、输液器、亚甲蓝注射液、5%葡萄糖注射液、维生素 C。

(2)工作记录笔、工作记录本(册)。

◆ **任务流程框图**

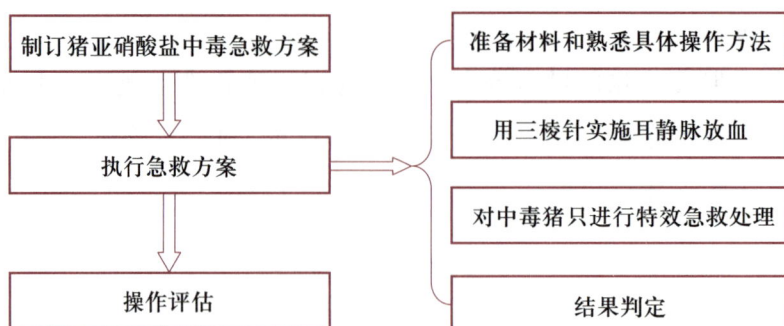

```
┌──────────────────────┐          ┌──────────────────────────┐
│ 制订猪亚硝酸盐中毒急救方案 │          │ 准备材料和熟悉具体操作方法 │
└──────────────────────┘          └──────────────────────────┘
           │
           ▼                      ┌──────────────────────────┐
┌──────────────────────┐          │ 用三棱针实施耳静脉放血     │
│      执行急救方案       │───────▶ └──────────────────────────┘
└──────────────────────┘          ┌──────────────────────────┐
           │                      │ 对中毒猪只进行特效急救处理 │
           ▼                      └──────────────────────────┘
┌──────────────────────┐          ┌──────────────────────────┐
│      操作评估          │          │        结果判定            │
└──────────────────────┘          └──────────────────────────┘
```

◆ **实施步骤**

详见表 4-4-1。

表 4-4-1　猪亚硝酸盐中毒救治任务实施指导表

序号	任务分解	工作内容
1	熟悉猪亚硝酸盐中毒的处理方法及所需工具材料	组内各成员共同研讨猪亚硝酸盐中毒的诊断方法及操作要领
2	制订猪亚硝酸盐中毒急救的操作方案	根据实际工作需要,对组内人员进行明确分工,有序参与各个环节的操作,明确各操作环节中的人员防护注意事项,并做好记录
3	保定猪只	根据处理方案,采用站立或侧卧保定
4	对中毒猪只进行急救处理	三棱针耳静脉紧急放血;耳静脉注射特效急救药物 1% 亚甲蓝溶液
5	进行处理后猪只青饲料添加注意事项嘱咐	向饲养员进行青饲料添加注意事项宣传

◆ **注意事项**

(1) 操作时,一定要迅速、准确、及时。

(2) 放血以静脉放血,切忌动脉放血。

(3) 特效解救药要严格配制浓度,剂量充足。

任务反思

猪有哪些常见中毒性疾病?

项 目 小 结

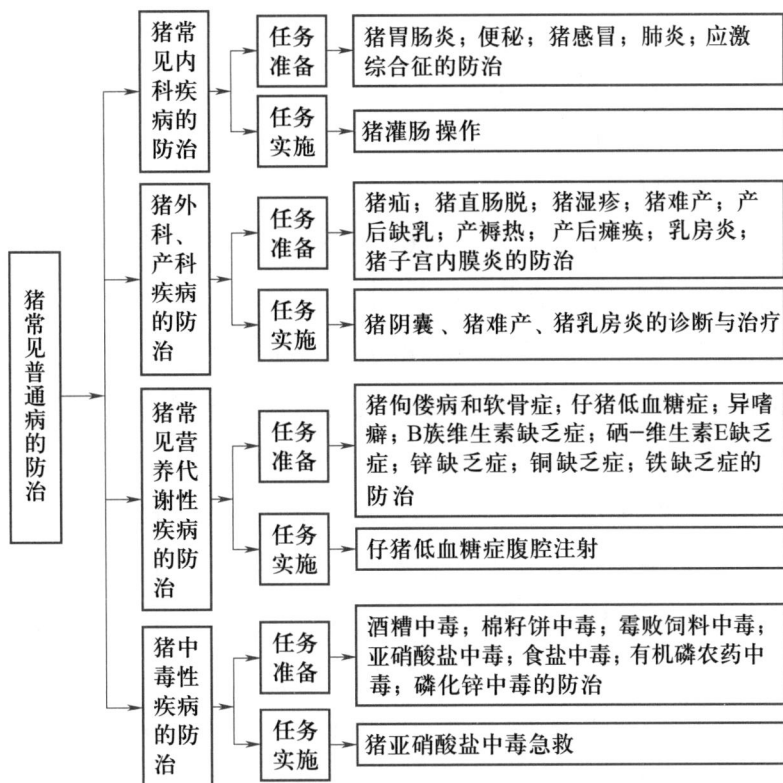

项 目 测 试

一、填空题

1. 猪胃肠炎一般临床表现症状有_____ ,或伴有_____。

2. 猪感冒通常发生在_____多变的早春、晚秋季节,是以_____炎性变化为主的急性全身性疾病。

3. 猪疝由_____、_____和_____组成。

4. 常见的疝有_____、_____和_____三种。

5. 猪直肠脱通常由于_____和_____引起。

6. 猪难产是母猪在_____ 过程中,_____不能顺利娩出。

7. 母猪分娩是否顺利,取决于_____ 、_____和_____三个因素。

8. 母猪产后急性乳房炎常表现为乳房发红、_____、_____、疼痛,拒绝哺乳仔猪。

9. 猪佝偻病是由于_____和_____而引起的仔猪骨组织发育不良的一种非炎症性疾病。

10. 猪食盐中毒以_____和_____为临床特征。

二、单项选择题

1. 治疗猪胃肠炎的首要措施是( )。

A. 清除胃肠刺激物 B. 进行镇吐止呕 C. 进行收敛止泻 D. 使用抗菌药消炎

2. 便秘通常发生在消化道的( )。

A. 小肠段 B. 盲肠段 C. 结肠段 D. 直肠段

3. 猪腹股沟疝常发生于( )。

A. 小公猪 B. 小母猪 C. 大公猪 D. 大母猪

4. 只能选用剖宫产处理的难产情况是( )。

A. 产力不足型难产 B. 胎位不正型难产

C. 胎势不正型难产 D. 胎儿过大型难产

5. 引起产后瘫痪的主要因素是( )。

A. 缺钙 B. 缺蛋白质 C. 缺能量 D. 脱水

6. 母猪子宫内膜炎,有大量渗出物或脓液流出时,常用( )冲洗子宫。

A. 0.1%雷佛尔 B. 0.1%高锰酸钾 C. 高渗盐水 D. 肥皂水

7. 佝偻病是发生在( )的骨组织发育不良性疾病。

A. 仔猪 B. 成年猪 C. 母猪 D. 公猪

8. 猪缺乏( )时,容易表现皮肤发生痂皮样增厚和干裂等。

A. 钙 B. 铁 C. 锌 D. 铜

9. 棉籽饼中毒时,胸腔和腹腔积液呈( )色。

A. 红 B. 乳白 C. 淡黄 D. 无

10. 猪发生有机磷中毒的特效解救药物是( )。

A. 解磷定 B. 高锰酸钾 C. 阿托品 D. 葡萄糖

三、判断题

1. 猪胃肠炎的发病一般都与饲养管理不当,猪食入了变质不洁或品质低劣的食物有关。

( )

2. 长时间饲喂精饲料,不含粗纤维就可有效避免猪便秘的发生。 ( )

3. 腹壁疝多与腹壁外伤有关。 ( )

4. 猪疝的常用治疗方法是手术法。 ( )

5. 过肥和过瘦的母猪会因胎儿过大或过小因素,而出现难产现象。 ( )

6. 过肥和过瘦的母猪都容易出现产后缺乳。 ( )

7. 母猪子宫内膜炎治疗时,只要抗菌消炎,就能很好地治愈。 ( )

8. 猪缺硒和维生素 E 时,容易发生肌肉变性、脑软化等代谢性病变。 ( )

9. 棉籽饼中毒的根本原因是其中的棉酚。　　　　　　　　　　　　（　　）

10. 猪亚硝酸盐中毒死亡后,腹部膨胀,故又称"饱潲症"。　　　　（　　）

四、简答题

1. 猪疝修复术的注意事项有哪些?

2. 母猪产后缺乳一般怎么防治?

3. 在对难产母猪进行助产时,应从哪些方面注意人和母猪的安全?

4. 仔猪低血糖症腹腔投药法的注意事项有哪些?

附　　录

一、酶联免疫吸附试验（ELISA）的试剂盒快速检测法

（一）方法原理

抗体快速检测试纸（胶体金免疫层析法）是免疫学检测的一种方法，是当前应用较广、发展较快的一项技术，系采用胶体金免疫层析技术检测样品（血清、血浆、全血）中的抗体。试纸由一层玻璃纤维纸和一层硝酸纤维膜组成。在玻璃纤维纸上有预包被金标记的特异性抗原；硝酸纤维膜上包被有已知阳性抗体（对照线 C）和特异性抗原（检测线 T）（检测线 T 也可以用检测抗体的二抗）。当检测样品中带有抗体，为抗体阳性时，样品中的抗体与胶体金标记抗原结合形成复合物，在层析作用下，沿玻璃纤维纸向前移动，经过检测线 T 时，与预包被的抗原再次形成免疫复合物且被固定，带有金标记的免疫复合物聚集在检测线处而显色，多余的游离金标记抗原则在对照线处与包被抗体结合而显色，即抗体阳性样品在检测线、对照线两处显色；当检测样品中不带有抗体，为抗体阴性时，胶体金标记抗原在层析作用下，沿玻璃纸向前移动，经过检测线时，包被的抗原不与金标记的抗原结合，因此没有胶体金的聚集，则 T 线不显色，金标记抗原继续移动，到达 C 线与包被的抗体结合而显色，即抗体阴性样品只在对照线一处显色，如附图。

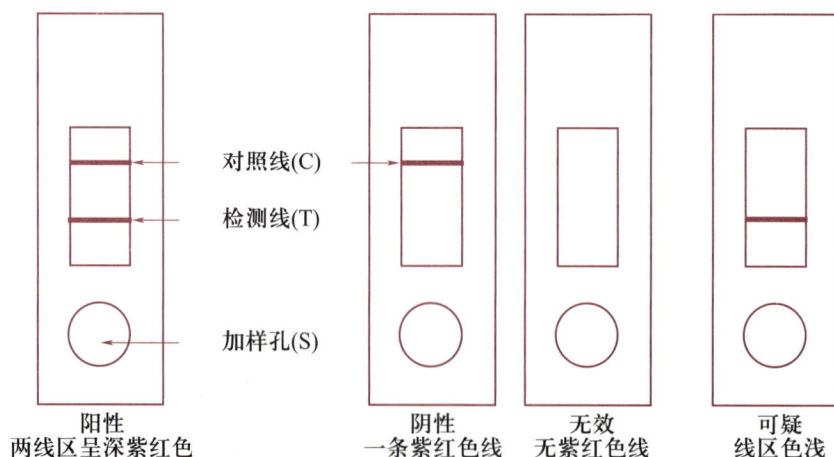

| 对照线(C) |
| 检测线(T) |
| 加样孔(S) |

| 阳性 | 阴性 | 无效 | 可疑 |
| 两线区呈深紫红色 | 一条紫红色线 | 无紫红色线 | 线区色浅 |

附图　ELISA 快速检测结果判定示意图

（二）胶体金快速检测特点

1. 加样简单，操作简便。

2. 样品不需预处理，无需特殊辅助设备，适合基层现场操作。

3. 特异性强，灵敏度高，重复性好。

4. 检测反应时间短，加样后 5~20 分钟便可得到结果。

5. 结果直观准确，肉眼可直接判定。

6. 产品稳定性好，常温或低温保存可达 18 个月。

二、常见人猪共患病

常见人猪共患病如下表。通过表中的"主要传染途径"可知，人猪共患病的传播除蚊蝇等叮咬传播外，主要通过口鼻及伤口传染，所以，无论是做实验还是今后在工作岗位上都需注意：实验或工作后要换下工作服、洗净双手，有伤口的应避免接触患猪及相关实验器具。

序号	病名	病原	主要传染途径
1	乙型脑炎	乙型脑炎病毒	主要通过蚊子叮咬传播
2	布氏杆菌病	布氏杆菌	经消化道、皮肤黏膜、交配和吸血昆虫传播
3	猪副伤寒	沙门杆菌	主要通过消化道感染
4	猪链球菌病	Ⅱ型链球菌	一般经消化道、呼吸道、伤口感染
5	猪丹毒	猪丹毒杆菌	一般经消化道、伤口感染
6	破伤风	破伤风梭菌	主要通过外伤感染
7	猪囊虫病	有钩绦虫	主要通过消化道感染
8	弓形虫病	弓形虫卵囊	主要通过消化道感染
9	棘头虫病	猪巨吻棘头虫	主要通过消化道感染
10	钩端螺旋体病	致病性钩端螺旋体	主要通过皮肤、黏膜、消化道感染

参考文献

［1］林义明,曹礼静.猪病防治.2 版.北京:高等教育出版社,2010.

［2］甘肃农业大学.兽医微生物.2 版.北京:农业出版社,1996.

［3］甘肃省畜牧学校.家畜外科及产科学.2 版.北京:中国农业出版社,1999.

［4］潘耀谦,刘兴支,潘博.猪病诊治彩色图谱.3 版.北京:中国农业出版社,2017.

［5］刘建柱,牛绪东.常见猪病诊治图谱及安全用药.北京:中国农业出版社,2011.

郑重声明

读者意见反馈

为收集对教材的意见建议，进一步完善教材编写并做好服务工作，读者可将对本教材的意见建议通过如下渠道反馈至我社。

咨询电话　　400-810-0598

反馈邮箱　　zz_dzyj@pub.hep.cn

通信地址　　北京市朝阳区惠新东街4号富盛大厦1座

　　　　　　高等教育出版社总编辑办公室

邮政编码　　100029

防伪查询说明

用户购书后刮开封底防伪涂层，使用手机微信等软件扫描二维码，会跳转至防伪查询网页，获得所购图书详细信息。

防伪客服电话

（010）58582300

学习卡账号使用说明

一、注册/登录

访问http://abook.hep.com.cn/sve，点击"注册"，在注册页面输入用户名、密码及常用的邮箱进行注册。已注册的用户直接输入用户名和密码登录即可进入"我的课程"页面。

二、课程绑定

点击"我的课程"页面右上方"绑定课程"，在"明码"框中正确输入教材封底防伪标签上的20位数字，点击"确定"完成课程绑定。

三、访问课程

在"正在学习"列表中选择已绑定的课程，点击"进入课程"即可浏览或下载与本书配套的课程资源。刚绑定的课程请在"申请学习"列表中选择相应课程并点击"进入课程"。

如有账号问题，请发邮件至：4a_admin_zz@pub.hep.cn。